农产品保护与检疫处理技术

高希武　王殿轩　主编

中国农业大学出版社
·北京·

内容简介

本书内容包括：植物检疫除害处理药剂基本知识、熏蒸和接触性药剂除害处理技术、控温检疫处理技术、辐照除害处理技术、物理机械与管理除害处理、气调除害处理技术等。

本书根据全面培养植物检疫和植物保护专业技术人才的需求，关注植物检疫处理技术的需求和发展，结合多年来从事有害生物防治研究和除害处理技术应用实践，吸取相关资料和成果编写而成。适用于植物保护类专业教学，农学学科相关专业教学，也可供从事储藏物保护与植物检疫的专业人员参考。

图书在版编目(CIP)数据

农产品保护与检疫处理技术/高希武，王殿轩主编．—北京：中国农业大学出版社，2011.9

ISBN 978-7-5655-0175-3

Ⅰ.①农…　Ⅱ.①高…②王…　Ⅲ.①作物保护 ②农产品-食品检验　Ⅳ.①S4 ②TS207.3

中国版本图书馆 CIP 数据核字(2010)第 251464 号

书　　名　农产品保护与检疫处理技术

作　　者　高希武　王殿轩　主编

策划编辑　孙　勇　　**责任编辑**　李丽君

封面设计　郑　川　　**责任校对**　王晓凤　陈　莹

出版发行　中国农业大学出版社

社　　址　北京市海淀区圆明园西路 2 号　　**邮政编码**　100193

电　　话　发行部 010-62731190,2620　　**读者服务部** 010-62732336

编辑部 010-62732617,2618　　**出　版　部** 010-62733440

网　　址　http://www.cau.edu.cn/caup　　**E-mail** cbsszs @ cau.edu.cn

经　　销　新华书店

印　　刷　北京时代华都印刷有限公司

版　　次　2011 年 9 月第 1 版　　2011 年 9 月第 1 次印刷

规　　格　787×980　16 开本　14.5 印张　262 千字

定　　价　22.00 元

主　编　高希武（中国农业大学）

　　　　王殿轩（河南工业大学）

编　委　（以姓氏笔画为序）

　　　　王进军（西南大学）

　　　　王跃进（中国检验检疫科学研究院）

　　　　张宝俊（山西农业大学）

　　　　李志红（中国农业大学）

　　　　曹　阳（国家粮食局科学研究院）

　　　　黄庆林（天津出入境检验检疫局）

　　　　梁　沛（中国农业大学）

　　　　谢令德（武汉工业学院）

　　　　吴少英（河南农业大学）

前　言

植物检疫是防止有害生物人为传播的重要法规措施。对于植物检疫性有害生物的处理，需要采取全部种群治理的策略，即对植物检疫性有害生物的除害处理技术要求除害务净，完全杀灭。植物保护类专业的学生需要全面掌握植物检疫的基本需求和要求、基本技术与原理、植物检疫除害处理关键技术等。本书作者根据全面培养植物检疫和植物保护专业技术人才的需求，关注植物检疫处理技术需求和发展，结合多年来从事有害生物防治研究和除害处理技术应用的实践，吸取相关资料和成果编写了此教材。

本书内容包括植物检疫除害处理药剂基本知识、熏蒸和接触性药剂除害处理技术、控温检疫处理技术、辐照除害处理技术、物理机械与管理除害处理技术、气调除害处理技术等，从技术原理、技术应用、技术关键等方面进行系统、扼要的阐述，适用于植物保护类专业教学，农学学科相关专业教学，也可供从事储藏物保护与植物检疫的专业人员参考。

鉴于编者水平所限，书中错误疏漏和不当之处难免，诚请读者批评指正。

编　者

2010 年 10 月

目 录

第一章 绪　论

本章提要

植物检疫的起源与基本属性

检疫性有害生物及其基本类别

植物检疫基本程序

检疫处理的法规要求

第一节 植物检疫与检疫性有害生物

一、植物检疫的起源与基本属性

(一)植物检疫的起源和发展

植物检疫(plant quarantine)起源于用以控制人类传染病传播、保护人体健康的卫生检疫(health quarantine)。在14世纪中叶,欧洲大陆流行黑死病(black death)、霍乱(cholera)、黄热病(yellow fever)等严重疾病,严重威胁着人类的生命安全。为了阻止上述传染病的传入,当时的威尼斯共和国采取了一项强制性措施,即要求外来船舶和人员在进港前必须滞留、隔离40 d,经40 d观察证明船上人员没有感染上述传染病时,才允许船舶进港、人员上岸。这是一种针对人类传染病的强制性隔离措施,在当时医药技术尚不发达的条件下,该方法确实对阻止人类传染病的传播蔓延起到了重要的作用。此后,许多国家(地区)陆续效仿这种做法,逐渐发展形成了被国际上普遍认同的卫生检疫。

随着对植物有害生物认识水平的提高,人类将卫生检疫的做法借鉴到对危险性植物病原物、害虫及杂草的控制中,从而使植物检疫得到了发展。植物检疫的最早事例首推1660年法国鲁昂地区为防止小麦秆锈病 *Puccinia striiformis* West 而提出铲除小檗并禁止输入的法令。人类在真正认识到植物检疫的重要性和必要性之前曾为此付出了特别的代价,历史上一些灾难性植物有害生物的出现给人类带来了极为惨痛的教训,马铃薯晚疫病菌 *Phytophthora infestans*(Mont.)de Bary、马铃薯甲虫 *Leptinotarsa decemlineata*(Say)以及舞毒蛾 *Lymantria dispar*

(Linnaeus)等因人为传播且缺乏有效的检疫措施,而在世界范围内或部分地区肆虐,给农业生产、经济贸易造成了巨大的损失,有的甚至直接危及到了数百万人口的生命安全。1881年,有关国家签订了防治葡萄根瘤蚜 *Viteus vitifoliae*(Fitch.)的国际公约,进而导致1951年《国际植物保护公约》(International Plant Protection Convention,IPPC)的诞生。随着对植物有害生物与人为传播关系认识的深入,植物检疫不断发展,逐渐形成为一种法律强制性措施,受到各国政府以及相关国际组织的高度重视。

在中国,20世纪20年代前后开始出现关于植物检疫的论述。1916年,中国植物病理学先驱邹秉文先生撰文《植物病理学概要》,强调了植物检疫的重要性。1927—1929年,著名植物病理学家朱凤美先生在《中国农学会丛刊》上发表《植物之检疫》,指出"吾人不欲保护国内农林植物则已,否则不可不行植物输入检疫,以防病虫害之蔓延也,吾人不欲发展国外农产贸易则已,否则不可不行输出检疫以坚消费国之信用也"。我国最早的植物检疫机构是1928年在上海、广州、天津等地先后成立的"农产物检查所",最早的植物检疫法规是1928年公布的《农产物检查条例》以及1929年制定的《农产物检查条例实施细则》、《农产物检查所检验病虫害暂行办法》、《农产物检查所检查农产物处罚规则》等。在经历了1949年以前的无权、无为的痛苦历程后,我国的植物检疫于新中国成立后才得到新生,并在改革开放时期获得飞速发展。1991年《中华人民共和国进出境动植物检疫法》的颁布,1992年《植物检疫条例》的发布以及1997年《中华人民共和国进出境动植物检疫法实施条例》等的施行,使中国植物检疫真正步入了法制建设的轨道。加入世界贸易组织(World Trade Organization,WTO),为我国植物检疫事业带来了新的机遇和挑战,植物检疫与动物检疫相结合,现已形成为一个捍卫我国动植物检疫主权、保卫农林牧渔业生产安全、保护人民身体健康和促进对外经济贸易发展的重要体系。目前,我国的植物检疫划分为进出境植物检疫和国内植物检疫两个部分;主管进出境植物检疫工作的部级机关是国家质量监督检验检疫总局,主管国内植物检疫的部级机关是农业部和国家林业局。

(二)植物检疫的基本概念

纵观植物检疫的发展,人类对植物检疫概念的理解和认识日趋全面和完善。各国学者相继对植物检疫进行了定义,其对植物检疫本质的认识是一致的。例如,澳大利亚的 Morschel 认为"植物检疫是为了保护农业和生态环境,由政府颁布法令限制植物、植物产品、土壤、生物有机体培养物、包装材料和商品及其运输工具和集装箱进口,阻止可能由人为因素引进植物危险性有害生物,避免可能造成的损伤";英联邦真菌研究所将植物检疫释义为"将植物阻留在隔离状态下,直到确认健康为止”;我国植物检疫专家刘宗善先生的定义是“国家以法律手段与行政措施控制植物调运或移动,以防止病虫害等危险性有害生物的传入与传播。它是植物保护事业中一项带有根本性的预防措施”。

1983 年,联合国粮食与农业组织(Food and Agriculture Organization of the United Nations,FAO)将植物检疫定义为“为了预防和延迟植物病虫害在它们尚未发生的地区定殖而对货物的流通所进行的法律限制”。随后,该定义几经修改,1997 年修改为“旨在防止检疫性植物有害生物的传入和(或)扩散,或确保其官方控制的一切活动”。

(三)植物检疫的基本属性

植物检疫的宗旨在于防止检疫性有害生物的传入、传出及扩散,保护农、林、牧、渔业生产安全、人体健康以及生态环境,促进国际及国内经济贸易的发展。一般认为,植物检疫具有 5 个较为突出的基本属性,即法制性、预防性、技术性、国际性和综合性。

植物检疫是依法开展工作的,法制性是其与生俱来的基本属性之一,进入 20 世纪后,各国纷纷立法,并陆续组建专门的植物检疫机构,并由这些机构执行法律所赋予的各种检疫权利。植物检疫的核心问题是预防本国或本地区以外的检疫性有害生物的传入和扩散,为了实现预防入侵的目的,植物检疫必须有较为完备的疫情预警机制,而这一预警机制的建立正是植物检疫预防性的特点所决定的。植物检疫同时是一项技术性很强的工作,现代技术的应用对检疫性有害生物的快速鉴定、除害处理等具有十分突出的意义。植物检疫的国际性主要体现在区域性合作方面,区域性国际组织制定、实施了相关的植物检疫国际公约、标准等,指导并协调各签约国的植物检疫工作。此外,植物检疫是一个综合管理体系,既表现在其管理对象的错综复杂,又表现在其管理手段的有机综合;植物检疫的管理对象既包括法定的植物有害生物,也包括有害生物的各种载体(如植物、植物产品、运输工具、包装物等),同时还涉及受检疫法规约束的公民和法人;植物检疫的管理手段包括法律手段、行政手段和技术手段,并实施于植物及植物产品流通的全过程。

二、检疫性有害生物及其基本类别

(一)检疫性有害生物与管制的非检疫性有害生物

依据 FAO 的定义,有害生物(pest)泛指为害或可能为害植物及其产品的任何生物,即任何对植物或植物产品有害的植物、动物或病原体的种、株(品)系或生物型;检疫性有害生物(quarantine pest)是对受其威胁的地区具有潜在经济重要性,但尚未在该地区发生,或虽已发生但分布未广并正在进行官方控制的有害生物。

一段时期以来,植物检疫的防控对象就是上述检疫性有害生物。近年来,随着植物疫情以及国际贸易的发展,一些相关的新概念逐渐被人们所认识、理解和接受,植物检疫防控对象的范围也在拓展。

按照FAO和IPPC颁布的《国际植物卫生措施标准》(2001年修订),根据有害生物的发生分布情况、危害性、经济重要性、植物检疫重要性以及其他特殊需要等,将其分为管制性有害生物和非管制性有害生物两类。非管制性有害生物(non-regulated pest)是指那些没有被官方采取检疫手段进行控制的植物有害生物。管制性有害生物(regulated pest)是指那些正在被官方采取检疫手段进行控制的有害生物。在管制性有害生物中包括两类,即检疫性有害生物和管制的非检疫性有害生物。管制的非检疫性有害生物(regulated non-quarantine pest)指的是危及种植用植物的预定用途并产生无法接受的经济影响,因而在输入国家或地区正在受到控制的非检疫性植物有害生物。检疫性有害生物与管制的非检疫性有害生物的区别(表1-1),可从存在与分布状况、途径、经济影响、官方控制等方面进行比较。

表1-1 检疫性有害生物与管制的非检疫性有害生物比较

确定标准	检疫性有害生物	管制的非检疫性有害生物
存在和分布状况	不存在或分布有限	存在并可能分布广泛
途径	对任何途径的检疫措施	仅对种植用植物的植物检疫措施
经济影响	可以预期	已经知道
官方控制	如果存在即进行官方控制以期根除或封锁	在特定种植用植物范围内进行官方控制以期抑制

(二)检疫性有害生物基本类别

一般地,检疫性有害生物包括三大基本类别,即检疫性植物病原物、检疫性害虫和检疫性杂草。在检疫性植物病原物中,划分为检疫性真菌、病毒、线虫等类群;检疫性节肢动物中主要包括检疫性昆虫和软体动物等;检疫性杂草主要分为寄生型害草、竞争型害草和有毒型害草等。

2007年5月29日中华人民共和国农业部公告与国家质量监督检验检疫总局共同制定了《中华人民共和国进境植物检疫性有害生物名录》(中华人民共和国农业部公告第862号),包括了昆虫、软体动物、真菌、原核生物、线虫、病毒及类病毒、杂草。在农产品产后领域涉及的有害生物主要有豆象类、象甲类、小蠹类、实蝇类、小蛾类、长蠹类、皮蠹类、盗虫类、病菌类等。

检疫性有害生物除了国家颁布的进境检疫性有害生物之外,还包括双边植物检疫协议、协定及合同等规定的其他有害生物以及全国农林业检疫性有害生物。

目前，为了进一步加强对检疫性有害生物的管理，防止有害生物的传播蔓延，我国有关部门正在组织修订检疫性有害生物名录。

三、植物检疫基本程序

依据国际的以及本国的相关法规，植物和植物产品等必须经过官方的一系列检疫程序，被证明安全后才能够输入或输出。植物检疫的工作程序（quarantine procedure）一般包括检疫许可、检疫申报、现场检验和实验室检测、检疫处理以及出证放行 5 个环节。

（一）检疫许可

检疫许可（quarantine permit）是在输入某些检疫物时，输入单位向检疫机关提前提出申请，检疫机关审查并决定是否批准输入的法定程序。在植物检疫中，这里的“某些检疫物”，一般指植物繁殖材料以及检疫法规所规定的禁止进境物等。通过检疫许可程序，第一可避免货主盲目进境，减少经济损失；第二可向输出方提出检疫要求，加强预防传入；第三货主可依据贸易合同，进行合理索赔。在这一程序中，许可证申请表及输入许可证是所涉及的主要单证。

（二）检疫申报

检疫申报（quarantine declaration）是检疫物输入或输出时由货主或代理人向检疫机关及时声明并申请检疫的法律程序。检疫申报的主要作用是使检疫人员在接到货主或代理人递交的报检材料后，为进一步核对相关单证和实施检疫做好必要准备。检疫申报是一法定程序，是植物检疫的必经环节，由货主或代理人和检疫人员共同完成。这一程序涉及众多单证，主要包括报检单、检疫证书、产地证书、贸易合同、信用证、发票等。

（三）现场检验和实验室检测

现场检验（on-the-spot inspection）是检疫人员在现场环境中对输入或输出的应检物进行检查和抽样，并初步确认是否符合相关检疫要求的法定程序。实验室检测（laboratory testing）是借助实验室仪器设备对检疫物样品进行植物有害生物检查、鉴定的法定程序，这一环节对专业技能的要求较高，需要专业人员利用现代化的仪器、设备和方法对病原、害虫、杂草等有害生物进行快速而准确的种类鉴定。一般认为，现场检验和实验室检测是同一程序的两个组成部分，二者相辅相成。

（四）检疫处理

检疫处理（quarantine treatment）是检疫机关根据检验、检测的结果以及相关规定，采用一定的方式对检疫物实施处理的法定程序。检疫处理的主要方式包括退回处理、销毁处理和除害处理等。如输入方有要求，输出方要出具检疫处理证书。

（五）检疫出证放行

检疫出证放行（quarantine pass）是检疫机关根据检疫或除害处理的结果，判断合格后签发相关单证并决定准予输出、输入的法定程序。对于进境检疫，签发通关单；对于出境检疫，签发检疫证书。

此外，植物繁殖材料等必须经过隔离检疫合格后才被允许输入或输出。隔离检疫（isolation quarantine）是将进出境或国内调运的有关植物在检疫机关指定的场所内，于隔离条件下进行种植，并在其生长期间进行检验、检测和处理的法定程序。隔离检疫不仅有助于避免或减少检疫中的漏检现象，而且还有助于进一步提高检疫结果的准确度，从而更为有效地控制管制性有害生物的输入或输出。在我国，隔离检疫场所一般分两类：一是国家级隔离检疫场所；二是地方级隔离检疫场所。国家级隔离检疫场所一般由国家植物检疫机关设立，针对的是高风险及中风险的检疫材料实施隔离检疫。地方级隔离检疫场所一般由货主或地方有关部门设立，但必须经过植物检疫机关的认可，针对低风险的检疫材料实施隔离检疫。

第二节　检疫处理的法规要求

检疫处理是植物检疫法规中明确规定的检疫程序之一。植物检疫法规（plant quarantine regulations）是为了防止检疫性有害生物的传入和/或扩散而限制植物、植物产品以及其他物品的生产、流通或储存，或人员的正常活动，并建立检疫出证体系的官方规定，包括制定植物检疫程序。植物检疫程序系官方规定的执行植物检疫法规的任何方法，包括与限定有害生物有关的检验、检测、监视或处理的方法。建立植物检疫管理系统的目的是，防止检疫性有害生物传入或限制非检疫性限定有害生物与输入商品或其他限定物　起进入。输入管理系统应包括两个部分：一个植物检疫法律、法规和程序的管理框架；一个负责该系统运作或监督该系统的官方主管部门国家植保机构。法律框架应包括：国家植保机构履行其职责的法定权力；输入商品应当遵守的措施；有关输入商品和其他限定物品的其他措施（包括禁令）；以及当发现违规情况或需要紧急行动的情况时可采取的行动。它可包括关于过境货物的措施。在实施输入管理系统时，国家植保机构有一些职责。这些职责包括 IPPC（1997 年）第Ⅳ条第 2 款中确定的有关输入的职责：监视，检验，灭菌或消毒，有害生物风险分析活动，工作人员的培训和发展。这些职责涉及以下领域的有关职能：行政管理，检查和遵守情况核查，对违规采取行动，紧急行动，人员授权，解决争端。此外，缔约方可以给予国家植保机构其他职责，如管理措施的制定和修改等。国家植保机构需要资源来履行这些职责和职能。还需要国际和国家联络,文献记录、情况交流和审查。各国政府拥有主权管理输入品,以实现适当程度的保护,并考虑其国际义务。

至今,国际植检措施相关标准主要有以下一些:

《国际植物保护公约》新修订文本,FAO,1997

国际植检措施标准(ISPM)第1号:与国际贸易有关的植物检疫原则,FAO,1995

国际植检措施标准第2号:有害生物风险分析准则,FAO,1996

国际植检措施标准第3号:外来生物防治物的输入和释放行为守则,FAO,1996

国际植检措施标准第4号:建立非疫区的要求,FAO,1996

国际植检措施标准第5号:植物检疫术语表,FAO,2004

术语表第1号补编:限定有害生物官方防治概念的解释和适用准则,FAO,2001

国际植检措施标准第6号:监视准则,FAO,1997

国际植检措施标准第7号:输出验证系统,FAO,1997

国际植检措施标准第8号:确定某一地区的有害生物状况,FAO,1998

国际植检措施标准第9号:有害生物根除计划准则,FAO,1998

国际植检措施标准第10号:关于建立非疫产地和非疫生产点的要求,FAO,1999

国际植检措施标准第11号:检疫性有害生物风险分析,FAO,2004

国际植检措施标准第12号:植物检疫证书准则,FAO,2001

国际植检措施标准第13号:违规和紧急行动通知准则,FAO,2001

国际植检措施标准第14号:采用系统综合措施进行有害生物风险治理,FAO,2002

国际植检措施标准第15号:国际贸易中木质包装材料管理准则,FAO,2002

国际植检措施标准第16号:限定非检疫性有害生物:概念及应用,FAO,2002

国际植检措施标准第17号:有害生物报告,FAO,2002

国际植检措施标准第18号:辐射用作植物检疫措施的准则,FAO,2003

国际植检措施标准第19号:检疫性有关生物清单准则,FAO,2003

国际植检措施标准第20号:输入植物检疫管理系统准则,FAO,2004

国际植检措施标准第21号:非检疫性限定有害生物风险分析,FAO,2004

国际植检措施标准第22号:关于建立有害生物低发生率地区的要求,FAO,2005

国际植检措施标准第23号:检验准则,FAO,2005

国际植检措施标准第24号:植物检疫措施等同性的确定和认可准则,FAO,2005

国际植检措施标准第25号:过境货物,FAO,2006

国际植检措施标准第26号:建立果蝇(实蝇科)非疫区,FAO,2006

国际植检措施标准第27号:限定有害生物诊断规程,FAO,2006

国际植检措施标准第28号:限定有害生物的植物检疫处理,FAO,2007

国际植检措施标准第29号:非疫区和有害生物低度流行区的认可,FAO,2007

国际植检措施标准第30号:建立果蝇(Tephritidae)低度流行区,FAO,2008

国际植检措施标准第31号:货物抽样方法,FAO,2008

其他如基于有害生物风险的商品分类的国际植检措施标准也在陆续制定中。

一般地,依据其作用范围可将植物检疫法规划分为3个层次:

(1)国际性的植物检疫法规,如IPPC、《实施卫生和植物卫生措施的协定》(Agreement on the Application of Sanitary and Phytosanitary Measures,SPS Agreement,简称SPS协定)以及《亚洲和太平洋区域植物保护协定》等。

(2)双边或多边植物检疫协议,如我国与加拿大政府签订的《植物检疫合作谅解备忘录》、与俄罗斯联邦政府签订的《关于植物检疫和植物保护的协定》以及与泰国政府签订的《关于植物检疫的协定》等。

(3)各国自身的植物检疫法规,如我国的《中华人民共和国进出境动植物检疫法》、《中华人民共和国进出境动植物检疫法实施条例》以及《植物检疫条例》等。

在植物检疫法规中,对检疫处理提出了具体要求。

一、IPPC中的检疫处理要求

IPPC是FAO专门制订的用以规范、促进全球范围内植物检疫发展的国际性公约。在植物检疫的历史上,第一个国际公约当属1881年11月3日在瑞士伯尔尼签署的《国际葡萄根瘤蚜防治公约》,其主要目的是采取必要措施控制葡萄根瘤蚜在签约国之间的传入和传播。1889年4月15日,有关国家又签订了《国际葡萄根瘤蚜防治补充公约》。1929年4月16日,罗马,一些国家在《国际葡萄根瘤蚜防治公约》和《国际葡萄根瘤蚜防治补充公约》的基础上签署了《国际植物保护公约》。1951年,FAO召开第六次大会,IPPC被正式通过。IPPC是植物保护领域中参加国家最多、影响最大的一个国际公约。该公约主要适用于国际贸易所涉及的植物有害生物检疫;其主要目的是为了确保采取共同而有效的行动,防止植物及植物产品有害生物的传入和扩散,促进有害生物控制措施的发展;其主要任务是加强国际间植物保护的合作、更有效地防止有害生物及防止危险性植物有害生物的传播、统一国际植物检疫证书的格式、促进国际植物保护信息的交流。

IPPC对检疫处理提出了一些具体的要求:

首先,针对检疫机构的主要职能(包括检疫处理职能),IPPC要求各缔约方应尽最大努力成立一个正式的国家植物保护组织,该组织的主要职能应包括:

(1)检查生长的植物、栽培地区以及储存和运输中的植物和植物产品。

(2)检查国际货运业务承运的植物和植物产品,必要时也可检查其他物品和储存及运输设施。

(3)对国际货运业务承运的植物和植物产品以及它们的容器、存放处或运输设施进行杀虫或灭菌处理。

(4)颁发关于托运植物和植物产品检疫情况和产地的证书,即植物检疫证书(phytosanitary certificate)。

其次,针对进口物品的检疫及处理,IPPC允许各缔约方采取多种措施来实现植物检疫的目的,如对植物或植物产品的进口加以限制并提出检疫要求、禁止某些植物和植物产品的进口、检查或扣留某批托运的植物或植物产品、处理或销毁某批不符合要求的植物或植物产品、列出禁止或限制传入的有害生物清单等。

为了更好地在全球实施植物检疫,IPPC建议相关地区可成立区域性的植物保护委员会并签订相应的区域性植物保护协定,以通过一致的行动以防止危险性植物有害生物传入该区域并进行扩散。例如,1956年签订了《亚洲和太平洋区域植物保护协定》,随之成立了亚洲和太平洋区域植物保护委员会(Asia and Pacific Plant Protection Commission,APPPC)。该协定明确规定了植物进口及植物流动的办法,要求各签约国应最大努力采取相应措施以防止危险性有害生物传入亚洲和太平洋区域及在本区域内传播。对从区域外任何地区进口的任何植物及在区域内流通的任何植物,均包括其包装材料和容器,可以采取禁止进口、开具证明、检查、消毒和毁灭等措施。

由上可见,IPPC明确规定了检疫处理是必要的检疫程序,并可通过采取一定的技术手段实现消毒或杀灭有害生物的目的。

二、《SPS协定》中的检疫处理要求

《SPS协定》是WTO针对动植物安全与检疫问题而专门制订和实施的一个国际准则,对世界动植物检疫及食品安全等具有深远的影响,于1994年问世。《SPS

协定》的总体目标是维护各成员政府所规定的其认为合适的健康水平的主权，但保证这种主权不得滥用于保护主义的目的，同时不对国际贸易形成不必要的壁垒。在SPS协定中，重申不应阻止各成员采纳或实施为保护人类、动物或植物的生命或健康所必须的措施，但这些措施的实施方式不在情形相同的成员之间构成任意或不合理的歧视，或对国际贸易构成变相的限制。

在《SPS协定》中，对卫生与植物卫生措施进行了定义，指出"卫生与植物卫生措施包括所有相关法律、法令、法规、要求和程序，特别包括：最终产品标准；工序和生产方法；检验、检查、认证和批准程序；检疫处理，包括与动物或植物运输有关的或与在运输过程中为维持动植物生存所需物质有关的要求；有关统计方法、抽样程序和风险评估方法的规定；以及与粮食安全直接有关的包装和标签要求。"在这一定义中，明确指出检疫处理属检疫程序范畴，是卫生与植物卫生措施之一。

在风险评估和适当的卫生与植物卫生保护水平的确定方面，《SPS协定》指出要考虑检疫处理的作用，要求"各成员应保证其卫生与植物卫生措施的制定以对人类、动物或植物的生命或健康所进行的、适合有关情况的风险评估为基础，同时考虑有关国际组织制定的风险评估技术；在进行风险评估时，各成员应考虑可获得的科学证据，有关工序和生产方法，有关检查、抽样和检验方法，特定病害或虫害的流行，病虫害非疫区的存在，有关生态和环境条件，以及检疫或其他处理方法"。

在技术援助方面，《SPS协定》要求"各成员同意以双边形式或通过适当的国际组织便利向其他成员、特别是发展中国家成员提供技术援助。此类援助可特别针对加工技术、研究和基础设施等领域，包括建立国家管理机构，并可采取咨询、信贷、捐赠和赠予等方式，包括为寻求技术专长的目的，为使此类国家适应并符合为实现其出口市场的适当卫生与植物卫生保护水平所必需的卫生与植物卫生措施而提供的培训和设备。"目前，一些发展中国家已经得到了上述多方面的技术援助，例如美国、澳大利亚等对我国检疫人员进行的熏蒸处理技术培训以及我国相关单位进行了检疫处理科研合作等。

由上可见，《SPS协定》除规定检疫处理是必要的检疫程序外，同时指出检疫处理作为一类检疫措施不能对相关贸易形成不必要的壁垒。

三、我国植物检疫法规中的检疫处理要求

我国植物检疫主要法规包括《中华人民共和国进出境动植物检疫法》、《中华人民共和国进出境动植物检疫法实施条例》、《植物检疫条例》，此外还有若干具体的

办法和名录，如《中华人民共和国进境植物检疫禁止进境物名录》、《中华人民共和国进境植物检疫危险性病、虫、杂草名录》等。《中华人民共和国进出境动植物检疫法》于 1991 年 10 月 30 日以主席令形式公布，并于 1992 年 4 月 1 日起开始施行；《中华人民共和国进出境动植物检疫法实施条例》于 1996 年 12 月 2 日以国务院令形式发布，并于 1997 年 1 月 1 日起开始施行；《植物检疫条例》于 1983 年 1 月 3 日由国务院发布，并于 1992 年 5 月 13 日修订发布施行，适用于在我国领域内的植物检疫活动。

在进出境动植物检疫法规中，我国就检疫处理做了如下主要规定：

(1)禁止进境物的检疫处理。口岸检疫机关发现有禁止进境物的(包括动植物病原体、害虫及其他有害生物，动植物疫情流行的国家和地区的有关动植物、动植物产品和其他检疫物，动物尸体，土壤)，作退回或者销毁处理。

(2)进境植物检疫中的检疫处理。输入植物、植物产品和其他检疫物，经检疫发现有植物危险性病、虫、杂草的，由口岸检疫机关签发《检疫处理通知单》，通知货主或者其代理人作除害、退回或者销毁处理。经除害处理合格的，准予进境。

(3)出境植物检疫中的检疫处理。输出植物、植物产品和其他检疫物，由口岸检疫机关实施检疫，经检疫合格或者经除害处理合格的，准予出境；海关凭口岸检疫机关签发的检疫证书或者在报关单上加盖的印章验放。检疫不合格又无有效方法作除害处理的，不准出境。

(4)过境植物检疫中的检疫处理。对过境植物、植物产品和其他检疫物，口岸检疫机关检查运输工具或者包装，经检疫合格的，准予过境；发现有检疫性有害生物的，作除害处理或者不准过境。

(5)携带、邮寄物检疫。携带、邮寄禁止进境植物、植物产品进境的，作退回或者销毁处理。邮寄进境的植物、植物产品和其他检疫物，经检疫或者除害处理合格后放行；经检疫不合格又无有效方法作除害处理的，作退回或者销毁处理，并签发《检疫处理通知单》。

(6)运输工具检疫。进境的车辆、由口岸动植物检疫机关作防疫消毒处理。来自动植物疫区的船舶、飞机、火车抵达口岸时，发现有检疫性有害生物的，作不准带离运输工具、除害、封存或者销毁处理。

在国内植物检疫法规中，明确规定发现有检疫性有害生物植物，但能彻底消毒处理的，托运人应按植物检疫机构的要求，在指定地点做消毒处理，经检查合格后发给植物检疫证书；无法消毒处理的，应停止调运。

思 考 题

1. 植物检疫具有哪些基本属性?

2. 何为检疫性有害生物,一般涉及哪些生物类别?

3. 植物检疫包括哪些基本工作程序?

4. IPPC、SPS 协定和我国植物检疫法规中对检疫处理是如何要求的?

5. 目前在国际植检措施相关标准中已有哪些方面的规定?

本章主要参考文献

1. 王春林. 植物检疫理论与实践. 北京:中国农业出版社,1999.

2. 对外贸易经济合作部国际经贸关系司译. 世界贸易组织乌拉圭回合多边贸易谈判结果法律文本. 北京:法律出版社,2000.

3. 许志刚. 植物检疫学. 北京:中国农业出版社,2003.

4. 李志红,杨汉春,沈佐锐. 动植物检疫概论. 北京:中国农业大学出版社,2004.

5. 邹秉文. 上海商品检验局的筹设经过与初期工作概述. 文史资料选辑,1983,88:111-120.

6. 陈仲梅,黄冠胜. 中国植物检疫大事年表(1914—1991). 植物检疫,1992.

7. 林火亮. 检疫的起源与宗教的影响. 植物检疫,1989,3(2):152-154.

8. 夏红民. 中国的进出境动植物检疫. 北京:中国农业出版社,1998.

9. 夏红民. 图说动植物检疫. 北京:新世界出版社,2002.

10. 徐国淦. 有害生物熏蒸及其他处理实用技术. 北京:中国农业出版社,1995.

11. 商鸿生. 植物检疫学. 北京:中国农业出版社,1997.

12. 曹骥. 试论植物检疫综合治理的含义与措施. 植物检疫,1991,8(6):355-357.

13. 葛志荣.《实施卫生与植物卫生措施协定》的理解. 北京:中国农业出版社,2001.

第二章　农产品保护与检疫处理学药剂

本章提要

用于检疫除害处理的熏蒸剂

农产品保护用接触性药剂

第一节　农产品保护除害处理化学药剂概述

农产品保护和检疫化学处理是指应用化学药剂处理农产品或检疫商品、场所、包装物、运输工具等以除去有害生物的(除害)过程。在这一过程中化学药剂通过影响生物生理机能并导致其严重障碍或死亡而达到除害目的。化学处理的特点是用极少量的药量就能在较短的时间内获得较好的效果,不仅起到除治的作用,还能有效地预防有害生物的发生和发展。

从杀灭对象来说,农产品保护和检疫化学处理用的化学药剂包括杀虫剂、杀菌剂、杀线虫剂、除草剂等农药。杀虫剂(insecticide)是用来防治农、林、卫生、储粮及畜牧等方面的害虫的化学物质,在检疫处理中通常使用的是能够快速杀死害虫的熏蒸剂(fumigant)。杀菌剂(bactericide)是对病原菌能起到杀死、抑制或中和其有毒代谢物,因而可使植物及其产品免受病害或可消除病症的药剂。由于细菌芽孢等的抵抗力很强,一般以能否杀灭芽孢作为杀菌的标准。如环氧乙烷、过氧乙酸等既能杀灭各种微生物的繁殖体,又能杀灭细菌芽孢,是很好的杀菌剂。杀线虫剂(nematicides)是用于防治农作物线虫病害的药剂,可以在短期内迅速甚至给彻底在控制线虫群落。毒杀线虫的药剂有两类:一是专性杀线虫剂,即专门防治线虫的农药;二是兼性杀线虫剂,这类杀线虫剂兼有多种用途,如氯化苦、溴甲烷、滴滴涕等对地下害虫、病原菌、线虫都有毒杀作用,棉隆能杀线虫、杀虫、杀菌、除草。如在美国用1,3-二氯乙烷(1,3-D)处理马铃薯曾被当做一项检疫措施,处理植物检疫危险性害虫的马铃薯金线虫。除草剂(herbicide)是可以用来防除杂草的药剂,如草甘膦、地乐安、五氯酚钠、拉索等除草剂茎叶定向喷施可防治菟丝子属的一些杂草。

从与有害生物的接触或作用的方式上,农产品保护和检疫化学处理所用的化学药剂主要有通过固体或液体与有害生物接触起到杀灭作用的触杀剂(contact chemical),和以气体状态与有害生物接触或进入有害生物体内而引起其死亡的熏蒸剂。触杀剂主要用于运输工具、场所等的处理。熏蒸药剂既可对运输工具、场所等处理,更重要的是可以对含包装在内的货物的处理。

按熏蒸处理场所可分在帐幕、仓库、车厢、集装箱、船舱、筒仓等可密闭的环境或容器内或土壤盖塑料内进行的常压下熏蒸和在一定的气密容器内低于一个大气压的气体状态下进行的减压熏蒸。熏蒸就是在能控制的密闭环境或容器内进行毒气杀虫、灭菌等处理,这是植物检疫处理过程中常用的处理方法。熏蒸处理的优点在于熏蒸剂的穿透性强,可以杀死存在于货物中或缝隙内,甚至是商品体内(如粮粒内)的害虫,或其他有害生物,这是使用一般杀虫剂难于做到的。熏蒸货物可集中处理,药剂费用和人工费用都较节省,且通常熏蒸处理过程比较快,可一次处理大量物体,这比喷雾、喷粉、药剂浸泡等快得多。

采用化学药剂进行农产品保护和检疫化学处理有许多特点,一是除害效果比较彻底,特别是熏蒸剂对害虫及其各个发育阶段都具有较高的药效,能实现完全杀灭有害生物;二是作用迅速,一般在几个小时或几天或若干天的较短时间内,可全部杀死处理环境中的有害生物;三是操作简便省力,熏蒸剂在不移动商品即可较好地杀死有害生物;四是处理费用较低,采用化学药剂处理比倒仓倒垛、整晒、摊冻等方法省工、省时、劳动强度低,总体处理费用也较低;五是受其他因素影响较小。当然,化学药剂也是有一定的缺点,包括药剂对人畜有一定毒性;采用化学药剂防治,施药人员如不慎或违反安全操作规程,就有可能常会发生药剂中毒,重者造成药剂中毒死亡;用药剂处理过的产品可能会带有不同程度的残留药剂,若超过卫生标准,食后会影响人体健康。在实际运用中,只要在运输、储存及使用等环节上加强管理,制定有效的安全操作规程,严格按照操作规程施药,安全是有保障的。

第二节 用于检疫除害处理的熏蒸剂

熏蒸剂是在一定的温度和压力下能够以足够的气态浓度杀死有害生物的化学药品。这就意味着熏蒸剂不管其使用状态如何,在与害虫接触或进入虫体时以最严格的气体形式。这里所说的熏蒸剂不包括一般的作为烟或雾的气雾剂或悬浮剂。最重要的是熏蒸剂是以气体分子状态进行扩散和分布。以分子状态运动扩散可以分布到更远更大的范围,甚至能穿透所要熏蒸的商品,而气雾剂是以分子集团或颗粒状态分散,难以穿透商品。

用熏蒸剂熏蒸货物可以达到在不搬动货物的情况下,达到消除及控制有害生物的目的。进行熏蒸除害有时甚至不需专门的设备、电力或人力等,通常是最经济最有效的方法。熏蒸杀虫有其悠久的历史,早在公元前 11 世纪的西周时期,我国已用牡鞠、嘉草、莽草等植物杀虫剂熏杀粮食害虫。1854 年法国最早使用二硫化碳熏蒸防治谷象,并发现其对米扁虫具有杀灭力,以后逐渐产生了三四十种熏蒸剂。理想的熏蒸剂应具有以下主要性能:①对有害生物的杀灭效果要好,对人及高等动物的毒性要低;②在熏蒸保护对象上的残留低;③价格低廉,易于运输、储存、管理,使用操作简便;④对金属及织物无害,不燃爆,不水溶;⑤扩散性和穿透性好,易于气化等。但事实上,许多熏蒸剂也存在一些不良性能:如①具有腐蚀性的气体侵蚀熏蒸密闭环境或器材;②反应性的物质形成不可逆的化合物,从而造成残毒或污染,或出现可见的污斑,或产生难闻的气味等;③具有生理活性的化合物对植物或种子或被处理商品造成药害;④因化学不稳定性极易失火、爆炸而不易操作使用等;⑤对人或高等动物有不可避免或不能容忍的毒性等。至今许多熏蒸剂因在使用中或者使用后,存在这样或那样的不良性能,而被取消或限制使用。

在熏蒸剂的定义下,对于有害生物具有生物活性的化学药品有很多。但实际上,由于其这样或那样的一些不合适的性质而致使其不能被实际应用,其中最主要的是其化学不稳定性和对商品的破坏性,如因熏蒸处理可能造成密封结构的腐蚀、与商品作用形成不可消除的物质、产生植物生理伤害等。一些熏蒸剂的易燃、易爆等问题可通过一定技术措施避免,一般不作为排除的理由。对人畜的毒性影响大多数情况下也不作为限制因素,因为所有熏蒸或多或少对人都是有毒的,可以通过技术规定和安全管理避免之。有些化学药剂会对人畜产生长期的影响,应当进行限制,事实上,已有许多曾使用的药剂已经在一些国家被从允许使用的熏蒸剂名单中剔除。最终决定是否能够作为熏蒸使用的是其除害基本性质,如杀死有害生物的性质、与商品的作用性质等。

在储藏物保护或检疫除害处理中曾应用较多的防治害虫的熏蒸剂有丙烯腈、甲酸甲酯、甲酸乙酯、氢氰酸、溴甲烷、硫酰氟、磷化氢、二氯乙烷、二溴乙烷、二硫化碳、四氯化碳、氯化苦、敌敌畏、二氧化硫、环氧乙烷等。用于土壤熏蒸防治进境植物检疫危险性土壤线虫的土壤熏蒸剂如 1,3-二氯乙烷、溴甲烷、威百亩、必速灭等。杀灭植物病原菌的杀菌剂有环氧乙烷、过氧乙酸、甲醛等。上述熏蒸剂中在实际中确实显示出了一种或一种以上的不良性质。这个事实也说明人们迄今尚未找到理想的熏蒸剂,而且十之八九永远也找不到理想的熏蒸剂。通常有效而获准使用的植物产品熏蒸剂主要有磷化氢、溴甲烷、二氧化碳、氢氰酸等。用于检疫熏蒸处理时,因处理对象的不同可以采用的熏蒸剂也有所不同,如一般耐储商品处理可用溴甲烷、磷化氢、硫酰氟等。对于防治进境植物检疫危险性线虫、病原菌等处理可用环氧乙烷、过氧乙酸等。但目前常用的几种熏蒸剂应用前景也不容乐观。

溴甲烷自20世纪50年代得到应用以来，广泛地用于农业，包括土壤、种植产品及制品的杀虫灭菌，以及植物产品国际贸易的出入境检疫处理，各类建筑物如历史古建筑、仓库、船舱、车辆、飞机机舱、食品加工厂等方面。然而溴甲烷是一种环境破坏物质，可以破坏大气中的臭氧层。与含氯氟烃对臭氧破坏的能力为1相比，溴甲烷的臭氧破坏能力为0.7。为此，国际有关组织（联合国开发计划署、联合国工业与发展组织和世界银行）对于替代和取消溴甲烷的使用制定了时间表。在发达国家和发展中国家分别按不同的时间进程进行淘汰。鉴于在商品流通或通关中一些溴甲烷替代技术的匮乏，溴甲烷在植物检疫处理中的某些应用仍属于豁免的范围。中国政府已于2003年4月批准《蒙特利尔议定书》的《哥本哈根修正案》。按照该议定书，中国应在2005年前将溴甲烷消费量消减到1995—1998年平均消费量的80%，到2015年前除检疫熏蒸外完全淘汰溴甲烷。

广义地说，充氮气调和充二氧化碳气调也可被视为熏蒸，即二氧化碳和氮气也可视为熏蒸剂。气调的基本原理在20世纪七八十年代已多有研究，目前适用于二氧化碳熏蒸的仓房条件大多尚不具备，其应用受到很大限制，其实质性的应用也主要对于帐幕密封的场所，在仓房密封气调的应用方面近期也取得了一定进展。同时，人们也在探索在气调时加入增效剂的方法，以降低处理成本和加快杀虫速度。国外也有人曾试验气调结合高压杀虫，杀虫效果可以明显提高的加快，但处理费用也很高。

氢氰酸在1877年开始用作熏蒸剂，1886年在美国加利福尼亚州有人发明在帐篷下用氢氰酸熏蒸树木防治介壳虫。20世纪50年代氢氰酸在中国为普遍应用的储粮熏蒸剂，因毒性过大和经济性方便性较差等原因被磷化氢替代。氢氰酸也曾广泛用于仓储建筑结构如面粉厂熏蒸，后为使用更为方便的溴甲烷替代。氢氰酸在水中的溶解度很高，会给水分大的物品带来损害。对人和高等动物是一种烈性速效毒药，可能对植物造成药害。氢氰酸用于种子安全，但不推荐用于鲜果和蔬菜。氢氰酸常压下易被固体物吸附，对一些物品的穿透力不强。目前在法国、德国、瑞典、新加坡等仍获准用于处理飞行器或建筑物。

氯化苦曾用于处理谷物和植物产品。但不可熏蒸成品粮、花生仁、芝麻、棉子、种子粮（安全水分以内的豆类除外）和发芽用大麦。由于熏蒸处理后气体不易散去，地下粮仓不宜使用此熏蒸剂进行熏蒸。此剂为有高度刺激性的催泪毒剂，可以用很小比例加入其他熏蒸剂充当报警剂。氯化苦在对害虫具有生物活性，也具杀菌和杀真菌性。该熏蒸剂对金属有腐蚀作用，处理中应注意金属表面和设备的保护。有资料认为氯化苦与被熏蒸物品的反应生成物的残余会有无机硝酸盐和亚硝胺。1934 年日本开始禁止用于米谷中，其原因是因其化学结构中有亚硝基，怀疑其有致癌作用。在甲基溴被淘汰后，氯化苦本身或其与其他药剂的混合物可能会被用于土壤熏蒸方面。

敌敌畏可用于储藏场所，该药剂向商品内的扩散性差，又易被吸附，实仓熏蒸只用于表面熏蒸，生产中也适用于空仓、加工厂、包装器材、铺垫材料等的杀虫处理。根据英国杀虫剂顾问委员会，英国政府已规定在市场上禁止出售多种药剂，原因是它们含有可能导致人类癌症和神经紊乱的敌敌畏。该委员会认为，不能排除长期接触敌敌畏导致皮肤癌、肝癌和乳腺癌的可能性。这项决定涉及约 50 种常被居民家庭用于杀灭苍蝇、飞蛾、黄蜂和蟑螂等昆虫的杀虫剂。有关企业已经推出不含敌敌畏的替代产品。科研人员将对敌敌畏的致癌特性在做进一步研究。

相比较而言，磷化氢是目前和以后一定时期内防治储藏物害虫的不可替代的药剂。但磷化氢自其问世以来，由于在认识和使用方法上的盲目使用和滥用，在应用技术上的不科学、不合理，以致许多害虫对磷化氢产生了(有的是相当严重的)抗药性，磷化氢作为熏蒸杀虫剂面临着严峻的挑战和危机。从发展的角度看，保护磷化氢这一目前赖以使用的杀虫剂，使之免遭杀虫彻底失败之命运，避免或延缓害虫对磷化氢抗药性的产生和发展，开展磷化氢的应用技术研究势成必然。许多专家认为，目前人们对磷化氢的研究还处在发展中。在以后的磷化氢熏蒸杀虫应用中，提高对磷化氢杀虫的科学认识，在一定程度上比了解具体的作用技术更重要。

一、溴甲烷

溴甲烷(methyl bromide，bromomethane)又名溴代甲烷、甲基溴。溴甲烷自 1932 年在法国开始应用以来，世界各国都在不同的生产领域广泛应用了溴甲烷进行除害处理。1952 年，为了解决粮食储藏中的虫害问题和棉子中所夹带的棉红铃虫 *Pectinophora gassypiella*(Saunders)问题，以及进出口植物检疫的需要，我国开始研制和应用此药剂，由于溴甲烷必须采用钢瓶包装及在我国价格相对较高等原因，至今在使用范围和使用量上受到限制。目前我国生产的溴甲烷在国内主要用于进出口货物的熏蒸杀虫。溴甲烷是多种性能优于氯化苦的新型熏蒸杀虫剂。在国际上溴甲烷应用最多的是土壤熏蒸，如美国在过去曾有一年用量达 21 000 t 的情况，其中土壤用占 85%，检疫 10%，建筑物 5%。全球溴甲烷的用量据 2000 年的资料显示，一般一年约 72 000 t，其中北美约占 38%，欧洲约占 28%，亚洲约占 22%，南美和非洲约占 12%。

由于溴甲烷对大气平流层中的臭氧层有破坏而影响到地球的人类生存环境，该药剂现已被联合国环境署列为大气臭氧层枯竭物质而限制和取消使用。具体淘汰时间表为按1991年的用量水平减少，全球用量到2001年减少50%，2003年减少70%，2005年在发达国家取消使用，2015年在发展中国家取消使用。目前，一些欧洲国家已经取消其使用。根据国际《蒙特利尔议定书》(Montreal Protocol)，溴甲烷的使用在一些特殊情况下的熏蒸处理可不在此限制之列，即有以下免除条款：一是货物装船前的处理和植物检疫处理；二是在2005年后一些紧急的农产品处理；一些紧急情况下的熏蒸。

(一)溴甲烷的理化性质

溴甲烷的分子式为CH_3Br，分子量为94.95。

溴甲烷在常温下为无色气体，少量时无味，浓度较高时微带香甜如乙醚或氯仿气味，是一种没有警戒性的熏蒸剂，嗅阈为80～4 000 mg/m^3，嗅阈会因不同人的个体而异。一般都压缩成液体，装在钢瓶中。液体溴甲烷纯度在99.5%时为无色，纯度低于99%时略带微黄色。液体溴甲烷比重在0℃时为1.732，气体比重为3.27，沸点4.5℃，蒸汽压力在10℃时为1.4 kg/cm^2，汽化潜热为275.52 J/g。25℃时在水中的溶解度封闭状态下为1.34 g/100 g；敞开状态下为0.1 g/100 g。易溶于酒精、乙醚、氯仿、二硫化碳、苯等有机溶剂和油类、脂肪、橡胶、树脂等物质。

液态的溴甲烷可将脂肪、树脂、橡胶等物质溶解，熏蒸施药时要防止把药液直接喷在塑料或橡胶帐幕上。气态的溴甲烷对金属、棉、丝毛织品和木材等都没有影响。溴甲烷的化学性质比较稳定，不易被酸碱物质所分解。

在一般熏蒸所用浓度下不燃烧、不爆炸，但在空气中含溴甲烷13.5%～14.5%(容积比)即535～570 g/m^{3}时，遇火花或火焰时可以燃烧。在400℃时可以热分解。液态溴甲烷能和铝反应生成甲基溴化铝，也能对镁、锌及其合金造成腐蚀。曾有溴甲烷与铝以及二硫化亚砜接触爆炸的报道(NFPA,1984)，所以不能用铝罐储存溴甲烷，也不能在施用溴甲烷时使用铝质器材。溴甲烷在水溶液中可分解为甲醇和溴化氢，水解速率取决于pH值。可与含胺和硫的物质作用。对多数金属稳定，但可与锌、锡、铝和镁在有杂质如乙醇或水分时起表面反应。可渗透许多物质，如水泥、橡胶、某些塑料、皮革、砖、木墙等，如较容易渗透低密度的聚乙烯，渗透高密度的聚乙烯要比渗透低密度聚乙烯慢5～8倍，不能渗透金属和聚氯乙烯。

(二)溴甲烷的杀虫机理

溴甲烷侵入生物体后，因水解而产生麻醉性毒物和积累性中毒，故中毒症状延迟发作，中毒后难以恢复。具体的作用机制尚不是完全清楚，可能的杀虫机理是使虫体内DNA和酶蛋白的巯基甲基化。如果某些酶含有半胱氨酸，在正常情况下它可能被氧化(脱氢)成为二硫键。而被溴甲烷作用时，此巯基会被甲基化，正常的酶功能被破坏，且巯基酶的被抑制不可逆转(Lewis,1948)。如在溴甲烷的致死剂量下谷斑皮蠹表现为谷胱甘肽被消耗和谷胱甘肽-S-转移酶被诱导(Shivanandappa 和 Rajendran,1987)。Starratt 和 Bond(1981)证明与谷胱甘肽的结合可以使溴甲烷解毒,虫体内谷胱甘肽的量的增加可使昆虫对溴甲烷的耐受力增大,昆虫可以将溴甲烷代谢为甲基硫化谷胱甘肽(Cheetham,1990)。以 48 g/m^3 的溴甲烷熏蒸苹果蠹蛾的胚,发现 1 h 内晶胚几乎完全停止发育,并出现了一些怪胎(Nishimura 等,1980),体外试验没有发现直接的细胞损伤。

(三)溴甲烷的药效

溴甲烷是一种强烈的神经毒剂和作用较弱的麻醉剂,同时也影响害虫的呼吸作用,抑制其呼吸酶,引起呼吸代谢率的降低而致死。溴甲烷对各种储粮害虫及其各个发育阶段都有较强的药效。对螨类的药效比其他一般熏蒸剂好。

溴甲烷对害虫的药效同其他许多熏蒸剂一样,因害虫虫种、环境条件、处理时间等不同而异,即使对于同一个虫种,其不同虫态对溴甲烷的敏感性也有差异。据试验,小麦含水量 14%,温度 26.6℃,相对湿度 70%,密闭 24 h,对米象不同虫态 95%死亡率所需剂量分别为:卵 18.5 g/m^3,幼虫 10.1 g/m^3,蛹 22.2 g/m^3,成虫 13.5 g/m^3。

溴甲烷在用于处理土壤时可杀灭几类有害生物,包括真菌类的如引起猝倒的丝核菌、腐霉菌、菌核菌等;导致基腐的白绢菌和褐腐菌、导致根腐的镰孢菌、须壳菌、蜜环菌、疫霉菌等;导致枯萎的轮枝菌、镰孢菌、弯孢菌等。细菌类的如棒杆菌、青枯病菌、疮痂病菌等。线虫类灵根结线虫、孢囊线虫等。杂草类如大多数一年生和多年生杂草。地下害虫类如蝼蛄、蛴螬、金针虫以及蚂蚁、白蚁等。对土传病毒类、寄生性植物类等也有杀灭效果。

(四)溴甲烷的毒性

溴甲烷是强烈的神经毒物,吸入蒸气,摄入或经皮肤吸收均会引起中毒,短时期内接触较大量的溴甲烷会引起神经系统、呼吸系统损害等全身性疾病,目前无特效解毒剂。除从呼吸器官吸入外,还可从皮肤进入人体。溴甲烷是无警戒性的毒气,具有缓滞的神经麻醉性,损失神经系统、肾脏、肺。溴甲烷进入人体后,分解为甲醇及溴化氢,甲醇可生成甲醛,可以引起神经系统积累性中毒。有的资料介绍溴甲烷对琥珀酸脱氢酶有抑制作用,引起脑机能的障碍。

溴甲烷中毒具有潜伏期和积累的特点,使用时必须高度注意安全。中毒后的潜伏期长短,因人体质不同而异。急性中毒症状短的可在 4～6 h,长的要 2～3 d 才能发生,慢性中毒需数周或数月才能有反应。

人和高等动物对溴甲烷除由呼吸器官吸入以外,还可以从皮肤直接接触吸收。

溴甲烷在空气中不同浓度下使人中毒情况为:浓度为 50～17 mL/m^3,轻微中毒；2 000～4 000 mL/m^3 呼吸 30～60 min，严重中毒以致死亡；20 000 mL/m^3，立即死亡。FAO 和 WHO 估计溴甲烷的日允许摄入量（acceptable daily intake，ADI）为每千克体重 1.0 mg。中国规定的车间最高允许浓度（maximum allowable concentration）也即时间加权平均值（threshold limit value-time weighted average，TLV-TWA）为 0.3 mL/m^3。

（五）溴甲烷对商品的影响

一般熏蒸中溴甲烷对许多活的植物不会产生有害影响，但对有些商品当浓度较高或时间过长超过一定值时，会出现药害而影响商品质量。如李百胜等（2002）报道，分别在 1～20℃、22～30℃、32～38℃时熏蒸后的白蒜，当 Ct 值超过 490 g/(h·m^3)、450 g/(h·m^3)、250 g/(h·m^3)时，在 20～30℃的条件下储存一定时间即会出现药害。在某些情况下，溴甲烷熏蒸造成种子生活力的损失，有时会延迟发芽或伤害幼苗的活力。在溴甲烷保持较高的相对湿度（75%以上）、土壤的潮湿、熏蒸期间减少空气流动等可以减少对生长中植物的影响。对有些植物要尽量在休眠状态时进行熏蒸，而有的植物在正常生长状态时反而耐药。溴甲烷可用于所有谷物产品的熏蒸，但剂量过高时会产生异味（如熏蒸后的面粉烤制的面包异味），熏蒸全脂大豆粉会产生持久的异味。Antho 等（1975）对酸樱桃、甜樱桃用溴甲烷（24℃，32 g/m^3，2 h）熏蒸，苹果蠹蛾的死亡率达到 99.99%，而对该水果的品质及风味不产生任何影响。Windeguth 等（1977）以足能杀死实蝇的浓度熏蒸葡萄，葡萄未受到损伤。Seo 等（1979）用杀灭 *Bactrocera dorsalis* Hendel、地中海实蝇 *Ceratitis capitata*（Wiedemann）的卵和幼虫的剂量来熏蒸番木瓜、香蕉，没有发现任何损伤。Harvey 等（1989）用溴甲烷（21℃，48 g/m^3，2 h）对携带苹果蠹蛾 *Cydia pomonella*（Linnaeus）的无花果进行处理，苹果蠹蛾的死亡率几乎是 100%，而对无花果未产生任何毒副作用。

溴甲烷在熏蒸处理一些水果上取得了成功，但对有的水果的负面影响也需要高度注意。Kenworthy（1944）发现溴甲烷会对苹果的果皮造成严重伤害。Claypool 和 Vine（1956）发现溴甲烷会影响苹果、樱桃、李子、无花果、葡萄、油桃、桃子、梨、柿子、草莓的风味。Lindgren 和 Sinclair（1951）用溴甲烷（27℃，32 g/m^3，2 h）处理携带橘小实蝇的鳄梨，鳄梨受到的伤害极为严重。Drake（1988）等发现，溴甲烷对 3 种苹果的蜡质影响不大，但对果肉伤害严重。Anthon（1989）等用溴甲烷对葡萄柚所携带的加勒比实蝇 *Anastrepha suspensa*（Loew）进行除害处理，经过 4 周储藏后，相对于对照，处理过的葡萄柚的表皮带有大量的坏死斑，在冷藏情况下熏蒸的葡萄柚尤为严重。Hallman 和 King（1992）针对阳桃所携带的加勒比实蝇，用溴甲烷（23℃，40 g/m^4，2 h）熏蒸，对果皮的影响甚小，但水果的储藏寿命短了

24%～30%。溴甲烷对水果进行有效除害处理时，大多数的熏蒸剂对水果有不同程度的伤害作用，往往造成果面出现麻点、果肉凹陷、果皮变色、果质变软及果实营养成分发生变化等，对水果的储藏期亦有显著影响。李建光等(2004)试验了19种常见的草本和木本花卉在真空条件下对溴甲烷的耐药性试验，结果表明，美女樱、天门冬、孔雀草、彩叶草、鸡冠花、含羞草、茉莉、栀子等均表现出对溴甲烷具有良好的耐药性，而月季、万寿菊、矮牵牛、小菊花、榕树、玉树、杜鹃等则表现出轻度的药害症状，对千日红、地肤、小丽花、一串红等的品质和生长有很大的影响，表现为强烈的药害，甚至造成死亡。在熏蒸剂量和熏蒸时间一致时，随着真空度的提高，对试验花卉的药害逐步加重。

(六)溴甲烷的应用范围和剂量

溴甲烷可熏蒸各种原粮、成品粮、油料和薯干等。但不宜熏蒸蛋白质含量高的豆类。特别重要的是在植物检疫中用于水果和蔬菜等的熏蒸。熏蒸种子粮时，用药量按整个仓房计算，用15～20 g/m^3，密闭36 h。熏蒸种子粮的水分要求：玉米、大麦12%，小麦、荞麦、绿豆12.5%，籼稻13.5%，粳稻14.5%，芝麻7%，棉籽14%。用药量按粮堆体积20～38 g/m^3，密封24 h；空间体积15～20 g，密闭2～7 d。

依照国际植物保护公约组织(IPPC)2002年3月公布的国际植物检疫措施标准第15号《国际贸易中的木质包装材料管理准则》，对木质包装的溴甲烷处理标准为最低温度不应低于10℃，最低熏蒸时间应为16 h，溴甲烷处理以MB标记表明。如澳大利亚规定木质包装须无皮并且用48 g/m^{3}溴甲烷熏蒸24 h，接受处理的木材其最小刨面的直径不超过200 mm。澳大利亚检验检疫局(Australia Quarantine Inspection Service，AQIS)对溴甲烷熏蒸提出的标准要求指出，溴甲烷剂量率因商品、有害生物、温度等的不同而变化。温度在11～25℃时温度每降低5℃，剂量率增加8 g/m^3，25℃以上的温度下不考虑剂量的加大。

(七)溴甲烷熏蒸注意事项

熏蒸环境要密封、远离居住区，要防止不利天气如大风、低温的影响，露天帐幕熏蒸时要用绳索、重石、专门固定装置等固定。环境温度不能低于10℃，否则要有加热措施。低温会降低杀虫效果和增大商品吸附。过多的吸附会增加安全风险，因为残留溴甲烷难以去除。过夜熏蒸时要注意温度的影响，应事先掌握天气情况。剂量率因商品、有害生物等而异。熏蒸时要打开影响气体穿透的包装等密封，活植物熏蒸温度不能超过30℃。水果熏蒸以果肉温度为依据。熏蒸木材时至少有一维尺寸小于20 cm，货物之间和货物与密封间至少5 cm，溴甲烷对木材的穿透力最多10 cm。在安全方面要注意：

(1)采用溴熏蒸和操作时必须做好安全防护措施,包括对人和对商品等的安全防护。防止因施药不当造成商品变色、异味等,施药人员应佩戴完好的防毒面具和型号适当防护有效的滤毒罐,或采用隔离式的防毒面具。

(2)施药后应在仓房或密封周围检查有无漏气现象,发现漏气立即密封。要检测熏蒸环境中的熏蒸剂浓度的高低和分布均匀性。

(3)溴甲烷熏蒸散放毒气后经浓度检测,低于安全浓度时,方可进仓工作。

(4)熏蒸施药过程中,如发生钢瓶喷嘴因药液凝固阻塞,可用热水淋浇喷嘴,严禁用火烘烤。或采用具有热量补充或交换的加热装置补充挥发过程中的潜热。

(5)对于种子粮在熏蒸前后,必须检验发芽率。

(6)储存药剂的容器要存放在阴凉场所,严禁在烈日下暴晒。

(八)溴甲烷的残留动态

货物熏蒸以后,大部分溴甲烷迅速解吸和消散。在正常情况下,溴甲烷气体的残留问题不大。但是,由于熏蒸剂和所熏蒸材料中的某些成分之间发生化学反应,通常有少量的永久的残留存在。其反应物是一般容易检出的无机溴。

食品用熏蒸处理后,其中的有机溴经过散气,在 4 d 之后几乎完全消失,但是溴总量在 1 d 之后表现出稳定值。被吸收的溴甲烷与食品中的成分反应发生分解,残留为无机态溴。溴甲烷的残留量分析中一般不进行有机态溴和无机态溴的区分,而是以溴总量来表示。许多检测物质中溴的方法也可用于溴甲烷残留的检测分析。一些粮食中溴甲烷的残留量见表 2-1。

表 2-1 溴甲烷熏蒸粮食无机溴残留量(Monro,1975)

粮食种类	浓度/(g/m³)	熏蒸时间/h	温度/℃	熏蒸前/(mg/kg)	熏蒸后/(mg/kg)
甜玉米	44	1.5	25	<1.0	10.0
新豌豆	44	1.5	25	4.5	19.0
糙米	32	24	25	0	12.2
小麦	24	24	25	2.0	9.0
花生	32	24	25	0	47.4

表 2-1 说明,粮食中的无机溴含量背景是不同的,采用溴甲烷熏蒸后,不同的粮食的残留水平差异很大,蛋白质含量高的花生具有更高的残留量的增加。

有研究报道,溴甲烷的残留中有一部分是因为其甲基团发生了变化。如蛋白质含量多的小麦品种中溴残留量就比蛋白质含量低的小麦品种高,溴甲烷主要是与小麦中蛋白质起反应,经测定面筋中溴含量多,占总量的 87%。对小麦的研究结论认为甲基团的主要反应是与粮食中的蛋白质发生了甲基化作用(Bridges,1955),但对于必需氨基酸并没有造成明显损失(Winteringham,1955)。溴大部分是含在麦麸里,在麦中各部分的溴含量与蛋白质、脂肪含量有明显的正比关系。另外,施药量增加、熏蒸时间延长,会使残留量成正比例地增加,而且在高温高湿情况下进行熏蒸,也会使残留量急剧增加。

溴甲烷在植物中的残留受多种因素的影响,如熏蒸时间、剂量、通风情况、植物的理化性质等,在叶菜中残留量会大一些。特别是一些植物如康乃馨、柑橘子、棉花、胡椒、洋葱、芹菜对溴甲烷敏感。

有的熏蒸环境在熏蒸后如没有及时散气,或散气不足也会存在环境中的气体残留超过安全要求,国家规定不超过 5 mL/m^3 的指标。如集装箱有毒有害气体超标的问题在检疫工作中即有发生,多是境外某些公司对出口集装箱进行卫生除害处理后,为了节约时间和成本,没有经过充分散毒直接装运出境造成"有毒"。"有毒"集装箱不仅对进口国一线检验检疫人员和其他作业人员的人身安全构成极大威胁,也影响进口国口岸的环境。对可疑有毒有害气体超标的集装箱要进行检测,对贴有熏蒸警示标志或提供熏蒸证书的集装箱进行重点检测。当发现"有毒"集装箱后,在第一时间内采取应急处理措施,如将"毒箱"移至安全地带进行通风散气,经再次检测合格后才进行查验和卸货等操作。要提示货主在签订贸易合同中,明确要求供货方对已实施熏蒸的货物必须进行散气,达到中国标准后方可入境。也要向有关部门、企业发出警示通报,要求对有熏蒸证书的入境集装箱,须进行毒气残留浓度检测,合格后方可进行查验,确保口岸人员的生命和环境安全。

二、磷化氢

磷化氢(phosphine,hydrogen phosphide;trihydrogen phosphide;phosphorus trihydrides;phosphoretted hydrogen)自 1936 年被试验证实对谷象有良好的杀灭效果,随后其前体化合物磷化铝便以 Phostoxin、Delicia、Detia、Gas-ex-B、Celphos 等商品名在世界广泛应用。我国自 1965 年自行研制、生产和应用与国外同类产品性能的磷化铝以来,已有 40 多年的历史。在此期间,磷化铝的应用为我国储藏物品熏蒸杀虫中起到了重大的作用,但在许多情况下,由于使用方法的不够科学合理,诸如密封条件欠佳、盲目增大用药量等,许多地方的害虫对磷化氢的抗性也发展得越来越普遍,有的甚至发展到了相当严重的水平,这一问题已引起人们的普遍关注。有的专家认为人们对磷化氢杀虫作用特性的研究还未完全成熟,仍处在研究、探索阶段。也就是说,以往有的磷化氢应用方法和方式,还有不够科学合理的之处需要探讨,存在着认识上的误区,如有的地方在使用一般剂量不能将害虫杀死时，不是从提高环境气密性、合理应用施药剂量等方面改进，而是盲目增大用药量，结果适得其反，不但不能杀死害虫，而且使害虫对磷化氢的抗药性得到了发展。磷化氢是目前和以后一定时期内防治储藏物害虫的主要熏蒸剂，甚至在有些情况是不能用其他熏蒸剂替代的药剂。在决定使用磷化氢熏蒸杀虫时，首先要考虑的是采用科学、合理、有效的磷化氢应用技术，对磷化氢的杀虫特性有充分的了解和认识，淘汰盲目加大剂量、密闭条件不合适也凑合熏蒸的方法，避免前期气体浓度有效，后期浓度过低的无效密闭熏蒸，克服麻痹、侥幸、图省事的思想。

（一）磷化氢作为熏蒸剂的特性

磷化氢的分子式为 PH_3，相对分子质量 34，沸点 −87.5℃，气体比重 1.184，蒸气压 30℃时为 42，在 1 个大气压 30℃时由 1 g/m^3 换算为百万分浓度（mL/m^3）的换算系数为 730。

纯净的磷化氢是无色无味的剧毒气体，但在伴随磷化物产生磷化氢气体的同时往往含有其他带有乙炔味或大蒜味的气体（如小量的乙炔），使其暂时有一定的警戒作用。在许多情况下，当其浓度低于 0.3 mL/m^3 的卫生标准时，这种气味也可成为检查磷化氢气体存在的参考指标。Dumas（1974）报道，磷化氢可以通过分馏法纯化。采用分子筛能够将其中的乙炔除去。并证明采用气相色谱法可将磷化氢纯化得到无臭的气体。Bond 和 Toma（1961）指出在某熏蒸条件下，空间仍有磷化氢的有效杀虫浓度时，这种特殊的气味也可能消失。很可能这种气味是某种比磷化氢本身更快更易被吸收的杂质造成。这就提示人们，即没有特殊气味不一定没有磷化氢存在，这在常规熏蒸的开仓放气后进入原密封环境和清渣处理时尤其值得注意。

磷化氢微溶于冷水，不溶于热水，在水中的溶解度为 0.2。易溶于酒精和乙醚。所以，在使用磷化氢前后操作人员应忌酒和忌食油腻食物。

纯品磷化氢在常压下比较稳定。在空气中，当磷化氢的浓度超过 1.7% 或 26 g/m^3 时就形成了燃爆混合比，加之双磷（P_2H_4）的存在即可自燃，产生白色烟雾（五氧化二磷），其反应式如下：

$$PH_3 + O_2 \longrightarrow P_2O_5 + H_2O$$

$$PH_3 + O_2 \longrightarrow P_2O_5 + H_2O + Q\text{（发火）}$$

$$P_2O_5 + H_2O \longrightarrow H_3PO_4\text{（烟雾）}$$

据报道，在降低压力且温度超过 100℃时，磷化氢会自发地燃烧，特别是在干燥的空气中更易发生。磷化氢的燃爆受磷化氢浓度、气体成分、空气流速、光线、温度、压力、火源等因素影响，具体到磷化铝药剂施药时则与每点施药量和环境的温湿度关系更密切。Halman(1970)等的实验证明，磷化氢因紫外线、原子辐射和有机原子团的发生而转化为 PH_2 原子团。该原子团与烯类化合物而形成有机磷化氢，并与磷化氢在空气中的爆炸有关。上述反应是连续的，在没有有效的终止作用时，只要有起始的小量的 PH_2，即可连续进行相关反应。据报道，燃爆下限在一个大气压、含水汽 0.39％的条件下，随温度升高而下限降低。在 20℃、30℃和 40℃条件下分别为 31.0 g/m^3、30.1 g/m^3 和 29.1 g/m^3。张涌泉等(1987)报道，在影响磷化氢燃爆的复杂因素中起主要作用的是火源、气体成分和气体流速；在静止状态下，磷化氢与任何比例的空气混合在自然压力、45℃以下的阳光直射以及在 50℃以下的温度环境中是安全的；在有火源存在的情况下，磷化氢最低燃爆极限浓度为 0.28％；在试验的气体流速为 10～15 m/s 时，磷化铝水解自然产生的磷化氢混合气不燃爆。如果与空气以 1∶1 到 1∶5 的比例混合时发生燃爆，当比值增到 1∶8 时则不发生燃爆。因此，在使用磷化氢熏蒸时，一定要控制磷化铝的反应速度，使产生的磷化氢气体迅速扩散，避免局部浓度过高。

一般认为磷化氢不能用于减压熏蒸，但近几年的研究有所突破。Bond(1988)关于磷化氢燃爆特性的实验证明，当大气压为 1 470 Pa 时，它的最低燃爆浓度是占大气体积的 1.67％，相当于 25 g/L 左右。因此认为这个浓度远远超过在防治实践中所用浓度；如果在环流熏蒸中因风扇或气泵的运转而使大气压力降低到 1 470 Pa，引起磷化氢燃爆的危险性不大。

磷化氢对一般金属的腐蚀性较小，容易与铜或铜合金如青铜等金属反应，这种结果导致金属被腐蚀，在金属面留下明显痕迹，如：

$$2PH_3 + 3Cu \longrightarrow Cu_3P_2\text{(黑色)}\downarrow + 3H_2\uparrow$$

在有氨存在的情况下，这种反应会更加强烈(如磷化铝片剂药剂配方中的某些成分分解放出氨，这在仓外投药水法发生时因氨易溶于水而不再随其发生的气体进入仓内)。同时实践也发现在邻近沿海地区，空气中含有水和盐分也会进一步增强这种反应。鉴于磷化氢可与铜反应，磷化氢可与电器如仪表、电线、开关、报警系统以及电子测温系统等反应。因此，使用磷化氢熏蒸加工厂、仓库时，应将铜质机械部件、仪表等采用移出或涂油、罩塑料薄膜密封等措施保护起来。

Bond(1984)进行了进一步的研究，结果除进一步证明铜在黄铜、银、金、钢、镀锌钢、铅和焊锡等一系列金属中是最容易被腐蚀外，还证明其腐蚀性因相对湿度、磷化氢的浓度、空气中氧的含量和温度的增加，以及磷化氢处理的次数而加剧。Bond 在报道中认为，腐蚀作用是分为两个或多个步骤进行的。首先是磷化氢在有水存在的情况下，被氧化成为含磷的酸，而后因酸的作用使金属受到腐蚀。铜是磷化氢被氧化成含磷的酸的活性最强的催化剂，这可能是铜对磷化氢腐蚀最敏感的原因。作者在探索腐蚀阻化剂的研究中发现，将重铬酸钾饱和溶液涂在金属表面，能够很有效地延缓腐蚀速度。

磷化氢能与硝酸银作用，发生生成黑色磷化银的显色反应，反应式如下：

$$PH_3 + 3AgNO_3 \longrightarrow Ag_3P \downarrow$$

可用蘸有硝酸银溶液的试纸检测熏蒸环境中有无磷化氢的存在。如采用5%～10%的硝酸银溶液的滤纸条蘸后置入空间，7～5 s内由黄变为黑色，表示磷化氢的浓度大约为0.007 g/m^3。或者用硝酸银溶液处理过的硅胶粉制成检测管，用以测定粮堆内的磷化氢气体浓度。需要说明的是在有硫化氢存在时，含有硝酸银溶液的试纸也会变色，在进行磷化氢检测时应注意其干扰。

(二)磷化氢的杀虫机理

磷化氢通过气门或表皮进入虫体后，在氧气的存在下，首先被活化为有毒中间体，然后与细胞内线粒体膜上的细胞色素氧化酶的铁卟啉结合，形成一种无催化能力的稳定化合物，使该酶失去活性。结果是呼吸链中细胞色素C(还原型)无法在细胞色素氧化酶的作用下，把氢原子交给分子氧形成水，生物氧化过程中断，能量代谢无法正常进行，致使害虫窒息死亡。

磷化氢还可抑制虫体的过氧化氢酶，使其失去催化分解过氧化氢的能力，导致虫体内过氧化氢的积累，引起害虫生理中毒，致使害虫病变或死亡。

(三)影响磷化氢毒力和药效的主要因素

1. 气体成分对磷化氢杀虫效果的影响

Bond(1967，1969)在研究磷化氢对黄粉虫 *Tenebrio molitor* Linnaeus 和美洲大蠊 *Periplaneta americana* Linnaeus 的作用时指出，磷化氢必须在有氧时才能被吸收。磷化氢毒杀害虫若在无氧的情况下(在二氧化氮气中)，即使气门张开，气管正常，也不能吸收磷化氢气体，更不能穿透细胞膜，也不表现出致死或其他有害影响。相反，在正常大气中和有氧的情况下，则因为吸入磷化氢而表现出明显的毒性作用，即使气门关闭，磷化氢也可通过体壁进入虫体。换言之，昆虫呼吸是磷化氢毒理机制的中心，没有氧则无呼吸，也就没有磷化氢的生物活性。如氧气浓度分别为0%、1%、3%、20%和100%时，致死半数害虫所需的 *Ct* 值相对比分别是22、1、1、1和1，说明在氧浓度小于1%的空气中，害虫对磷化氢有一个高抗区。例如，谷象对磷化氢的吸收，在有氧的情况下比无氧时高约22倍。Kashi 等指出，赤拟谷盗 *Tribolium castaneum* Herbst、杂拟谷盗 *Tribolium confusum* Jacquelin du Val 和谷蠹 *Rhizopertha dominica*(Fabricius)在1%的低氧下能正常活动并对磷化氢非常敏感。另一方面，米象 *Sitophilus oryzae* Linne 和谷象的多数个体在1%的氧气中却不能活动，对磷化氢敏感性差，这两个虫种只有在氧含量4%左右时对磷化氢有较高的敏感性。对赤拟谷盗和谷蠹而言，在磷化氢浓度为 0.02 mg/L、0.04 mg/L、0.2 mg/L 和 2 mg/L 时，在1%～4%的氧气中暴露 12 h 死亡率最高。在 0.02 mg/L 和 0.04 mg/L 浓度时，氧浓度进一步增加，害虫死亡率降低。对米象和谷象来说，暴露 24 h 至少需要 4%的氧才能获得最高死亡率，进一步增加氧，死亡率不再增加。周诚等(1994)报道了不同低氧条件下对磷化氢杀死几种害虫的增效情况，当氧气浓度在21%～14%时，随着氧气浓度的降低，对磷化氢杀虫的增效系数增加较小；在11%～5%的氧浓度范围内，对磷化氢的增效作用明显变大。并指出从技术经济的角度出发，将氧气浓度控制在11%～8%的范围里对生产上更为合适。Nakakita(1974)证明以磷化氢处理玉米象 *Sitophilus zeamais* Motschulsky，其死亡率与氧的吸收率有关，而不与所吸收的磷化氢呈直线相关。

Banks(1974)报道，活虫在氮气中吸收的磷化氢还不到在大气中所吸收的1%。Kashi(1981)的研究也指出，当空气中磷化氢浓度达到 0.2 mg/L 时，赤拟谷盗和谷蠹忍耐时间不到 12 h；而在氮气中，磷化氢高过 10 mg/L 时能忍耐同样时间。

Kashi 与 Bond(1975)证明，二氧化碳的存在能提高磷化氢对谷象和赤拟谷盗的毒性，熏蒸时间可以缩短 1/7～1/2。实验结果同时证明过去有的报道提出在高浓度二氧化碳中磷化氢药效降低的原因是由于高二氧化碳所引起的缺氧所致。因此，即使在高浓度二氧化碳条件下也必须有氧，才能提高磷化氢的毒性，而且要求二氧化碳与磷化氢同时处理，才会起到明显的增效作用，这与二氧化碳刺激害虫的呼吸有关。Desmarchelier 和 Wolhgemuth(1984)报道，在有些情况下，将二氧化碳混入磷化氢中熏蒸可以缩短暴露时间。在防治谷蠹、拟谷盗和谷斑皮蠹的某些虫态时，二氧化碳和磷化氢混合气体比单用磷化氢气体作用更快，但对这些害虫的有些虫态和象虫类的卵和蛹，则不一定更快。

磷化氢对害虫的生物活性作用缓慢。如 Fluck(1973)证明，磷化氢在生理条件下呈酸性或碱性。从其本身的弱亲核性来说，其活性作用是缓慢的反应，但它是强还原剂。Winks(1973)通过以赤拟谷盗对中等浓度(0.1～3 mg/L)磷化氢的反应实验证明，与高等动物相反，磷化氢对害虫的作用要保持很长时间，甚至是永久的。尤其是磷化氢浓度高时，它对害虫的剂量对数与死亡几率值往往不是直线相关，而是要达到 20 d 后才有较高的死亡率。Qureshi 等(1965)发现，谷象用磷化氢处理后，至少在 12 d 内不断死亡，而处理后的 24 h 内只有少量死亡。

磷化氢致死害虫的关键不在剂量有多么高，而在于害虫对它的实际吸收量。

从害虫对磷化氢的吸收来看,不同害虫对其吸收是极不相同的。杂拟谷盗和赤拟谷盗在高浓度(3 mg/L 以上)时,能吸收大量的磷化氢,当高达 100 μg/g 体重时,6 h 后吸入量明显降低。谷象吸收磷化氢的速度较慢,但可持续 24 h 以上;在高浓度的磷化氢中,吸收量也没有过量增加。这是因为谷象(米象亦如此)出现了保护性昏迷,即在高浓度下,一开始就因昏迷而使呼吸率降低,减少了对氧的吸收,因此磷化氢不能穿透细胞膜。磷化氢在适当低浓度时杀虫效果反而好,这是因为在低浓度时,昆虫的初期呼吸只受到较弱的抑制,由于氧的大量消耗,从而可以大大加速磷化氢对细胞壁和线粒体的穿透,而后抑制线粒体的呼吸链。也可能抑制细胞色素 a_3 和 b。对于高浓度磷化氢处理后的害虫复活,认为最可能的原因是由于麻醉和氧消耗量的降低。在此情况下,很可能是因为磷化氢未能到达致毒部位的结果。

2. 害虫虫种、虫态和虫期对磷化氢效果的影响

不同害虫对磷化氢的敏感性存在明显的差别,对于同一虫种,其不同虫态对磷化氢的敏感性也有很大差异。一般地说,成虫和幼虫对磷化氢较为敏感,卵和蛹的敏感性要差。害虫的不活动虫期与活动虫期的耐药力相差甚大。所以,在检查熏蒸效果时,不能只看成虫和幼虫的死亡率确定效果,还要视卵和蛹的死亡情况而确定。在许多实际熏蒸中,往往只注意到成虫和部分幼虫的死亡情况,而忽视了耐药力最强的卵和蛹,通常这些主要害虫的卵、蛹甚至幼虫是生活在粮粒内的,一般不易检查出,如玉米象、谷蠹等,结果熏蒸放气后不久,卵或蛹又发育为幼虫或成虫,导致熏蒸失败。要用磷化氢彻底杀虫,就要保持有效的杀虫浓度和维持足够的密闭时间。同一虫态的不同龄期对磷化氢的忍耐力也有很大变化。一般来说,卵对磷化氢的敏感性是随着其产出的时间的延长而增强,产出初期的卵耐药力最强,这与卵的胚胎发育过程中其内部组织器官的逐步形成有关。

幼虫是对磷化氢比较敏感的阶段,一般老熟幼虫耐药力稍大一些。蛹是对磷化氢耐药力较强的阶段,谷象在蛹期第三天和第四天耐药力明显增强;而粉斑螟 *Ephestia cautella* Walker. 和印度谷蛾 *Plodia interpunctella* (Hubner)则是在化蛹 3 天以后最敏感。对于成虫来说,如初羽化的谷象成虫对磷化氢不太敏感,随着羽化后日期的延长,对磷化氢的敏感性也增加。

3. 剂量因素对杀虫效果的影响

许多研究和生产实践说明,磷化氢的浓度和作用时间对害虫的影响效果与其他熏蒸剂如溴甲烷等是不一样的。不符合一般熏蒸剂的剂量与死亡率的关系,当熏蒸时间相同,浓度大大增加时,害虫的死亡率不一定成比例地增加。也就是说,一般的 *Ct* 值规则对磷化氢不完全适用。磷化氢有其特殊性,例如,由于已证明当

把磷化氢浓度提高到一定程度时，可能引起昆虫麻醉反应（或称“保护性昏迷”）。被麻醉的昆虫在熏蒸后能够复活，如后期磷化氢浓度没有有效保证时，则不能引起100％的死亡或有害虫存活下来。例如，Banks（1974）发现高浓度磷化氢对玉米象有麻醉作用，在磷化氢浓度高达 28 mg/L 时，24 h 后仍然存活。所以磷化氢的浓度不能任意提高，这个不能超过的浓度称为“阈限浓度”。对磷化氢来说在一般熏蒸的浓度、时间与杀虫效果的关系 $C^n t=K$ 中，指数 n 大多数情况下小于 1，它是以密闭时间或延长暴露时间为主导因素的熏蒸剂。Bell（1975）以烟草粉螟 *Ephestia elutella* （Hübner）滞育幼虫进行的实验中把磷化氢浓度效果由低到高分为 4 个阶段：

第一阶段是阈限浓度以下直到 0.04 mg/L，害虫某些个体成比例成活的效果较差。

第二阶段是当磷化氢浓度为 0.04～0.35 mg/L 时，磷化氢的杀虫作用是高效的，并遵守 Ct 值规则，这一线性关系的斜率是 0.9，它表示 Ct 值（$C^{0.9} \cdot t=K$）关系中主导因素稍偏于时间。

第三阶段是磷化氢浓度高于 0.35 mg/L 则效果低，但在 2 mg/L 以下的范围内，杀死 100％所需的时间逐步缩短，在这个浓度范围内突出地表现为侧重于时间的 Ct 值关系（大约是 $C^{0.4} \cdot t=K$）；当浓度高于 2 mg/L 时，则死亡率只决定于时间。以浓度为 2 mg/L 和 4 mg/L 的实验表明，在 15℃时所推算出的杀死 99％的时间（LT_{99}）相同（22～23 h），说明唯独时间决定死亡率。

在完全致死害虫与磷化氢 Ct 值变化上出现了浓度高低范围不同 Ct 值所致效果也不同，当其浓度逐步由高降低时，相应 Ct 值也随之降低；当磷化氢浓度降到某一范围后，浓度再降低而 Ct 值又有升高现象。这种现象不仅表现在休眠的烟草螟幼虫，而且实验证明谷象、米象等害虫的成虫和幼虫也表现出这样的现象。进一步说明，磷化氢杀虫不是浓度越高越好，也不是浓度越低越好，而存在一个适宜的有效浓度范围。害虫的种类不同，致死其的适宜磷化氢浓度范围也不一样，但其基本规律是一样的。在毒力测定中，一般磷化氢致死害虫的适宜浓度范围因虫种而异，在 0.04～0.35 mg/L。在这个浓度范围内延长熏蒸密闭时间，提高 Ct 值，能得到比较好的杀虫效果。

4. 温度对杀虫效果的影响

温度是影响磷化氢杀虫的重要因素之一。温度高，害虫生理代谢旺盛，活动量大，耗氧量也大，吸入磷化氢的量也相应增加。一般情况下，在 10～35℃范围内，温度升高，磷化氢对害虫的杀虫效果明显增加。Ball（1975）研究指出，磷化氢处理害虫在高温下效果最佳，使用磷化氢防治储粮甲虫害虫必须在 15℃以上才有效。例如，Lidrgen 等(1958)在 10℃和 21℃下针对几种害虫使用两个浓度分别暴露 3 d 和 4 d,处理 4 次。对谷斑皮蠹经 4 次处理在 10℃仍有活下来的卵,经 2 次处理仍有活下来的幼虫,而在 21℃时则完全杀死害虫。对谷象和米象在低温下比高温下存活的多。再如,同样在 16 h 的暴露时间下,温度为 26.7℃比 15.6℃时,致死 99%的米象所需磷化氢的 *Ct* 值减低了 6 倍左右。但是,在同一温度下,同一害虫对不同浓度的磷化氢吸收量却接近于同一数值,并不因浓度提高而增加吸收量。

5. 害虫抗药性对效果的影响

抗药性即"昆虫具有耐受杀死正常种群大部分个体的药量的能力在其群体中发展起来的现象"。在多次使用药剂后,害虫对某种药剂的抗药力较正常情况下有明显增加的现象,因为使用药剂而增大的抗药力是可以遗传的。有些昆虫对某些杀虫剂表现出一种天然的敏感度低,即具有高度耐受性,即自然抗性,自然抗性也是可以遗传的。害虫在某些情况下与磷化氢接触后会产生较以往比较大的忍耐力,即产生了对磷化氢抗药性。这些容易使抗药性产生的条件是不科学不合理的用药造成的,如盲目提高磷化氢的剂量、由于密闭或杀虫气体分布不均匀等原因使害虫处于非致死浓度下从而选择出害虫的耐药力、不够充分的密闭时间等。害虫一旦对磷化氢产生了抗性,再用以往处理敏感品系的方法处理这些害虫其结果则常常是不成功的。害虫对磷化氢的抗药性增加了熏蒸杀虫的难度,换言之,对于已有一定抗性的害虫进行熏蒸处理时,在用药剂量、密闭时间、密闭条件、熏蒸过程中的磷化氢浓度保持或检测等方面都应从严要求。

(四)磷化氢对人的毒性

磷化氢是剧毒气体,对人的毒性主要作用于神经系统,抑制神经中枢,刺激肺部,引起肺水肿和使心脏扩大。其中,以神经系统受害最早且最严重,还会影响到呼吸系统、心血管系统和肝脏。Vincent 和 Garry(1989)报道长期接触磷化氢,会出现人体染色体重排,移位先出现在 G 环淋巴细胞,造血系统癌症明显增多。因此,人在磷化氢中暴露哪怕是很小的量也应避免。

磷化氢主要是由呼吸道吸入中毒,不能通过皮肤进行吸收。吸入磷化氢气体或误服或吸入磷化物粉末亦可引起中毒。如长期和低浓度的磷化氢接触可引起慢性中毒。磷化氢对高等动物有积累毒性。吸入磷化氢后可引起的中毒症状有:

(1)轻度中毒。头痛、失眠、乏力、鼻干、咽干、胸闷、咳嗽、恶心、呕吐、食欲减退、腹痛、腹胀、窦性心动过缓、低热等。

(2)中度中毒。除以上表现外,伴有下列情况之一者,即嗜睡、抽搐、肌束震颤、呼吸困难、肝脏损害或轻度心肌损害等。

(3)重度中毒。除以上表现外，并出现昏迷、惊厥、肺水肿、呼吸衰竭、明显心肌损害、严重肝损害等。由于积水引起的胸痛(肺水肿)可引起人死亡。在浓度为 2.8 mg/L (约 2 000 mL/m^3)的空气中非常短的时间内人就可死亡。

磷化氢中毒有一定的潜伏期，一般在 24 h 内；偶有长达 2～3 d 的，在此期间应密切观察。磷化氢在车间空气中的允许浓度最高为 0.000 3 mg/L。

对于磷化氢的 TLV-TWA，美国规定值为 0.3 mL/m^3(约 0.000 4 g/m^3)，其基于每天工作 8 h，每周工作 40 h(5 d)而确定的(德国为 0.1 mL/m^3)。尽管这里所说的是平均浓度，但也是上限浓度。在操作中的目标应是将其作为可接受的最大程度。美国和其他一些国家规定了接触磷化氢的短期最低接触值(threshold limit value-short term exposure limit，TLV-STEL)，每天不超过 4 次暴露，且两次接触时间间隔在 60 min 以上的浓度是 1 mL/m^3(0.001 3 g/m^3)。

有的资料建议每周不大于 1 次的每次接触下列磷化氢气体的最长时间如下：磷化氢浓度 1 mL/m^3 时，不超过 7 h；磷化氢浓度 25 mL/m^3 时，不超过 1 h；磷化氢浓度 50 mL/m^3 时，不超过为 5 min。

(五)磷化氢对被熏蒸物的影响

磷化氢在大多数种类的粮食上只有轻微的吸附，且吸附的大部分在通风散气后可很容易除去。据报道，磷化氢对农产品的反应残留物都是无害残留。由于粮食是植物的种子，它也是一种生命体，它是一种代谢水平微弱的生化封闭系统，因此磷化氢熏杀害虫的同时，也会对粮食有一定的影响。但是这方面的研究较少。一般认为在常规剂量和安全水分下磷化氢对种子的发芽没有实质上的影响，但可能会稍微减小发芽势。有明显的迹象说明，对高水分粮磷化氢可能会降低其发芽的能力。磷化氢一般对食品食用品质无不良影响，对种用品质无药害，对一种杂交白玉米不影响发芽力，但影响其产量。

(六)磷化氢的应用范围

在下列情况下可以选用磷化氢作熏蒸剂：

(1)要求被处理的熏蒸物至少要在密闭状态下保持 7 d 以上的时间。

(2)需要保持种子发芽力的时候。

(3)当使用溴甲烷等处理会出现残留的问题时。

(4)需要处理菜子饼、油菜子时，等等。

磷化氢适于熏蒸长期储存的干燥物品，主要用于实仓熏蒸，可熏蒸各种粮食、油料、成品粮。熏蒸种子粮时，水分不得超过以下规定：

粳稻	14%	大麦	13.5%	玉米	13.5%	大豆	13%
籼稻	12.5%	小麦	12.5%	高粱	12.5%	荞麦	12.5%
绿豆	12.5%	棉子	11%	花生仁	9%	菜子	8%
芝麻	7.5%。						

国外有的资料报道，磷化氢熏蒸粮食时对粮食安全水分（在通常条件下适于长期储存的水分的要求）：

大豆	15.0%	可可豆	7.0%	棉子	10.0%	花生仁	7.0%
玉米	13.5%	稻谷	15.0%	大米	13.0%	高粱	13.5%
小麦	13.5%	豇豆	15.0%	粟	16.0%	棕果	13.5%

磷化氢也可用于熏蒸器材、空仓和加工厂等。

（七）不宜选用磷化氢熏蒸的情况

在下列情况下不宜选择磷化氢进行熏蒸处理：

(1)已知被熏蒸的害虫对磷化氢产生了严重抗药性，且不具备长时间在密闭环境中保持或维持磷化氢有效杀虫浓度的条件。

(2)缺乏良好的密闭环境。

(3)缺乏受过训练和获得熏蒸资格的人员和队伍。

(4)要求在 7 d 内迅速处理完被熏蒸的粮食。

(5)粮食温度低于 15℃。

(6)熏蒸作业区与办公区和居民区直接毗邻，等等。

(7)含铜、铜合金、黄铜、金和银的一切仪器设备、装饰品、衣物及某些复写纸和未经冲洗的照相胶片等不宜用磷化氢熏蒸。

（八）磷化氢的残留与动态

磷化氢熏蒸粮食后，会有一部分残留在粮粒上，这些残留物有两类。一类为挥发性残留，主要是由粮食的物理吸附作用造成，这些残留物经过熏蒸后的通风散气，即可明显下降。如 Berk 等(1968)、Vincent 等(1971)、Dinscy 等(1971,1972)及 Track(1972)先后采用磷化氢气体消耗推算法和放射性痕量法研究了商品对磷化氢的吸附，基本上肯定了绝大部分是物理吸附。呈物理吸附状态的磷化氢能够以气体状态解吸而从商品中除去。例如残留量原为 0.27 mg/kg 的小麦，经过一定时间的散气后，可下降到 0.015 mg/kg。同一批粮食经多次熏蒸处理后，情况也是如此，并不因熏蒸次数的增多而残留物不能解吸。

Noak 等(1983,1984,1985)的研究结果证明，非化学吸附的磷化氢其残留和降解与多种因素有关。残留量的高低与用药量和处理时间呈正相关，二者比较，则用药量的影响更大。处理时间短、用药量低、温度较高、残留少。其残留有一个高峰期，熏蒸期间在浓度增加过程中的降解速度比浓度下降过程中造成的残留多。在熏蒸剂的分布基本均匀后，最高残留量是在出现最高浓度后，磷化氢的降解速度与温度呈正相关，只有在温度低于－18℃时，在大豆和小麦中残留的磷化氢才接近稳定。此外，Noak 等通过实验证明磷化氢的降解速度不受通风速度的影响。在熏蒸后应延长散气的时间以有效散去熏蒸尾气。

另一类为非挥发性残留，如用放射性磷元素的磷化氢处理小麦、小麦粉、油菜子和亚麻籽后，证明磷化氢已转变成非挥发性残留物。Meuser 指出，被吸附的磷化氢都被氧化为磷酸盐。非挥发性残留是由化学吸附作用造成，不会随通风时间的延长而降低。这些残留物主要分布在粮粒的外层组织（麸皮、米糠）中。据檀先昌等报道，用磷化氢熏蒸粮食，随着熏蒸次数的增多，非挥发性残留积累也越多。在接近生产的试验条件下，第一次熏蒸的粮食中的非挥发性残留最高。

磷化氢在粮食中的残留标准，以磷化氢计为不大于 0.5 mg/kg 粮，即重量比为 0.5 mg/kg（以原粮计）。磷化氢在粮食中的残留分析方法，按国家标准 GB 5009.36—1996《粮食卫生标准的分析方法》中“磷化物”的分析法进行。

（九）磷化铝

产生磷化氢的物质有磷化铝、磷化锌、磷化钙、磷化镁等，可以利用这些物质在一定条件下产生出磷化氢来。除了有药剂反应产生磷化氢气体外，还有将压缩于钢瓶中的纯磷化氢气体和磷化氢与二氧化碳或氮混合气体得到了一定应用。检疫熏蒸处理中使用的主要磷化氢发生物是磷化铝。

磷化铝制剂有很多优点，在我国自 20 世纪 60 年代初期应用以来，一直是储粮害虫化学防治中最主要的熏蒸剂。磷化铝的分子式为 AlP，分子量 58，是由赤磷与铝粉在高温下合成。磷化铝原粉是一种浅灰绿色粉末，暴露在空气中能吸收空气中的水蒸气，或与水反应，分解产生磷化氢气体，其化学反应式如下：

$$AlP + 3H_2O \longrightarrow Al(OH)_3 + PH_3\uparrow$$

磷化铝的剂型主要有片剂、丸剂和粉剂等。片剂是把磷化铝原粉加进助剂压制而成，一般是直径为 20 mm，厚度为 5 mm 的圆形片。因为加进了助剂，磷化铝的含量相对下降。片剂中磷化铝的含量为 56％～57％，杂质（氧化铝等）为 9.5％～8.5％。助剂有 3 种：氨基甲酸铵 28％、石蜡 4％、硬脂酸镁 2.5％。氨基甲酸铵的作用同在粉剂中一样；石蜡和硬脂酸镁是黏合剂，便于压片成型。片剂每片重 3 g 或略重于 3 g，即含磷化铝 1.68 g，完全反应可释放磷化氢约 1 g。丸剂的组成成分同片剂，只是每丸重量为 0.6 g。商品粉剂其实就是磷化铝原粉，它含真正的磷化铝为 80％～90％，其余为杂质 20％～10％。有的还含有氨基甲酸铵，氨基甲酸铵有极强的吸湿分解能力，在空气中分解生成二氧化碳和氨气，对产品有稳定作用，可以减缓磷化铝的反应速度，并能防止磷化氢燃爆。

将磷化铝片剂装入用聚乙烯薄膜制成的包装袋中，利用聚乙烯薄膜对磷化氢气体和水汽的阻隔与通透性控制磷化铝的分解速度，使磷化氢气体缓慢释放出。可以根据粮食水分、空气相对湿度、环境温度等情况选择所用聚乙烯薄膜的厚度和产品种类，以使密闭环境中的磷化氢浓度在所要求的时间内保持有效。利用阻气性较好的铝箔对磷化铝制剂进行密封小包装，使之在存放期间磷化铝不能吸收水分而放出磷化氢气体。在使用时，可用针刺小孔，使水汽进入和磷化氢气体放出。此方法尤其适用于小包装的货物的分别熏蒸处理。

Reichmuth(1994)报道，在袋装磷化铝中加入比磷化铝吸水性强的物质，后者可以在磷化铝吸水分解之前将水分吸收，使得制剂在储存、运输和施药开始等过程中不致有太多的磷化氢气体放出，从而有利于操作安全。如在磷化铝制剂中加入沸石，可以使磷化铝释放磷化氢的时间延迟 30 min 左右。

有的地方为了提高磷化铝在密封条件可能不太好的农家储粮熏蒸使用时的安全性，控制磷化铝释放磷化氢的速度，以取得预期的效果，在磷化铝片剂外再附一层石蜡，更有利于熏蒸的方便性。将磷化铝粉装入用透气的塑料非编织物制成的袋囊中，使用时直接将其放入粮堆表面或内部。由于其形式类似于香囊，也有人称之为香囊剂。我国有的厂家生产的袋装粉剂每袋重 34 g 左右，可产生 10 g 磷化氢气体。

国外有将磷化铝粉剂药袋连在一起使用的。每块袋毯剂由透气的塑料非编织物组成，长达 5 m，内装两排共 100 个 Detia Gas-Ex-B 熏蒸袋，可释放 1.13 kg 磷化氢。每张袋毯剂卷成卷放在气密性金属罐中，操作时只需将熏蒸毯取出，在粮面上铺开即可，药剂吸收空气和粮食中的水分释放出磷化氢。这种技术已成功地用于船舱、钢板仓、立筒水泥仓、散装房仓和用塑料篷布覆盖的地下仓。用药剂量为每吨粮食 0.5 g 磷化氢（地下仓，澳大利亚）和 28 g（散装袋，德国）之间。根据当时具体情况，熏蒸时间应在 8～20 d。

三、硫酰氟

（一）硫酰氟的理化性质

硫酰氟（sulphuryl fluoride）的分子式为 SO_2F_2，分子质量为 102.07。无色，无味，不纯产品微带硫黄气味，熔点为－120℃，沸点为－55.2℃，比重气态时（空气为1）为 2.88，液态时（4℃时水为 1）为 1.342（4℃），在空气中不燃烧。蒸发潜热值是 169.9 kJ/kg，临界压为 5.11 MPa，在水中溶解度 25℃时为 0.078 g/100 g。对酸性稳定，在水中缓慢分解，遇 pH 7.5 的碱性溶液会迅速分解，对多种无腐蚀性。遇热稳定，40℃以上分解。对照相器材、金属、纸张、皮革、橡胶、塑料、纺织品和其他大量商品的质量、颜色、气味无不良影响或腐蚀反应。遇水或水蒸气反应发热放出有毒的腐蚀性气体。若遇高热，容器内压增大，有开裂和爆炸的危险。硫酰氟液态的自然蒸气压很大，这为其施用中在商品中的扩散运动奠定了好的基础。

（二）硫酰氟的杀虫机理

硫酰氟进入虫体后被分解成具有杀虫活性的氟离子，氟离子能破坏糖和脂肪酸的代谢循环，使昆虫失去维持生存必需的细胞能源。在糖代谢循环中氟离子通过抑制酶系统发挥活性。在被阻断了糖和脂肪酸代谢循环后，昆虫会利用蛋白质和氨基酸作为维持生存的能量。但是，这些物质所产生的能量还不足以维持其生存所需的新陈代谢速率。硫酰氟是通过干扰能量代谢而致昆虫死亡，由于能量消耗过程较慢，昆虫死亡时间可能需要几天。硫酰氟减少卵对氧的吸收量，但由于卵壳的阻碍作用卵较成虫对硫酰氟更为不敏感，杀卵需要增加熏蒸时间或提高浓度。幼虫生存需要成虫，有效杀死成虫也就等于兼杀了幼虫。

（三）硫酰氟对害虫的药效

硫酰氟对赤拟谷盗、黑毛皮蠹 *Attagenus unicolor japonicus* Reitter、烟草甲 *Lasioderma serricorne*（Fabricius）、麦蛾 *Sitotroga cerealella*（Olivier）、谷象、天牛、粘虫、粉蠹等数十种害虫有良好的防治效果。在美国硫酰氟作为防治白蚁的特效熏蒸剂。国内经农业部植物检疫所等 30 余个单位对 30 余种害虫进行药效试验结果表明：用药量在 20～60 g/m^3，密闭熏蒸 2～3 d，杀虫效果均能达到 100%。尤其是对昆虫胚后期虫态，杀虫时间比溴甲烷还要短，用药量较溴甲烷低，散气时间比溴甲烷快。王跃进等报道，硫酰氟熏蒸杀虫时的温度不能低于 12.8℃，在 15℃以下杀死小蠹幼虫和卵以及在 10℃以下杀死黄斑星天牛 *Anoplophora. nobilis*（Ganglbauer）幼虫都必须需要很高的剂量，但在 15℃以上能有效杀死黄斑星天牛和松墨天牛 *Monochamus alternatus* Hope 等。叶炳元和栗克森（1997）报道，硫酰氟熏蒸 3 h，用药量 35 g/m^3、40 g/m^3、45 g/m^3、50 g/m^3、60 g/m^3，可全部杀死吹绵蚧 *Icerya purchasi* Maskell 各种虫态。25 g/m^3 和 30 g/m^3 虽可全部杀死成虫和若虫，但对卵效果差，仅个别虫卵不孵化。

硫酰氟液态的自然蒸气压很大，10℃时为 1.23 MPa；25℃时为 1.8 MPa，作为熏蒸剂的发生，从钢瓶中释放出来，弥漫扩散穿透能力要比溴甲烷强，据有关资料介绍，分别对硫酰氟和溴甲烷作木屑、麦粉、碎烟叶等物品的穿透力比较，用药量为 8 g/m^3，温度 26.7℃，熏蒸处理 16 h，以黑毛皮蠹幼虫、赤拟谷盗成虫作试虫。以硬木屑为例，溴甲烷处理黑毛皮蠹幼虫 5 h 以下无死亡，赤拟谷盗成虫 9 h 以下死亡率仅5%；而硫酰氟9 h以下者死亡率均为100%。其穿透性强的主要原因是沸点低，蒸气压高。如5℃时，硫酰氟蒸气压要比40℃时溴甲烷高3倍，因而极易扩散和穿透。当然这对熏蒸操作，严格密封提出了更高要求。

(四)硫酰氟的毒性

硫酰氟是一种惊厥剂，经中国医科院卫生研究所急性和亚急性吸入毒性的研究结果表明，硫酰氟对小白鼠LC_{50}为800 mL/m^3，相当于3.36 g/m^3。硫酰氟对家兔致死浓度为3 250 mL/m^3。亚急性试验对大白鼠在55.6 mL/m^3下染毒2 h，对大白鼠实质性脏器没有明显损害。急性口投对鸽子为中等毒性，对鼠、犬、兔的亚急性毒性(暴露13周试验)包括氟牙、体重下降、影响肺、神经系统和大脑。不影响受试大鼠或兔的繁殖，但影响后代的体重。动物试验长期暴露于硫酰氟中会引起氟牙。

硫酰氟对高等动物的毒性比其他熏蒸剂低。侵入途径可以有吸入和食入。对人的健康危害包括对眼睛、皮肤黏膜有强烈的刺激作用，可引起恶心、呕吐、腹痛、皮肤瘙痒等症状。美国车间卫生标准20 mg/m^3。对人的影响包括鼻、眼、喉、呼吸刺激、呼吸短促、麻痹、恶心、腹痛、行动迟缓等。硫酰氟影响中枢神经系统，包括咳嗽、呕吐、失眠、肌肉痉挛、肺积水、重复暴露在高浓度下可引起肾肺损伤。硫酰氟不引起遗传材料的变化，没有关于致癌的资料。

在硫酰氟产品中混入少量氯化苦，用于其警戒性气体，安全浓度5 mL/m^3，检测报警浓度建议为1 mL/m^3。

(五)硫酰氟对被熏蒸物的影响

硫酰氟化学性质稳定，可安全地用于室内一般物料的熏蒸处理。在温度26.7℃下，剂量48 g/m^3时对以下材料无腐蚀、无残留气味、无色泽影响，如黄铜、不锈钢、铝、锌、银、尼龙、涤纶、人造丝、羊毛、棉花、毛料、彩色纸样、小羊皮革、照相机、工艺品等，而溴甲烷对铝有腐蚀作用。50～150 g/m^3的硫酰氟对纸张、棉布、软缎等熏蒸处理3 d，经有关单位测定，对强度、白度、色泽等指标均无影响。分别对大豆、绿豆、黑豆、黄瓜、茄子、大白菜等十余种种子，以硫酰氟70 g/m^3及100 g/m^3的剂量，熏蒸处理3 d，证实硫酰氟对上述种子发芽率没有影响。此外，对紫穗槐、洋槐等林木种子，硫酰氟熏蒸处理3～5 d，发芽率也无影响。叶炳元和栗克森(1997)报道，硫酰氟对葡萄苗的叶片易产生药害。在20～60 g/m^3的处理中，葡萄苗叶片均全部干枯，但葡萄芽耐药性较强。

(六)硫酰氟的熏蒸应用范围

由于硫酰氟具有扩散渗透性强、广谱杀虫、用药量省、残留量低、杀虫速度快、散气时间短、低温使用方便、对发芽率没有影响和毒性较低等特点，越来越广泛地应用于仓库、货船、集装箱和建筑物、水库堤坝、白蚁防治以及园林越冬害虫、活树蛀干性害虫的防治。对木材、棉花、烟草、中药材、竹木器、工艺品、杂货、衣料、图书资料、文物档案等类害虫均有良好的防治效果，硫酰氟是植物检疫、卫生检疫、农林仓储、建筑等行业使用溴甲烷的重要替代品之一。

（七）硫酰氟使用安全注意事项

1. 硫酰氟泄漏应急处理

在发生硫酰氟泄漏时应迅速撤离泄漏污染区人员至上风处，并隔离直至气体散尽，应急处理人员戴正压自给式呼吸器，穿化学防护服。切断火源。在确保安全情况下堵漏。喷雾状水减慢挥发（或扩散），但不要对泄漏物或泄漏点直接喷水。抽排（室内）或强力通风（室外）。漏气容器不能再用，且要经过技术处理以清除可能剩下的气体。

2. 防护硫酰氟的措施

空气中硫酰氟浓度超标时，应该佩戴防毒面具。紧急事态抢救或撤离时，佩戴自给氧气式呼吸器。在眼睛防护上要戴化学安全防护眼镜。身体防护要穿胶布防毒服。手防护戴防化学品手套。工作现场严禁吸烟。保持良好的卫生习惯。

熏蒸场所熏蒸散气后人员进入前，要检测其中的硫酰氟是否处在安全浓度以下。例如，某集装箱熏蒸中硫酰氟检测浓度情况如下，无风时用药 20 g/m^3 熏蒸 4 h 后散气，集装箱中浓度 10 s 时 0.66%。10 min 为 0.08%，20 min 测不出。箱门处，10 s 时 0.35%，10 min 为 0.02%，15 min 测不出。逆风 3～4 级时 24 g/m^3 熏蒸 1 h 后散气，集装箱中浓度 5 min 时检测为 0.04%。10 min 测不出。顺风 1～2 级时 40 g/m^3 1 h 后散气，集装箱中浓度 5 min 时 0.75%。20 min 测不出。

3. 硫酰氟的接触急救

皮肤接触时脱去污染的衣着，用流动清水冲洗。如有眼睛接触，立即翻开上下眼睑，用流动清水冲洗 15 min。不慎吸入时脱离现场至空气新鲜处。呼吸困难时给输氧。呼吸停止时，立即进行人工呼吸。就医。灭火方法主要为切断气源。喷水冷却容器，可能的话将容器从火场移至空旷处。

（八）硫酰氟的残留

Meikie 和 Stewart(1962)曾测定了硫酰氟和溴甲烷熏蒸后在不同材料中的残留。温度为 21℃和 26.7℃，硫酰氟用药量 28 m/m^3，溴甲烷为 30 g/m^3，熏蒸处理 16 h，熏蒸后取出，经 2～10 min 解吸，测定其残留以后，经 5 h、24 h 解吸后，再测其暂时残留，结果见表 2-2。此外，在相同条件下，对木材熏蒸后通风 8～12 h，硫酰氟就检不出，而溴甲烷通风 1 d 后还有 5 mL/m^3，40 d 后仍保持 4 mL/m^3。

表 2-2 溴甲烷和硫酰氟的残留比较(Meikie 等,1962) mL/m^3

商品	溴甲烷				硫酰氟			
	开始残留	5 h 残留	24 h 残留	40 d 残留	开始残留	5 h 残留	24 h 残留	40 d 残留
玉米油	4 584	572	0	<0.8	24	5.3	0	<0.2
人造纤维	1 518	12	10	8.9	37	25	2.6	1
纸	326	30	12	7.4				0.4
面筋	521	241	236	182				2.8
羽毛	533	223	248	176				6.6
面粉	263	79	66	54				2.7
尼龙	308	161	175	114				0.8
羊毛	311	221	235	159				2.5

表 2-2 表明:①其残留量随硫酰氟用量增高而加大;②从小麦和糙米的结果看,熏蒸 2 d 和 3 d 氟残留几乎没有什么变化;③粉粮中的氟残留量远较原粮变高;对小麦、水稻、玉米、谷子用药为 50 g/m^3 以下的剂量,一次性熏蒸是安全的。

可见,硫酰氟与溴甲烷相比,具有扩散渗透性强、杀虫速度快、用药量省、散气时间短、毒性小、残留低、解吸快,对熏蒸物和种子发芽率没有影响、低温使用方便等特点。因而是具有发展前途的溴甲烷重要替代品之一。

四、敌敌畏

敌敌畏(dichlorvos,DDVP),化学名称 O,O-二甲基-O-(2,2—二氯乙烯基)磷酸酯。其结构式为:

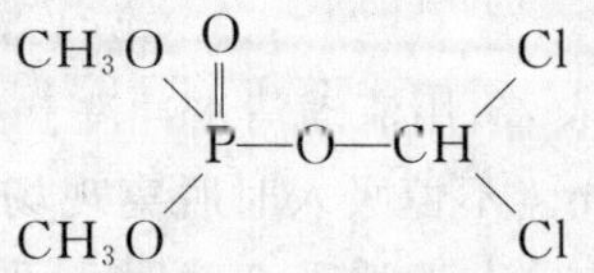

分子式为 $C_4H_7Cl_2O_4P$,相对分子质量为 220.98。

(一)敌敌畏的理化性质

敌敌畏纯品为无色油状液体,工业品为棕黄色液体,略带芳香味。沸点为 74℃(1 mmHg),比重 d_4^{20} 为 1.415,折光率 n_4^{20} 为 1.4523。在室温下,水中敌敌畏的溶解度约为 10 g/L,混溶于多数有机溶剂和气溶胶。敌敌畏乳油对热较稳定,遇水则易水解,转化为磷酸二甲酯和二氯乙醛,在碱液中水解更快。

（二）敌敌畏的生物活性作用机制

敌敌畏通过呼吸道、皮肤和口腔进入生物体，抑制了体内乙酰胆碱酶的活性，从而引起其神经传导障碍而死亡。

（三）敌敌畏的毒力和药效

敌敌畏属中等毒杀虫剂，具有熏蒸、胃毒和触杀作用，对咀嚼式口器和刺吸式口器害虫均有良好的防治效果，特别对同翅目、鳞翅目昆虫有极强的击倒力。施药后易分解，残效期短，无残留。防治仓储害虫，如米象、锯谷盗等有良好的效果；防治蚊、蝇、臭虫和体虱等家庭卫生害虫有特效；对瓢虫、食蚜蝇等的天敌及蜜蜂具有杀伤力。

（四）敌敌畏对人的毒性

敌敌畏对高等动物的毒性要大于敌百虫，对白鼠口服 LD_{50} 为 56～80 mg/kg，大白鼠经皮 LD_{50} 为 75～107 mg/kg，属中毒农药。大鼠经口最低中毒剂量(TDLo)：4 120 mg/kg，连续 2 年，肺肿瘤和胃肠肿瘤增多。小鼠经皮 TDLo：20 600 mg/kg，连续 2 年，胃肠肿瘤增多。

我国车间空气中敌敌畏的最高允许浓度(MAC)为 0.3 mg/m^3，FAO 和 WHO 规定敌敌畏对人的 ADI 值为 0.004 mg/kg。

（五）敌敌畏的应用范围和剂量

敌敌畏适用于仓库、加工厂、包装器材、铺垫材料等的杀虫处理，也可以用于仓库的空间熏蒸。在农业生产上，敌敌畏也用来防治蚜虫、红蜘蛛、二代粘虫、稻苞虫、玉米螟、象鼻虫、苹果卷叶蛾、梨园蚧等农业害虫。

仓库的空间熏蒸用 0.3 g/m^3 的 80％敌敌畏乳油，空仓用 0.1～0.2 g/m^3 的 80％敌敌畏乳油消毒，器材用 0.2～0.3 g/m^3 的 80％敌敌畏乳油，施药后密闭 2～5 d。防治小麦、棉花上的蚜虫和红蜘蛛，在发生初期用 50％敌敌畏油剂 1 000～1 500 倍液；幼虫盛发期用 80％乳油 1 000 倍液喷雾，亩用药液 50 kg；麦田、玉米田防治二代粘虫，可用 80％乳油 100 g，加 10 倍水稀释再与 25 kg 左右的细沙土混拌，均匀施于地表。

（六）敌敌畏的使用注意事项

敌敌畏乳油对高粱、月季花易产生药害，不宜使用。对玉米、豆类、瓜类 幼苗及柳树也较敏感，稀释不能低于 800 倍液，最好先进行试验再用。

敌敌畏乳油易挥发，用后须将药瓶盖好。不宜与碱性农药混用，使用时应随配随用。

施药时，必须穿工作服，戴风镜、橡胶手套及有机磷防毒口罩，或用双层纱布口罩，在中间夹浸有 5％～10％小苏打溶液的纱布，以防中毒。

（七）敌敌畏的残留

一般敌敌畏在施用后迅速分解，短期内残留量下降到很低水平。商品温度和水分越高，环境越潮湿，分解得赶快。敌敌畏原粮允许残留量为 0.1 mg/kg（GB 5127—1998）。蔬菜、水果最高残留限量为 0.2 mg/kg。食用油不得检出。按 GB/T 5009.20—1996 食品中有机磷农药残留量测定方法进行检测。在土中与水中半衰期小于 1 d。

五、氯化苦

氯化苦（choropicrin）于 1918 年在法国首先作为熏蒸剂使用，从 20 世纪 50 年代起，我国开始使用氯化苦，并成为我国主要储粮熏蒸剂之一。但该药剂存在施药时工作量大，毒气向粮堆内的扩散性差，散气慢等缺点，目前在储粮熏蒸中用量渐少。其在替代溴甲烷熏蒸土壤方面仍有应用价值。

（一）氯化苦的理化性质

氯化苦分子式为 CCl_3NO_2，相对分子质量为 164.39。纯品是无色油状液体，工业品纯度为 98%，无色或浅黄色液体。低纯度产品则因含杂质和受光作用而呈浅黄色，在空气中能挥发成气体，但挥发速度较慢，有刺激性气味，在极低浓度下，人眼黏膜也易感到强刺激而致催泪，故有警戒作用。氯化苦沸点为 112.4℃，蒸气压在 25℃时为 23.9 mmHg。氯化苦的蒸发速率为 20～23℃时挥发 2.5 g/(min·m^3)；30℃时挥发 5.5 g/(min·m^3)；45℃时挥发 7.6 g/(min·m^3)。

氯化苦几乎不溶于水，在水中的溶解度随温度增高而降低。氯化苦在 100 g 水中溶解量在 0℃时为 0.227 2 g，25℃时为 0.162 1 g，75℃时为 0.141 g；但溶于苯、乙醇、乙醚、煤油等有机溶剂中。还能溶解于脂肪中。氯化苦气体在有水时对铁有腐蚀。氯化苦的化学性质比较稳定，不燃烧，不爆炸，但它与热的水蒸气和金属相接触时，便分解成碳酰氯和亚硝酰氯。碳酰氯（$COCl_2$）又名光气，是剧毒窒息性毒气。亚硝酰氯（NOCl）对呼吸道有刺激作用，能引起肺出血。氯化苦不易与酸、碱起作用，但能被多硫化物的水溶液所分解，因此可用这些化合物处理氯化苦的容器。在光的作用下，氯化苦在水中能很快的水解。氯化苦对金属如铁、铜、铝、锌等有腐蚀作用，对麻袋纤维虽损害不大，但在温度较大时，能降低棉、丝织品的坚固性。

（二）氯化苦的杀虫灭菌机理

氯化苦毒气极易由害虫体壁、气管侵入虫体组织，在虫体内生成强酸性物质，是细胞肿胀、破裂、腐烂，还能使细胞脱水及蛋白质沉淀，使虫体组织机能被破坏死亡。

(三)氯化苦的药效及灭菌作用

氯化苦具有杀虫、杀菌、杀线虫、杀鼠作用,但毒杀作用比较缓慢。温度高时,药效较显著。对害虫的成虫和幼虫熏杀力很强,但对卵和蛹的作用小。氯化苦毒气对常见仓库害虫都可致死,但对螨类的卵和休眠体效果较差。储藏物害虫中对氯化苦抵抗力最强者为米象、谷象,其次为拟谷盗。对于印度谷蛾的幼虫特别有效。

氯化苦的药效与熏蒸环境温度有密切关系,通常是温度愈高,害虫的死亡率愈大,死亡速度愈快。所以氯化苦熏蒸时要求最低平均粮温在15℃以上。氯化苦的药效与熏蒸环境湿度有关,通常是湿度愈大,害虫的致死速度就愈快。在氯化苦浓度一定时,相对湿度大,杀死害虫所需的时间就短。

氯化苦杀虫效果与药剂的浓度和时间均有关系,当温度一定时,在一定的范围内,延长密闭时间可以减少药剂的用量,或提高用药量可以减少密闭时间,均能达到同样的效果。据生产性试验,在仓温32~34℃,用药量25 g/m^3,密闭5 d,或用药量40 g/m^3,密闭3 d,都能杀死粮堆中的米象、赤拟谷盗、锯谷盗 *Oryzaephilus surinamensis*(Linnaeus)、长角扁谷盗 *Cryptolestes pusillus* (Schonherr)等成虫。熏蒸后的粮样,经室内培养3个月后,用药量25 g/m^3、40 g/m^3、55 g/m^3、70 g/m^3,密闭3 d或5 d的,均有螨类发生,而25 g/m^3 和40 g/m^3,密闭5 d的均有长角扁谷盗幼虫1~2头/kg。由此认为,氯化苦对甲虫类害虫的致死剂量不低于40 g/m^3,对螨类的卵,即使70 g/m^3,亦不能全部杀死。氯化苦有一定的杀菌作用,氯化苦的杀菌剂量为20~30 mg/L,能抑制酵母菌繁殖;12.8 g/m^{3}的剂量能够杀死伤寒杆菌 *Salmonella enterica serovar* Typhi等;杀灭金黄色葡萄球菌 *Staphylococcus aureus* Rosenbach的剂量须提高到20~30 g/m^3。土壤消毒时以125 mL/m^2 的剂量,防治棉花枯、黄萎病;以7.5 kg/亩的剂量沟施防治花生根结线虫 *Meloidogyne arenaria* Neal等。氯化苦能有效控制导致草莓根病或枯萎的喙担子菌属、刺盘孢属、柱果霉属、镰刀菌属、疫霉属、须壳孢属、腐霉属、丝核菌属、轮枝菌属真菌,对土壤杆菌属细菌也有效,对地下害虫和土壤线虫也有很好的效果。氯化苦是在作物种植2周前,将液体注射到土壤15~25 cm处,48 h即可杀死土壤中的真菌,防治土壤真菌的效果高于甲基溴20倍。因为氯化苦在防治根结线虫和杂草的效果较差,通常将氯化苦与1,3-二氯丙烯混用提高对土壤线虫的防治效果,或与除草剂混用提高除草效果。

(四)氯化苦对人的毒性

氯化苦是一种毒性很强的毒气,具有催泪及窒息作用,我国目前规定车间空气的允许浓度为1 mg/m^3。关于氯化苦对细胞的阻碍作用是SH基酶的强力阻碍剂，对琥珀酸脱氢酶有阻碍作用。氯化苦的浓度在每立方米空气中达到 1 g 左右能使人致死。实际熏蒸杀虫的用药量远远超过这个浓度，因此必须注意安全。联合国环境保护署提出的氯化苦的安全接触浓度为 0.1 mL/m^3。

（五）氯化苦对商品的影响

氯化苦很容易被粮食吸附，毒气在往粮堆内的扩散过程中，由于吸附作用，毒气浓度就逐渐降低，扩散速度放慢，从而影响了药效。氯化苦对高水分粮有破坏作用。不宜使用氯化苦熏蒸已用氯化苦熏蒸过的粮食和高水分粮、不能用它熏蒸成品粮、种子粮、花生仁、芝麻。目前国外有一些国家已禁止使用氯化苦熏蒸粮食，所以在有些情况下不能用氯化苦熏蒸出口粮。

（六）氯化苦的使用范围和注意事项

氯化苦除不准熏蒸成品粮、花生仁、芝麻、棉子、（水分在安全标准以内的豆类除外）和发芽用的大麦外，其他粮食均可使用。可用于加工厂熏蒸。也可用于土壤熏蒸防治土壤病害和线虫，还可用于鼠洞熏杀鼠类。氯化苦不能用来熏蒸新鲜水果和蔬菜。氯化苦不准熏蒸成品粮，是因为成品粮对氯化苦吸附能力较强，残留量较高，并对食用品质又有影响。如面粉经氯化苦熏蒸后，发酵不良，大米经氯化苦熏蒸后，色泽易变黄，质地变脆。种子胚部对氯化苦的吸附力较强，能破坏胚芽，严重影响其发芽率。因此，不宜熏种子粮。氯化苦熏蒸的温度应在 15℃以上，但在实际使用时最好在 20℃以上进行。

氯化苦具有很强的吸附性能，熏蒸结束后，必须延长通风散气时间，使毒气散尽后才能搬运或供应。

氯化苦容易被物体所吸附，因此对熏蒸后的谷物中的残留要注意。氯化苦在正常熏蒸条件下，在熏蒸后的食物中的残留仅限于未起变化的氯化苦气体。但有人认为，氯化苦具有三氯硝基甲（CCl_3NO_2）的结构，在食物中发生化学反应后也可产生无机亚硝酸盐和亚硝铵（联合国粮农组织和世界卫生组织 1965）。残留分析方法按国家标准 GB 5009.36—85《粮食卫生标准的分析方法》中“氯化苦”的分析法。

六、二硫化碳

（一）二硫化碳的理化性质

二硫化碳（carbon bisulfide，carbon disulfide，CS_2）纯品是一种无色、透明、有特殊气味的液体，工业品呈微黄色，并有烂萝卜气味。相对分子质量 76.14，密度 1.263 2 g/cm^3（20℃），冰点为－111.6℃，沸点 46.3℃。本品在室温下易于挥发，其蒸气比空气重 2.62 倍，能与空气形成易爆混合物，爆炸上限及下限为 50%和

1%。CS_2 液体属于易燃、易爆化学品，能产生静电引起爆炸，于 130～140℃时可以自燃。其蒸气能与空气形成范围广阔的爆炸性混合物。接触热、火星、火焰或氧化剂易燃烧爆炸。受热分解产生有毒的硫化物烟气。与铝、锌、钾、氟、氯、叠氮化物等反应剧烈，有燃烧爆炸危险。高速冲击、流动、激荡后可因产生静电火花放电引起燃烧爆炸。其蒸气比空气重，能在较低处扩散到相当远的地方。本品易溶于酒精、苯和醚中，微溶于水。空气中嗅觉阈浓度 0.017～0.88 mL/m^3。

（二）二硫化碳的杀虫机理

二硫化碳能溶解昆虫体内脂肪，沉淀蛋白质，与神经细胞中的原生质起作用，使虫体肿胀或腐烂而死亡（杨胜华，2001）。

（三）二硫化碳的药效

1858 年已证明二硫化碳可有效熏杀多种害虫，杨胜华等（2001）报道，二硫化碳不仅能杀灭谷蠹、玉米象、长角扁谷盗等的成虫，而且对虫卵、蛹也有特效。因谷蠹严重危害使粮温高达 32～40℃的发热粮食，经过熏蒸密闭 18 d 后，谷蠹被杀灭，粮温也下降 10℃。15℃时采用 56 g/m^3 剂量处理 24 h 可有效防治桃小食心虫；20～25℃时采用 41 g/m^3 剂量处理 30 h 可有效防治梨圆介 *Diaspidiotus perniciosus* (Comstock)。徐国淦曾报道，二硫化碳可有效防治柑橘小实蝇 *Bactrocera dorsalis* Hendel、苹果蠹蛾等害虫。二硫化碳熏蒸 3 h，用药量 300 g/m^3 和 350 g/m^3 才能全部杀死吹绵蚧，250 g/m^3 以下均有少数害虫不能被杀死。叶炳元和栗克森（1997）报道，二硫化碳有麻醉作用，在较低剂量、较短时间处理，效果检查时有干涉现象，例如在熏蒸处理后经 24 h 检查时，150 g/m^3、200 g/m^3、250 g/m^3 似乎全部死亡，但再过 2 d 后，以上 3 种剂量的吹绵蚧均发现活虫。

（四）二硫化碳对人的毒性

二硫化碳为损害神经和血管的毒物，主要使中枢神经中毒引起神经系统疾病，高浓度时具有麻醉作用，可通过呼吸道、食入及皮肤侵害人体机能。急性毒性 LD_{50} 值为 3 188 mg/kg（大鼠经口）。急性中毒症状主要有头晕、头痛、眼及鼻黏膜刺激症状，中度中毒尚有酒醉表现，重度中毒可呈短时间的兴奋状态，继之出现谵妄、昏迷、意识丧失，伴有强直性及阵挛性抽搐。慢性中毒表现有神经衰弱综合征，植物神经功能紊乱，多发性周围神经病，中毒性脑病。严重中毒后可遗留神衰综合征，中枢和周围神经永久性损害。可因呼吸中枢麻痹而死亡。眼底检查：视网膜微动脉瘤，动脉硬化，视神经萎缩。可起神经、心血管、消化、免疫等系统的病变，对生殖系统有毒害作用。

（五）二硫化碳对商品的影响

二硫化碳对纸张、棉麻毛织物无不良影响，不腐蚀金属物品，对许多水果、瓜菜类植物安全，对休眠的块茎、鳞茎较为安全。二硫化碳熏蒸小麦后经通风及后期加工，在小麦的烹饪制品中无残留，用于一般谷物熏蒸无残留量的要求。在熏蒸后的苹果、芒果、梨等的果肉中也无二硫化碳的检出。但不宜用二硫化碳熏蒸菠萝。如薛光华等(2002)报道，二硫化碳熏蒸香梨时，残留量因 *Ct* 值的不同和放置时间的延长会逐步降低。但对于经过 20～30 d 运输时间的香梨，残留量完全可符合进口国的检疫要求。叶炳元和栗克森(1997)报道，二硫化碳用药量 150 g/m^3 对葡萄苗无药害，200 g/m^3 的个别叶边干枯，250 g/m^3 的部分叶片干枯，300 g/m^3、350 g/m^3 的全部叶片干枯。

(六)二硫化碳的使用范围和注意事项

TJ36-79 工业企业设计卫生标准中规定车间空气中有害物质的最高容许浓度 10 mg/m^3。居住区大气中有害物质的最高容许浓度 0.04 mg/m^3(一次值)。失火时，要尽快排除可燃物，降低温度，隔绝空气。用干砂土、二氧化碳和干粉灭火器加以扑救。

七、氧硫化碳

(一)氧硫化碳的理化性质

氧硫化碳(carbonyl sulphide, carbon oxysulphide)在常温常压下为具有不愉快的类似臭鸡蛋味的无色可燃性有毒气体。熔点为－138.20℃(100 kPa)，沸点为－50.20℃(101.325 kPa)，蒸气压：－81℃，18.572 kPa；0℃，618.08 kPa；40℃，1 824 kPa；水中溶解度(101.325 kPa，0℃)为 1.333 cm^3/cm^3 水中；在空气中的燃烧界限(20℃，100 kPa)：12%～29%，与氧混合可形成爆炸性气体，遇溴水或高锰酸钾氧化生成二氧化碳和硫酸。被氢气还原放出一氧化碳和硫化氢，遇水反应缓慢放出二氧化碳和硫化氢。受热时按下列两种形式分解：$COS \rightarrow CO + S$；$2COS \rightarrow CO_2 + CS_2$。

氧硫化碳在硫化氢(浓度在 0.1%以上)存在时会对铜有腐蚀作用，对钢、铁、塑料、纸等有破坏作用。

(二)氧硫化碳对害虫的药效

氧硫化碳在许多商品中有较好的穿透性和对许多害虫有较好的毒杀作用。用氧硫化碳处理大麦用量 17 g/m^3、油籽 15 g/m^3。用后气体分布均匀，6 h 后浓度变化 8%。7 d 后处理的大麦仓中平均浓度 13 g/m^3，油籽仓中 12 g/m^3。熏蒸 7 d，试验的 6 种甲虫、3 种书虱、1 种蛾类幼虫和 1 种皮蠹幼虫全部被杀死。氧硫化碳在粮食中的存在浓度为 0.05～0.1 mg/kg。50 g/m^3 以内密闭 1～5 d 可以有效杀死多种害虫。曹志丹用氧硫化碳处理菜子、大米、玉米、小麦和面粉，证实氧硫化碳可以杀死玉米象、黑毛皮蠹、谷蠹、锯谷盗、赤拟谷盗和书虱类。试验结果表明氧硫化碳低剂量下长时间密闭可获得较好的杀虫效果。Obenland 等的研究表明氧硫化碳可以作为一种检疫处理药剂来熏蒸柠檬中的地中海实蝇。Plarre 和 Reichmuth 报道氧硫化碳对两种真菌有较好的处理效果。

(三)氧硫化碳对人的毒性

在地球硫循环中,氧硫化碳是大气中含硫的化学物质之一,通常在大气中的浓度为 $0.5(\pm 0.05)\times 10^{-9}$ mg/kg,也即人类总是暴露在低浓度的氧硫化碳气体中。氧硫化碳对人的毒性主要是它被人体吸入后与水分作用生成硫化氢引起的。它对肺部有轻微的刺激作用,主要损伤中枢神经系统,可引起呼吸麻痹而致死。氧硫化碳在空气中最高允许浓度为 10 mg/m^3,LD_{50}(大白鼠)为 225 mg/kg。人类中毒最小致死浓度为 240～400 mg/m^3,当浓度为 12 g/m^3 时,可使人 30 min 内死亡;当浓度为 89 g/m^3 时,可使人立即死亡(王先舫和陈德彬,2000)。在鼠肝的代谢过程中,首先在脱氢酶的作用下形成硫代碳酸盐,最终形成酸式碳酸盐和硫化氢。前苏联规定生产车间内氧硫化碳的允许浓度为 10 mg/m^3,最大浓度为 26 mg/m^3(汤德良,2000)。

(四)氧硫化碳对商品的影响

任永林等的试验结果表明,水稻种子对氧硫化碳的耐药力大于玉米和小麦,用 50 g/m^3 的氧硫化碳处理小麦种子,种子发芽率降低了一半;剂量 250 g/m^3 时,玉米种子的发芽率降低一半。对于水稻种子而言,剂量 500 g/m^3,时其发芽率降低也不足 10%。Chen 和 Paull 用 4%的氧硫化碳处理香蕉 1.5 h,2%的氧硫化碳处理香蕉 2.5 h 和 1%的氧硫化碳处理香蕉 4 h,7 d 后观察,香蕉皮和香蕉新鲜度无明显影响。随处理剂量的增加和处理时间的延长,香蕉和芒果果实软化加快,但如果皮受损,软化速度反而减慢。氧硫化碳处理能延迟木瓜果皮变色和果实软化,但却加快鳄梨果实的软化。红姜花序对氧硫化碳的耐药力却比上述的几种果实低(汤德良,2000)。

(五)氧硫化碳的使用范围和注意事项

使用氧硫化碳时工作场所要通风,保持环境空气新鲜干燥。储气钢瓶要远离热源和火种,应与氧和其他高氧化性物质及易燃物质隔离。在液体容器和钢瓶之间应设置逆止阀和缓冲罐以防液体倒流入钢瓶。干燥无水的氧硫化碳无腐蚀性,可以用常用金属材料。有湿气时有腐蚀性,要用铝和不锈钢。用于氧硫化碳的装置在使用前应在 120℃烘烤不少于 30 min,同时抽真空至 $P<13.33$ Pa。当钢瓶泄漏而堵不住时,应戴上防毒面具站在通风良好处,用含醇氢氧化钾或碱性次溴酸作吸收剂处理,或者导入燃烧器,用燃烧法处理。与空气混合达到 11.9%～

26.5%(体积)时具有爆炸性。在300℃时分解为一氧化碳及硫。在空气中燃烧生成二氧化碳及二氧化硫。可以在干燥状态下储存,但有水及水蒸气时就会水解,与水慢慢反应生成二氧化碳及硫化氢。可被氢氧化钾吸收而迅速分解。

(六)氧硫化碳的残留

在熏蒸后散气用0.4 kW风机通风2～4 h,可使粮食中氧硫化碳低于澳大利亚规定的最高残留标准0.2 mg/kg。实仓熏蒸表明,用氧硫化碳处理的粮食中的残留与没有用氧硫化碳熏蒸的对照仓无明显区别。用氧硫化碳处理过的粮食制作面包、面条、糕点没有影响,对大麦发芽、麦芽汁、啤酒、油、粕残留均不超标。

八、氢氰酸

氢氰酸(hydrocyanic acid)又称氰酸气、氢化氰。氢氰酸是世界上较早使用的熏蒸剂之一,也是目前在溴甲烷淘汰后在某些情况可使用的熏蒸剂之一。20世纪50年代初中国就开始使用氢氰酸熏蒸剂防治储粮害虫,由于氢氰酸在使用时操作不便,它的使用受到了限制。

(一)氢氰酸的理化性质

氢氰酸的分子式为 HCN,分子质量为27.03,沸点25.6℃,溶点－14.5～－13.5℃,液体比重(4℃时水为1)(15℃)0.696 7,(20℃)0.687 4。气体比重(空气为1)0.95。蒸汽压(25℃)738.8 mmHg,在空气中燃烧极限6%～46%(按体积计),在水中无限溶解。氢氰酸是无色而容易挥发的液体,带有一点苦杏仁的气味。在有水存在的情况下,氢氰酸是中性。液体氢氰酸是一种强溶剂,可溶解许多有机化合物,氢氰酸可从一些塑料制品如PVC的表面除去增塑剂,但它不能溶解塑料、橡胶等物资。钢瓶装的液体氢氰酸会发生缓慢的聚合反应,因此,钢瓶装氢氰酸应在短时间(6个月)内用完。

(二)氢氰酸的杀虫机理

氢氰酸气体由气管、体壁侵入虫体后,抑制体内多种酶(细胞色素氧化酶、去氢酶、琥珀酸去氢酶等)的活性,阻碍氧的代谢作用,导致细胞窒息而中毒死亡。毒气接触神经系统能使神经迅速麻痹中毒,致死时间极短。

(三)氢氰酸的毒力和药效

与一般熏蒸剂相比,氢氰酸对昆虫的毒力更强。它对多数昆虫有迅速麻醉作用,中毒的害虫可以复苏,即对害虫在一定浓度下存有保护性昏迷,熏蒸时应尽快达到最大的推荐浓度。氢氰酸对一些不同场所和商品中害虫处理的剂量与时间见表2-3。

表 2-3　氢氰酸对不同害虫的处理剂量与时间

商　品	害　虫	温度/℃	剂量/(g/m^3)	时间/h	资料来源
谷物	谷斑皮蠹	10	64	4	Monro,1969
谷物、可可豆、蚕豆		20	32	24	Monro,1969
船舱	谷斑皮蠹	10	80	6	美国,1978
香料	储藏物害虫	20	24～32	24	Monro,1969
禾谷、豆类种子	储藏物害虫	21	32	24	Monro,1969
落叶树类的水果	介壳虫	10～20	1.8	30	徐国淦,2004
柑橘、热带水果	介壳虫、蓟马	10	6	1	徐国淦,2004

(四)氢氰酸的毒性

氢氰酸及氰酸盐类对人是剧毒的化学剂,氰酸气通过呼吸或皮肤进入体内,能杀死动物细胞的原生质,破坏氧化酶,使氧气不能与红细胞结合,妨碍氧的供给,发生组织窒息现象,对中枢神经先兴奋后抑制。氢氰酸内服 70 mg,静脉注射 30 mg;氰化钠内服 150 mg;氰化钙内服 200 mg,足能致死。皮肤上有破伤口,接触氰化物亦能致死。

空气中含氢氰酸浓度 10 mL/m^3 以下为安全,16 mL/m^3 以下尚不致发生危险。空气中氢氰酸浓度超过 20 mL/m^3 是很危险的。

(五)氢氰酸的使用范围和剂量

氢氰酸熏蒸剂可用于安全水分的原粮、种子粮,还可用于空仓、加工厂、车、船运输工具的熏蒸杀虫。不能用于成品粮,也不能熏蒸高水分粮。用氢氰酸或氰酸盐类熏蒸杀虫,其用药量国内外资料都不一样,如原粮食部规定,在粮温不低于12℃及气温昼夜平均 10℃以上时,氰化钠用药量为 30～40 g/m^3,密闭 48～72 h。原苏联规定粮仓熏蒸,温度 10～15℃时,氰化钠用药量为 25 g/m^3;温度为 16～25℃时,氰化钠用量为 20 g/m^3,密闭 12 h。

氢氰酸可使用氢氰酸钢瓶作为药源,也有以硅藻土、纤维素或惰性粉吸附液态氢氰酸的氰酸饼,还有氰化钾(KCN)、氰化钠(NaCN)、氰化钙[$Ca(CN)_2$]等方式。

(六)氢氰酸的使用注意事项

氢氰酸不得熏蒸高水分粮,熏蒸区内不得有水。可以用氯化苦作警戒剂。

(七)氢氰酸的残留

美国(1954)规定大麦、荞麦、玉米、爆裂型玉米、高粱、燕麦、大米、黑麦、小麦中的氢氰酸允许残留量为 0.11 mg/L;杏仁、豆类、可可豆、花生果、芝麻中的氢氰酸允许残留量为 0.027 5 mg/L;新鲜水果、蔬菜中的氢氰酸允许残留量为 0.011 mg/L。

九、环氧乙烷

环氧乙烷(Ethylene oxide),别名氧化乙烯、氧丙环、恶烷。

(一)环氧乙烷的理化性质

环氧乙烷的分子式为 C_2H_4O,相对分子质量为 44.05。环氧乙烷在 4℃下为无色液体,常温下为无色气体,略带醚味。沸点为 10.7℃,熔点为 −111℃,蒸汽压为 145.91 kPa/20℃,液体比重 d_4^{20} 为 0.882 4。易溶于大多数有机溶剂和水,高度溶解于油脂、奶油、蜡,尤其是橡胶气体在空气中的着火浓度范围为 75～1 440 mg/L,易燃、易爆,爆炸极限 3%～100%。环氧乙烷可燃的浓度范围很大。所以,在许多商品熏蒸中它必须同不燃载体混合使用。它可以同二氧化碳以 1∶9 的比例(按重量计算)混合使用,或以 11%的环氧乙烷同 89%的不燃的卤代烃冷冻剂气体混合使用。

(二)环氧乙烷的生物作用机制

环氧乙烷蒸汽可经呼吸道进入肌体,在生物体内转变为甲醛,甲醛能与生物组织中的蛋白质的氨基结合,抑制氧化酶、去氢酶的作用而使生物中毒死亡。杀菌机制为对菌体蛋白质的烷基化作用。

(三)环氧乙烷的毒力和药效

环氧乙烷对虫卵有较强的毒杀作用,并具有良好的杀菌作用,可作防除各种真菌之用。环氧乙烷在体内形成甲醛、乙二醇和乙二酸,对中枢神经系统起麻醉作用,并刺激黏膜,毒害细胞原浆,损害肺脏和诱导有机体突变,环氧乙烷会导致恶性肿瘤,生殖障碍,诱导组织突变,毒害神经和组织发炎。剂量 150 g/m³,密闭 120 h,环氧乙烷和二氧化碳 3∶7 的混合气体 20℃以上可 100%杀死小麦矮腥黑穗病 *Tilletia controversa* Kühn(TCK)的菌瘿。

(四)环氧乙烷的毒性

人吸入最低中毒浓度(TCLo):12 500 mL/(m³ · 10 s);女性 TCLo:500 mL/(m³ · 2 min)。大鼠经口 LD_{50}:72 mg/kg;吸入 LC_{50}:800 ppm/4 h。小鼠吸入 LC_{50}:836 mL/m³/4 h。

环氧乙烷可经皮肤吸收。虽然环氧乙烷在较低浓度时的致命性不如其他若干熏蒸剂,但必须把它看作是有吸入毒性的。它的连续每日呼吸 50 mL/m³ 阈限浓度,比其他熏蒸剂都高。Torkeson 等(1966)指出,尽管环氧乙烷的刺激性足以警戒一次过量接触,但其气体仍缺乏足够的对于重复过量接触的防护警戒性。已经有过因过量接触所引起的头痛、呕吐、呼吸短促、腹泻和血液变化的报道。环氧乙烷溅在皮肤上可能引起皮肤冻伤。也有关于皮肤过敏的报道。

（五）环氧乙烷对商品的影响

环氧乙烷对活的植物材料有强烈的影响，可以引起死亡或严重的伤害。一般不推荐用于种子、苗木或生长着的植物。Steinkraus，Crosier 和 Provvidenti (1959)报道表明，风干的某些含水量为 5%～10%的种子，可能忍受得了环氧乙烷熏蒸处理它的细菌和真菌。耐药的种子包括洋葱、紫苑、绿豆、菠菜、紫花苜蓿、豌豆、蒲公英、苏丹草和萝卜。环氧乙烷用于熏蒸杀虫和食物杀菌消毒已经 30 多年。近年若干研究结果指出了它与食物成分的反应。Bakermang(1965)等已证明它同维生素 B 的反应。Ackerman 和 Engel(1956)也报告证明，当环氧乙烷熏蒸后，使组织中某些氨基酸遭到明显的破坏。

（六）环氧乙烷的应用范围和剂量

环氧乙烷作为熏蒸剂主要使用于散装粮循环熏蒸和包装食物以及烟草进行减压熏蒸。曾证明，减压和常压熏蒸防治从地中海地区附在军用物资上进入美国的几种蜗牛也很有效。近年来环氧乙烷已广泛用来消毒医疗设备，也有用作食物和香料防腐。环氧乙烷只限用于处理带有矮腥黑穗病的进口小麦，剂量为 150 g/m^3，密闭 5～7 d。

（七）环氧乙烷的使用注意事项

在消毒过程中注意防火防爆。熏蒸过程要严防金属器具撞击，避免因发生火花而引起燃烧、爆炸，工作现场严禁吸烟，消灭一切火源。有药的钢瓶不得在强日光下曝晒，防治高温烧爆。

（八）环氧乙烷的残留

环氧乙烷熏蒸粮食后的残留物包括了 2-氯乙醇、乙二醇、环氧乙烷和溴乙醇。例如筒仓散粮用环氧乙烷熏蒸后，2-氯乙醇最高 40 mg/kg，乙二醇最高 30 mg/kg，环氧乙烷和溴乙醇未检出。采用环氧乙烷 150 g/m^3，熏蒸 120 h，2-氯乙醇散气后 30 d 内呈上升，15～30 d 达最高，以后缓降，180 d 后降到小于 35 mg/kg。

十、过氧乙酸

过氧乙酸(peracetic acid)别名过醋酸、过氧醋酸、PAA。

（一）过氧乙酸的理化性质

过氧乙酸的分子式为 $C_2H_4O_3$，相对分子质量为 76.06，过氧乙酸为无色透明液体，易挥发，有强烈刺激性气味。沸点为 105℃，熔点为 0.1℃，液体比重 d_4^{20} 为 1.665。易溶于水和有机溶剂，有腐蚀性。储存过程中，会逐渐自然分解，过热、遇有机物或金属杂质分解加快，加热到 110℃会猛烈爆炸。

(二)过氧乙酸的消毒灭菌机理

过氧乙酸属过氧化物类消毒剂,在生物肌体内将蛋白质的基础分子结构氧化而破坏微生物结构,快速杀灭微生物。

(三)过氧乙酸的消毒灭菌效果

例如,过氧乙酸 300 mg/L 作用 1 min 可完全杀灭泥土载体中埃尔托弧菌;400 mg/L 过氧乙酸溶液作用 10 min,可完全杀灭液体中鼠疫菌;400 mg/L 的过氧乙酸溶液作用 1 min,即可杀灭物体表面的鼠疫菌。过氧乙酸 2 770 mg/L 水溶液、喷雾量 8 mL/m^3、作用 20 min 可使气雾柜内空气中白色葡萄球菌下降率达到 99.90%以上。

(四)过氧乙酸的毒性

过氧乙酸消毒剂对小鼠急性经口 LD_{50} 为 1 882 mg/kg ,属低毒级;急性吸入毒性 LC_{50} 为 26 g/m^3,属实际无毒级;5 g/L 过氧乙酸消毒剂对家兔皮肤和眼睛均可引起中等刺激性,2 g/L 过氧乙酸对动物皮肤无刺激,对眼睛有轻度刺激。

(五)过氧乙酸的应用范围和剂量

过氧乙酸主要作为非纺织品、纸张、油脂、石蜡和淀粉的漂白剂,医药中的杀菌剂和有机合成中的氧化剂和环氧化剂,也用于食品和饮用水的消毒剂等。可以杀灭病毒、细菌、真菌,用于各种传染性疾病、各种器具和环境的消毒。一般消毒浓度为 0.05%～0.50%,做循环水杀菌灭藻剂时,用量一般为 100～200 mg/L。环境消毒用 0.10%～0.20%的溶液对空喷雾,用量为 30 mL/m^3,作用 30～60 min,器具消毒用 0.20%的溶液均匀喷洒,均有很好的杀菌效果。用 1 g/m^3 过氧乙酸熏蒸,对室内表面和空气中的细菌、脊髓灰质炎病毒均有很好的杀灭作用。

(六)过氧乙酸的使用注意事项

配制过氧乙酸溶液应戴橡胶手套,不可直接用手接触。过氧乙酸属于过氧化物类氧化剂,勿与其他药品、有机物等混合,否则要发生剧烈分解,甚至爆炸。过氧乙酸对金属有腐蚀性,不可用于金属器械的消毒。应储存于塑料桶内,凉暗处保存,远离可燃物质。过氧乙酸储存会逐渐分解,储存时应注意有效期限,宜随配随用。

十一、福尔马林

福尔马林(formalin),别名甲醛、蚁醛。

(一)福尔马林的理化性质

福尔马林的分子式为 CH_2O,相对分子质量为 30.03。福尔马林为 35%～40%的甲醛溶液,无色,具有刺激性和窒息性的气体是重要的消毒防腐药剂。甲醛沸点为－19.4℃，溶点：－92℃，比重 d_4^{20} 为0.815，蒸汽压为13.33 kPa/－57.3℃。易溶于水和乙醇，与醚以任意比互溶。甲醛与福尔马林溶液的自然温度分别是300℃、430℃，两者的爆炸极限均为7%～73%，化学性质非常稳定。在储存期间变成聚甲醛，400℃时分解为一氧化碳和氢。

（二）福尔马林的生物作用机理

福尔马林经吸入、食入或经皮吸收进入生物体，对皮肤和黏膜有强烈的刺激作用，吸收后对中枢神经系统有抑制作用。其主要成分甲醛是一种具强还原性的原生质毒素，进入人体器官后，能与蛋白质中的氨基结合生成甲酰化蛋白而残留在体内，进入人体的甲醛亦可能转化成甲酸强烈地刺激黏膜，致使组织中毒死亡。

（三）福尔马林的毒性

大鼠经口 LD_{50} 为100 mg/kg，属中等毒。人（女性）经口 LDLo 为108 mg/kg可引起肺水肿及肝肾损伤。大鼠吸入 LC_{50} 为203 mg/m^3（165 ppm），属中等毒。兔经皮 LD_{50} 为270 μL/kg，属中等毒。属原生质毒剂，影响中枢神经系统。中国国家职业卫生标准 GB Z2—2002 要求工作场所接触最高允许浓度为0.5 mg/m^3。

（四）福尔马林的应用范围和剂量

甲醛在制造农药、合成树脂、表面活性剂、塑料、橡胶、造纸、染料、制药、照相胶片、炸药等广泛应用。在消毒、熏蒸和防腐过程，福尔马林溶液也被广泛应用，2%的福尔马林用于器械消毒，浸泡1～2 h；1～2 mL/m^3 的福尔马林溶液加少量高锰酸钾用于车厢、船舱、房间熏蒸消毒。密闭的圈舍可按7～21 g/m^3 高锰酸钾加入14～42 mL福尔马林进行熏蒸消毒。熏蒸消毒时，室温一般不应低于15℃，相对湿度应为60%～80%，可先在容器中加入高锰酸钾后再加入福尔马林溶液，密闭门窗7 h以上便可达到消毒目的，然后敞开门窗通风换气、消除残余的气味。

（五）福尔马林的使用注意事项

（1）除害处理时，要做好人员防护，佩戴防毒面具，戴化学安全防护眼镜，穿相应的防护服，戴防化学品手套。熏蒸时，人员不要停留于消毒空间。

（2）工作现场禁止吸烟、进食和饮水。工作后，彻底清洗用具、服装和身体。

（3）进入罐或其他高浓度区作业，须有人监护。

福尔马林土壤处理剂扦插圃在高温季节易对茶树插穗产生药害，表现为插穗叶柄及近叶柄的叶片上表面部分，颜色开始泛黄，叶片萎缩，后渐沿主脉及侧脉泛黄变红。危害主要集中在叶片主脉附近，也有部分在叶尖（瞿云明，2003）。

（六）福尔马林的残留

甲醛在环境中颇稳定，当水中甲醛浓度为5 mg/L时（20℃），观察结果表明，

5 d 内可以保持恒定。水中甲醛浓度为<20 mg/L 时，可以被经驯化的微生物降解消化；而含量为 100 mg/L 时，能抑制微生物对有机物的氧化。当水中甲醛含量为 500 mg/L 时，生物耗氧过程全部中止，水中微生物被杀死。工业企业区土壤中吸附的甲醛含量可达 180～720 mg/kg 干土。土壤的污染可导致地下水污染，水中甲醛含量可以比表层土高出 10～20 倍。

第三节 农产品保护用接触性药剂

这里所述的接触性药剂(contact chemical，protectant)是指以液体或固体的方式施用到被保护对象后通过与有害生物直接接触，经过有害生物体壁或细胞壁或消化道等达到致毒部位而杀死有害生物的一类药剂。

一、马拉硫磷

马拉硫磷(malathion)的化学名称为 O，O-二甲基-S-[1，2-双(乙氧羰基)乙基]二硫代磷酸酯。目前有多家农药厂生产马拉硫磷，只有马拉硫磷纯度达到了 97%(化学分析法，相当于气象色谱分析法 94%)，可作为储粮防护剂。为避免将低纯度的农用马拉硫磷误用于储粮，特将优质马拉硫磷商品名为“防虫磷”，可以用于直接拌粮处理。

(一)马拉硫磷的理化性质

分子式为 $C_{10}H_{19}O_6PS_2$，相对分子质量为 330.4。纯品为浅黄色，略带有酯类气味的油状液体。熔点 2.85℃。沸点 156～157℃/93.33 Pa。蒸汽压(30℃)为 533.23×10^{-5} Pa。黏度 36.78 cP/25℃。工业品纯度在 97%以上。有轻微蒜臭味的淡棕色液体。微溶于水，能溶于多种有机溶剂，如酯、醇、酮、苯类、氯化烃、植物油等。在中性条件下稳定，但在 pH=7 以上或 pH=5 以下即迅速分解。在 pH=7.5 时，20 h 后即能水解 50%，遇活性炭、铁、锡、铅、铜、铝等能促进分解。用硝酸或其他氧化剂氧化时生成马拉氧酸，毒性增加，稳定性降低。防虫磷在水中或长期置于潮湿空气中能缓慢水解。

(二)马拉硫磷的杀虫机理

马拉硫磷的杀虫机理是抑制昆虫神经突触上的乙酰胆碱酯酶的活性，从而使昆虫死亡。即马拉硫磷进入虫体后，在氧化酶(如线粒体多功能氧化酶)的作用下，大部分被活化成对乙酰胆碱酯酶抑制活性更强的马拉氧磷，提高了杀虫活性，表现出较高的毒力。

（三）马拉硫磷的毒力和药效

防虫磷主要具有触杀和胃毒作用，也有微弱的熏蒸作用，对害虫药效较高，杀虫广谱。害虫接触药剂一般经 1～2 d 即死亡，但由于药剂主要附在保护对象表面，故对蛀食性害虫的幼虫潜伏在粮粒内部时无杀伤作用。不同的虫种、虫期、虫口密度、商品水分、温度、杂质以及施药量等因素对药效均有不同影响。

防虫磷对大眼锯谷盗 *Oryzaephilus mercator*（Fauvel）、锯谷盗、谷斑皮蠹、烟草甲防治效果好；对赤拟谷盗、杂拟谷盗、谷象、米象、锈赤扁谷盗 *Cryptolestes ferrugineus*（Stophens）等防治效果较好；对小菌虫 *Alphitobius laevigatus*（Fabricius）、小圆皮蠹 *Anthrenus verbasci*（Linnaeus）、四纹豆象 *Callosobruchus maculatus*（Fabricius）效果较差。对谷蠹防治效果差。防虫磷对腐食酪螨 *Tyrophagus putrescentiae*（Schrank）等有一定防治效果，而对粗脚粉螨 *Acarus siro* L. 则防治效果差。

（四）马拉硫磷的毒性

马拉硫磷对哺乳动物的毒性较低，亚急性毒性很小，90 d 最大无作用剂量为 1 000 mg/kg；慢性试验证明，用含 1 000 mg/kg 马拉硫磷工业品的饲料饲喂大白鼠 92 周，大白鼠体重增加正常。但马拉硫磷对蜜蜂和鱼类的毒性很强，对低等水生生物和鸟类的毒性中等。

（五）马拉硫磷的应用范围和剂量

防虫磷用于各种原粮的使用剂量一般为 10～20 mg/kg，即折合原药 10～21 mg/kg。剂量选用时要考虑环境温度的影响，一般南方地区选高限，北方地区选低限；需要保护期长的选高限，保护期短的选低限。防虫磷也可以用于包装粮防治害虫或空仓和器材杀虫，用药量均按 100% 有效成分计算为 0.5～1.0 g/m^2。

（六）马拉硫磷的使用注意事项

防虫磷不宜久藏，储藏应放置在阴凉干燥处，避免在高温条件下（40℃）储藏，以免促使药剂分解，产生较多杂质，增加毒性。注意身体防护，戴口罩、护目镜、戴橡皮胶手套，穿防护服；工作过程中，不准吸烟、进食、饮水。消毒完成后注意通风或局部排风，工作完毕用肥皂和清水洗手。轻装轻卸。严禁与碱类、食用化学品等混装混运。储存于阴暗、通风的库房，远离火种、热源，库温不宜超过 30℃。

二、杀虫松

杀虫松（fenitrothion）是原药纯度 93% 以上，专门作为储粮保护剂的优质杀螟硫磷。为避免将纯度较低的农用杀螟硫磷误用于储粮，特将优质杀螟硫磷的商品名称改为“杀虫松”。

(一)杀虫松的理化性质

杀虫松的分子式为 $C_9H_{12}O_5NPS$,相对分子质量为227.24。杀螟硫磷原药为棕黄色油状液体,略有蒜臭味。沸点为140～150℃ /13.3 Pa。在20℃时,蒸气压为 7.998×10^{-4} Pa,相对密度1.322 7 (25℃),折光率1.552 8 (25℃)。不溶于水,在脂肪烃中溶解度不大,可溶于苯、二甲苯、乙醇、丙酮等有机溶剂。杀螟硫磷在常温下对日光稳定,在中性介质和弱酸介质中稳定,遇碱易分解失效,遇铁、铜、铅、锡也易引起分解。因此不能用金属容器盛装。蒸馏时可引起异构化,使药效降低。

(二)杀虫松的杀虫机理

同马拉硫磷。

(三)杀虫松的毒力和药效

杀虫松药效优于防虫磷。在小麦中用杀虫松防治玉米象,其 LD_{50} 和 LD_{95} 分别为0.14 mg/kg 和0.21 mg/kg,而防虫磷的 LD_{50} 和 LD_{95} 分别为0.33 mg/kg 和0.52 mg/kg。可见杀虫松防治玉米象的药效可为防虫磷的2倍以上。杀虫松对其他储粮害虫的击倒力也比防虫磷高。据试验,杀虫松对不同防治对象所用的有效剂量差别较大,如对谷象、锯谷盗和锈赤谷盗的最低有效剂量为0.5 mg/kg,玉米象为0.5～0.75 mg/kg,米象和赤拟谷盗为1～2 mg/kg,谷蠹则需15～20 mg/kg。对粗脚粉螨、腐食酪螨等螨类也有一定防治效果。

(四)杀虫松的毒性

国产杀虫松原药的纯度为93%(气相色谱分析法),对试验动物的口服毒性:雌雄小白鼠的 LD_{50} 分别为1 080 mg/kg 和794 mg/kg;雌雄大白鼠 LD_{50} 分别为584 mg/kg 和501 mg/kg,属于低毒农药。杀虫松中的杂质——杀螟氧磷的毒性很高,该杂质主要是杀虫松在储藏过程中产生的氧化产物,但杀螟氧磷不稳定,易分解。其他杂质的毒性不大,数量也不多,对人和高等动物不会产生不良影响。

(五)杀虫松的应用范围和剂量

杀虫松可用于稻谷、小麦、玉米等各种原粮和种子粮防治害虫,也可用于空仓杀虫,但不得用于成品粮。杀虫松防护剂,各种原粮用药量一般为5～15 mg/kg,对防治谷蠹用药量需提高到20 mg/kg。用于包装粮粮袋表面和空仓杀虫,药量为 $0.5\ g/m^2$。

(六)杀虫松的使用注意事项

施用杀虫松,粮食水分要符合安全标准,虫口密度应属于基本无虫粮。除使用砻糠载体法外,直接喷雾法施药后应经一安全间隔期(指在粮食上最后一次施药后需要多长时间才能进行加工或食用的时间间隔）后，才能加工供应。一般施药在10 mg/kg 以下者间隔 3 个月，15 mg/kg 间隔 6 个月，20 mg/kg 间隔 8 个月后方能加工食用。必要时应按规定方法进行粮食中药剂残留测定。药剂应储在阴凉干燥处，不宜久储。乳剂加水稀释后，应一次用完，不能储存，以防药剂分解失效。

三、甲基嘧啶硫磷

（一）甲基嘧啶硫磷的理化性质

甲基嘧啶硫磷（pirimiphos methyl）的分子式为 $C_{11}H_{10}N_3O_3PS$，相对分子质量为 305.3。纯甲基嘧啶硫磷为棕褐色液体，在 25℃ 时，蒸气压为 1.33×10^{-2} Pa，密度为 1.520，折光率为 1.527。熔点 15 ℃，水中溶解度 30℃ 时约 3 mg/L，可与醇、酮、酯、芳香烃等大多数有机溶剂混溶。在常温下稳定，50℃ 时半衰期约 3 个月，超过 100℃ 时很快分解。在强酸和强碱中水解，不腐蚀黄铜、不锈钢、尼龙、聚乙烯和铝，稍腐蚀裸露钢铁和马口铁。

（二）甲基嘧啶硫磷的作用机制

甲基嘧啶硫磷的杀虫机理同马拉硫磷。

（三）甲基嘧啶硫磷的毒力和药效

甲基嘧啶硫磷的残效期较长，用 15%乳油以 4 mg/kg 的剂量拌入小麦、大麦，经过 1 个月、2 个月、3 个月后其残留量分别为 3.19 mg/kg 、2.74 mg/kg 和 2.63 mg/kg。到第 6 个月时，取出粮食，投入赤拟谷盗、锯谷盗、谷象、锈赤扁谷盗 4 种试虫，在粮食中暴露 4 d 后上述 4 种储粮害虫的死亡率分别达到 100%、99%、100%和 100%。

（四）甲基嘧啶硫磷的毒性

甲基嘧啶硫磷对哺乳动物的毒性较小。对雌豚鼠、雄兔、雌猫和雄犬的口服急性毒性 LD_{50} 值分别为 1 000～2 000 mg/kg、1 150～2 300 mg/kg 、575～1 150 mg/kg 和 1 500 mg/kg。甲基嘧啶硫磷对鸟类的毒性较大，如对黄雀、鹌鹑和母鸡的口服急性毒性 LD_{50} 分别为 200～400 mg/kg 、140 mg/kg 和 30～60 mg/kg。对大白鼠和小白鼠的口服急性毒性 LD_{50} 都在 1 000 mg/kg 以上。甲基嘧啶硫磷对哺乳动物的慢性毒性较小。饲料中 90 d 无作用剂量：大白鼠为 8 mg/kg，犬为 20 mg/kg。将犬置于甲基嘧啶硫磷饱和蒸气中 3 周，每周接触 5 d，每天接触 6 h，未发现有害影响。甲基嘧啶硫磷的工业品中含有多种杂质，但动物试验表明，所有杂质的毒性都低于甲基嘧啶硫磷，故对甲基嘧啶硫磷的应用无不良影响。

(五)甲基嘧啶硫磷的应用范围和剂量

甲基嘧啶硫磷可作为储粮保护剂,用于小麦、稻谷、玉米等各种原粮和种子粮的防虫,也可用于空仓杀虫、器材杀虫或打防虫线,但不得用于各种成品粮。作为储粮保护剂,甲基嘧啶硫磷的用药量一般为 5～10 mg/kg,空仓和器材杀虫一般为 0.5 g/m^2。农户应用时剂量可再提高 50%。

(六)甲基嘧啶硫磷的使用注意事项

甲基嘧啶硫磷在谷物上的最大残留标准我国定为 5 mg/kg。甲基嘧啶硫磷在粮食中的残留非常稳定。甲基嘧啶硫磷在原粮中残留期虽长,但经加工蒸煮后残留可以完全去除。

四、溴氰菊酯

溴氰菊酯(deltamethrin)是一种拟除虫菊酯杀虫剂,以敌杀死、凯素灵、凯安保等剂型供应市场。敌杀死和凯素灵分别用于农业和卫生害虫的防治,凯安保用于储粮害虫的防治。溴氰菊酯加入一定量的增效醚配制成凯安保,对害虫具有明显增效作用,且可降低成本。凯安保乳油的主要成分及含量是:溴氰菊酯 25% 、增效醚 25%,其余为乳化剂和溶剂。

(一)溴氰菊酯的理化性质

溴氰菊酯的分子式为 $C_2H_{19}Br_2NO_3$,相对分子质量为 505.2。其纯品为白色无味斜方形针状结晶体,熔点 98～101℃,在 25℃ 时蒸气压为 1.99×10^{-6} Pa。水中溶解度极低,在 20℃ 的水中溶解度为 0.002 mg/L。易溶于丙酮、乙醇、苯、二甲苯、环己酮、二噁烷、四氢呋喃等有机溶剂。在酸性及中性溶液中比较稳定,在无机酸存在的条件下加热,短时间内看不到溴氰菊酯有水解现象发生;在碱性溶液或漂白粉溶液中很容易分解失效。对热和光极为稳定,放在玻璃瓶中暴露在光和空气中,在 40℃ 下储存 2 年无降解现象,因而有“光稳定菊酯”之称。

(二)溴氰菊酯的杀虫机理

溴氰菊酯引起昆虫中毒的症状为兴奋、击倒、麻痹,直至死亡。溴氰菊酯的杀虫机理主要是物理作用,它可以抑制靶标动物的神经离子通道,使膜渗透性发生异常,传导受阻。死亡阶段的原因比较复杂。除了神经传导受阻外,还有其他作用,例如虫体失水、组织坏死,还可能产生神经胺或异戊胺或酪胺等神经毒素和 Ca^{2+} ATP 酶的抑制。

(三)溴氰菊酯的毒力和药效

溴氰菊酯对各种储粮害虫均有很好的防治效果。溴氰菊酯对防治谷蠹有特效，而对杂拟谷盗和玉米象药效较差。试验表明，要保持 8～12 个月无虫水平所需要的用药量对谷蠹只需要 0.1 mg/kg 的剂量，但玉米象需要用 1 mg/kg 的剂量，米象、赤拟谷盗、谷斑皮蠹需要 0.9 mg/kg 的剂量，对杂拟谷盗成虫需要 1.5 mg/kg 的剂量。凯安保规定用药量对螨类和书虱的防治效果不明显。

(四)溴氰菊酯对人的毒性

用芝麻油作为溶剂的纯品溴氰菊酯，对雌雄大白鼠的急性口投 LD_{50} 分别为 138.7 mg/kg 和 128.5 mg/kg。用芝麻油作为溶剂的溴氰菊酯工业品对雌雄大白鼠的急性口投 LD_{50} 分别为 139 mg/kg 和 129 mg/kg；对雌雄小白鼠的急性口投 LD_{50} 分别为 34 mg/kg 和 33 mg/kg；大白兔急性经皮 LD_{50} 大于 2 000 mg/kg。溴氰菊酯原药与制剂对眼睛、皮肤等有轻微至中度刺激作用。溴氰菊酯对家蚕、蜜蜂、鱼类的毒性大，但在池塘、水田等富含有机质的水域中，易被有机胶粒吸附，因此对鱼类及其他水生生物的实际毒性大为降低。溴氰菊酯对鸟类毒性低。

(五)溴氰菊酯的应用范围和剂量

溴氰菊酯可配制成为 2.5% 的凯安保乳油，用作储粮保护剂。凯安保可用于小麦、稻谷、玉米等原粮防治储粮害虫，也可用于空仓杀虫、器材杀虫和打防虫线，但不得用于成品粮。凯安保的用药量以有效成分溴氰菊酯进行计算，各种原粮的用药量一般为 0.4～0.75 mg/kg，折合 2.5% 凯安保乳油 16～30 mL/t 粮，最高不超过 1 mg/kg，折合 2.5% 凯安保乳油 40 mL/t 粮。对空仓和麻袋表面杀虫，使用剂量为 2.5%凯安保乳油 0.4～0.8 mL/m^2。

(六)溴氰菊酯的使用注意事项

施药前储粮中的害虫密度大小，直接影响凯安保的防治效果。对于无虫粮或基本无虫粮，凯安保的有效防护期一般可达 12 个月；如果储粮的原始虫口密度较大，其防护效果则较差，有效防护期会明显缩短。使用溴氰菊酯(包括凯安保)，粮食水分要符合安全标准。溴氰菊酯残效期长，使用时一定掌握好用药量。直接喷雾法施药，施药量在 0.75 mg/kg 以下者，被处理的粮食应经 3 个月以上安全间隔期，0.75～1 mg/kg 者，安全间隔期为 8 个月以上。用过凯安保的储粮一定经过间隔期后才能加工供应。施药用的器械及药瓶，严禁在鱼塘内洗刷。

五、阿维菌素

阿维菌素(avermectins)为一种生物源农药，是一类具有杀虫、杀螨、杀线虫活性的十六元大环内酯化合物，由链霉菌中灰色链霉菌 *Streptomyces avermitilis* 发酵产生。天然 Avermectins 中含有 8 个组分，主要有 4 种即 A1a、A2a、B1a 和 B2a，其总含量≥80%;对应的4个比例较小的同系物是A1b、A2b、B1b和B2b,其总含量≤20%。目前市售阿维菌素农药是以abamectin为主要杀虫成分(avermectin B1a+B1b,其中B1a不低于90%、B1b不超过5%),以B1a的含量来标定。阿维菌素系列农药有阿维菌素、伊维菌素和甲胺基阿维菌素苯甲酸盐等。

(一)阿维菌素的理化性质

原药为黄白色结晶粉,难溶于水,易溶于丙酮、乙醇、甲苯等多种有机溶剂中,常温下不易分解,弱酸、弱碱也较稳定。本品目前市场上制剂种类较多,常见的有1.8%、1.0%乳油等,并有很多复配制剂。

(二)阿维菌素的杀虫机理

阿维菌素是一种神经毒剂,可以干扰害虫神经系统的正常生理活动,即激发神经末梢放出神经传递抑制剂γ-氨基丁酸(GA-BA),促使靶动物物体内γ-氨基丁酸(GABA)释放增加,使GABA与突触细胞上的受体结合能力加强,促使GABA门控的氯离子通道延长开放,对氯离子通道具有激活作用,大量氯离子涌入造成神经膜电位超级化,致使神经膜处于抑制状态,从而阻断神经末梢与肌肉的联系,使昆虫麻痹、拒食、死亡。

(三)阿维菌素的毒力和药效

阿维菌素在喷施后能渗入作物叶片组织中,表皮薄壁细胞内形成药囊,长期储存,所以有较好的持效期,即具有良好的层移活性,阿维菌素对害螨、潜叶蝇、潜叶蛾以及其他钻蛀性害虫或刺吸式害虫等常规药剂难以防治的害虫有高效。阿维菌素在土壤和水中易降解,并在土壤中被土壤吸附,不会淋溶,无残留,不会污染环境;在生物体内也无积累和持久性残留,应属于无公害农药。阿维菌素还可以通过土壤微生物分解成具有更高活性的衍生物,如对于植物线虫产生的杀虫作用。

目前报道阿维菌素杀虫谱有84种,我国多用来防治虫体小、世代多、易出现抗药性的害虫如梨木虱 *Psylla chinensis* Yang et Li、棉蚜 *Aphis gossypii* Glover等,潜叶性的害虫如美洲斑潜蝇 *Liriomyza sativae*(Blanchard)等,害螨如二斑叶螨 *Tetranychus urticae* Koch、山楂叶螨 *Tetranychus viennensis* Zacher和寄主广、食性杂的害虫如小菜蛾等。

(四)阿维菌素的毒性

原药属高毒杀虫剂,大鼠性经口LD_{50}为10 mg/kg,小鼠急性经口LD_{50}为13 mg/kg,兔急性经皮LD_{50}大于2 000 mg/kg,大鼠急性吸入LC_{50}大于5.7 mg/L。对皮肤无刺激作用,对眼睛有轻微刺激作用。在试验剂量内对动物无致畸、致癌、致突变作用。对水生生物高毒。对蜜蜂高毒。对鸟类低毒。制剂低毒大鼠急性经口 LD_{50} 为 650 mg/kg，急性经皮 LD_{50} ＞2 000 mg/kg，对眼睛和皮肤有刺激作用。

（五）阿维菌素的应用范围和剂量

用于防治果树、蔬菜等叶螨、锈螨等用 1.8%乳油 3 000～5 000 倍液。用于防治小菜蛾等鳞翅目昆虫幼虫，用 1.8%乳油 2 000～3 000 倍液。棉田防治叶螨每公顷用 1.8%乳油 450～600 mL。

（六）阿维菌素的使用注意事项

储藏应放置在阴凉干燥处，避免在高温条件下(40℃)储藏。注意身体防护，戴口罩、护目镜、戴橡皮胶手套，穿防护服；工作过程中，不准吸烟、进食、饮水。消毒完成后注意通风或局部排风，工作完毕用肥皂和清水洗手。轻装轻卸。严禁与碱类化学品等混装混运。

六、除虫脲

（一）除虫脲的理化性质

纯品为白色结晶，原药呈粉末状，水中溶解度很低，易溶于乙腈、二甲基砜中，非极性溶剂中（如乙醚、苯）溶解度很低。对光、热较稳定，遇碱易分解。制剂为 20%悬浮剂和 25%可湿性粉剂。

（二）除虫脲的杀虫机理

除虫脲属苯甲酰脲类昆虫生长调节剂，以胃毒作用为主、兼具触杀作用。在虫体内破坏激素调控，抑制蜕皮时几丁质的合成，产生畸形虫体死亡，可影响成虫生殖，抑制下代卵内胚胎发育。

（三）除虫脲的毒力和药效

对鳞翅目有特效，对鞘翅目和双翅目也有效果，对甲虫（天牛）抑制胚胎发育的症状十分明显。杀虫作用比较缓慢。对害虫天敌无不良影响。

（四）除虫脲的毒性

原药属低毒性，大鼠急性经口 LD_{50} ＞4 640 mg/kg，对兔眼睛有轻微刺激性，对皮肤无刺激作用，在动物体内无蓄积性，代谢迅速。在试验条件下，未见致癌、致畸和致突变作用，对鱼、鸟和蜜蜂安全。

（五）除虫脲的应用范围和剂量

防治稻纵卷叶螟，在幼虫 3 龄前用 20%悬浮剂，稀释 2 000～3 000 倍；在产卵期使用，能阻止卵粒中胚胎发育。防治二化螟，用 20%悬浮剂 1 500～2 000 倍液喷雾。防治黏虫在 2～3 龄幼虫期用药，每公顷同用 20%悬浮剂 75～150 g，加水

2 500～5 000 倍喷雾。防治玉米螟，在幼虫初孵期或卵孵高峰期 1 000～ 2 000 倍液灌心叶。防治菜青虫和小菜蛾，初发生期用 20％悬浮剂，每公顷 225 g，加水喷雾。防治棉铃虫或地老虎，在产卵盛期可用 20％悬浮剂 8 000 倍液喷雾。

（六）除虫脲的使用注意事项

施药期应掌握在卵期与低龄幼虫期，喷雾力求均匀周到，防止漏喷；可湿性粉剂应存放干燥、阴凉处。粉剂、液剂都要避光储存，胶悬剂如有沉淀，用前摇均匀再配药；国外规定人体每日允许摄入量为 0.004 mg/kg；家蚕养殖区施用本品应慎重。

七、氟虫脲

（一）氟虫脲的理化性质

原药为无色结晶，几乎不溶于水，溶于丙酮，对光、热稳定。制剂为 5％乳油。

（二）氟虫脲的杀虫机理

作用机制是抑制昆虫表皮几丁质的合成，使昆虫不能正常脱皮而死亡。对害虫兼具有触杀和胃毒作用，田间持效期长，成虫接触药剂后，产卵率低，且初孵幼虫的孵化率低，适用于防治对常用农药已产生抗性的害虫。对叶螨和全爪螨的幼螨、若螨都有效，但对成螨无效。

（三）氟虫脲的毒力和药效

对鳞翅目有特效，对螨类也有效果。但杀虫作用比较缓慢，对天敌无不良影响。

（四）氟虫脲的毒性

该药属低毒杀虫剂，大鼠经口 $LD_{50}>3\,000$ mg/kg，大鼠和小鼠经皮 $LD_{50}>$ 2 000 mg/kg，对皮肤和眼睛无刺激作用。

（五）氟虫脲的应用范围和剂量

防治棉花叶螨，在若螨发生期，每公顷用 5％乳油 750～1 125 mL 加水喷雾。防治棉铃虫、红铃虫在卵孵盛期，每公顷用 5％乳油 1 125～1 500 mL，稀释后喷雾。防治柑橘潜叶蛾：新梢盛发期用 5％乳油 1 500～2 000 倍液喷雾，隔 5～7 d 再用一次，共 2～3 次。防治粉虱，在若虫盛发期用 5％乳油 500～1 000 倍液喷雾。防治蔬菜小菜蛾、菜青虫，在低龄幼虫期用 5％乳油 1 000～2 000 倍液喷雾。防治各种叶螨，稀释 1 000～2 000 倍喷雾，可兼治各种木虱、桃小食心虫和尺蠖。

（六）氟虫脲的使用注意事项

本品药效表现较慢，用药适期应比一般有机磷、拟除虫菊酯杀虫剂提早 3 d 左右。宜在幼、若虫（螨）盛发期用药；不要与碱性农药混用，并避免在 10 d 以内和碱性农药如波尔多液等在果树上轮用;本品对蚕和水生生物有毒性,不能在桑园、鱼塘附近用药。

八、灭幼脲

(一)灭幼脲的理化性质

原药为白色结晶,不溶于水,易溶于二甲基甲酰胺和吡啶等溶剂,遇碱或强酸易分解。制剂为25%悬浮剂。

(二)灭幼脲的杀虫机理

当前所指灭幼脲即灭幼脲3号制剂,属苯甲酰基类生长调节剂,杀虫作用以胃毒和触杀为主,兼具抑卵效果。作用较慢,药剂进入虫体后,在昆虫蜕皮时,破坏表皮中几丁质的合成,导致昆虫畸形表皮破裂、生理失调而死。对成虫无杀伤作用。药剂在田间降解速度慢,耐雨水冲刷。对非靶标生物安全。

(三)灭幼脲的毒力和药效

对多种鳞翅目农林害虫有特效,对螨类也有效果。杀虫作用比较迟缓。

(四)灭幼脲的毒性

该药属低毒杀虫剂,大鼠急性经口 $LD_{50}>20\ 000$ mg/kg,25%悬浮剂的小鼠急性经口 $LD_{50}>40\ 000$ mg/kg。对兔眼睛和皮肤无明显刺激作用,在动物体内无蓄积毒性,在试验条件下未见致癌、致畸和致突变作用。

(五)灭幼脲的应用范围和剂量

防治菜青虫、小菜蛾,每公顷用25%悬浮剂600~750 g,加水1 000倍喷雾;与25%杀虫双1∶1混合,加水2 000倍喷雾,可提高对抗性小菜蛾和斜纹夜蛾的药效。防治黏虫、松毛虫、天幕毛虫、舞毒蛾、美国白蛾,每公顷用20%悬浮剂450~600 g,加水稀释1 500~3 000 kg喷雾。防治柑橘全爪螨,用25%悬浮剂加水5 000~6 000倍喷雾。

(六)灭幼脲的使用注意事项

悬浮剂有沉淀现象,使用前要充分摇匀,然后再加水稀释;幼脲类药剂作用缓慢,只杀灭幼虫阶段,因此需在害虫发生早期使用,施药后3~4 d才能见效;不能与碱性物质混合使用;人体每日允许摄入量为1.2 mg/kg。

思考题

1. 对你所认为性能较为良好的熏蒸剂进行使用性能方面的简要概括。
2. 说明磷化氢、溴甲烷等熏蒸剂的杀虫机理。

3. 接触性药剂在杀死有害生物上涉及哪些机理?

本章主要参考文献

1. 黄伯俊. 农药毒理-毒性手册. 北京:人民卫生出版社,1993.

2. 王佩祥. 储粮化学药剂应用技术. 北京:中国财政经济出版社,1992.

3. 梁志德,车荫祺,毛璞. 有机化学实验. 成都:成都科技大学出版社,1998.

4. 张敏,王京燕,纪晓光. 过氧乙酸消毒剂的毒性研究. 中国消毒杂志,2004(3).

5. 白旭光,王殿轩,赵英杰,等. 储藏物害虫与防治. 北京:科学出版社,2008.

6. 杀虫灭鼠手册编写组. 消毒杀虫灭鼠手册. 北京:人民卫生出版社,1979.

7. 全国农药残留试验研究协作组. 农药残留量实用检测方法手册(第二卷). 北京:化学工业出版社,2001.

8. 化学工业出版社组织编写组. 化学产品手册. 3 版. 北京:化学工业出版社,1999.

9. 全国农业技术推广服务中心. 无公害农产品适用农药品种应用指南. 北京:中国农业出版社,2004.

10. 王跃进,王新,詹国平,等. 共同斑星天牛硫酰氟检疫熏蒸技术研究. 植物检疫,2003,17(2):65-69.

11. 郑文华,陈志磷,杨小波,等. 硫酰氟对集装箱害熏杀效果研究. 西南农业大学学报,1994,16(1):41-44.

12. 徐国淦,陈仲梅. 硫酰氟. 植物保护,1981,7(1),45-46.

13. 联合国粮农组织. 国际植物检疫处理手册. 北京:中国林业出版社,1992.

14. 李百胜,魏厚德. 溴化甲烷熏蒸白蒜药害及与糖化蒜、冻害蒜症状的比较. 植物检疫,2002,16(1),11-12.

15. 王跃进,黄庆林,王新,等. 木质包装集装箱溴甲烷检疫熏蒸技术研究. 植物检疫,2003,17(5):257-259.

16. 杨胜华,王亚南,徐小珠. 二硫化碳与四氯化碳混合熏蒸防治谷蠹试验. 粮食储藏,2001,30(5):17-19.

17. 叶炳元,栗克森. 溴甲烷硫酰氟二硫化碳熏蒸苗木杀虫试验简报. 植物检疫,1997,11(4):217-218.

18. 郑剑宁,周力沛,裘炯良,等. 硫酰氟在食品熏蒸中的应用与研究进展. 中华卫生杀虫药械,2005,11(2):115-118.

第三章 熏蒸除害处理技术

本章提要

熏蒸的一般过程

选择熏蒸剂时应考虑的因素

影响熏蒸效果的因素

常压熏蒸的一般过程

主要不同场所的熏蒸

木质包装材料熏蒸

环流熏蒸

真空熏蒸

熏蒸中的安全防护

第一节 熏蒸除害技术基础

熏蒸处理被广泛应用于木材、粮食、水果、种子、苗木、花卉、药材、土壤、文物、标本等的除害处理上。从熏蒸处理过程中密封环境内的压力讲,通常的熏蒸处理会是在常压条件下进行,有时也会根据需要进行减压熏蒸和增压熏蒸等。从熏蒸场所来说,熏蒸处理通常是在规模较小的情况下进行,如植物检疫中的集装箱熏蒸、帐幕密封熏蒸等,大型仓房的熏蒸常常是对一些干性耐产品进行处理的场所,如粮食、药材等储藏过程中。从杀灭对象上说,熏蒸除害对象可能害虫、螨类、真菌、线虫及软体动物中的一类或两类或两类以上等。虽然对于不同除害对象和产品所采用的熏蒸剂和熏蒸方案有所不同,但均是以熏蒸剂的气体状态作用于有害生物机体。

一、熏蒸的一般过程

熏蒸(fumigation)是将有毒气体施入密闭的环境中,以控制或消灭其中有害生物的过程。在熏蒸过程中,所施用的熏蒸药剂使用或产品形式可以是气体、液体或固体,但最终都将以其气体作用于有害生物的机体,用于熏蒸的这一类有毒气体即熏蒸剂。从定义上说，熏蒸剂是在规定的温度和压力下，能以足够的气态浓度致死或抑制有害生物的化学品。这就意味着，熏蒸剂是以最严格意义上的气体而起作用，一般的采用烟雾等气体颗粒或溶胶的处理不能称其为熏蒸。密闭环境是指存储仓储物品的场所如帐幕(堆垛)、仓库、车厢、集装箱、船舱等，以及为了达到密闭要求而配置的密闭材料的构筑物，这些材料包括金属、水泥、砖、石灰、木材、橡胶、塑料，以及其他可用以密闭的化工产品等。熏蒸处理中通常还要包括为促进熏蒸气体分布的配套器材。有害生物是指那些于人们的生产活动不利的有生命的机体，包括害虫、鼠类、螨类、鸟类、微生物、一些特殊的植物及其种子等生命有机体。

熏蒸必须在密封这一前提条件下进行。在熏蒸密闭期间，要尽量使熏蒸气体作用于有害生物，同时要限制含有熏蒸剂的气体外溢，以至于对密封环境外的人类及高等动物造成威胁，这也是有害生物防治中的安全、经济、有效基本原则之一。熏蒸剂气体在其浓度较常规熏蒸除害低得多时危险依然存在，人们对熏蒸过程中看不见摸不着的可能含有熏蒸剂的气体要格外小心。

有效的熏蒸只能在已准备好或密封完善的环境或设施中进行，要掌握合适、有效、足够的气体浓度，并在此基础上维持足够长的时间，另外还要考虑许多其他的因素，包括技术、效果、经济、环境等。遗憾的是，以往甚至包括现在许多的熏蒸是在较差的密封条件下进行的，这样做不但危险，而且难以达到预期效果，不仅造成经济、人力的浪费，也造成杀虫时机的错失，有时所处理的产品还会受到污染或不利影响，更有可能增加有害生物对熏蒸剂的抗药性。

熏蒸是一项要求严密的技术工作，要求从事这一业务的人员具有一定的专业知识且有充分的准备工作，包括获得允许使用规定化学药剂的资格等，在所有熏蒸过程和管理上做到这些是非常重要的。

熏蒸过程大体可分为熏蒸前的准备、熏蒸施药及密闭、散气及善后处理 3 个阶段。

(一)熏蒸前的准备

1. 熏蒸人员的情况

在适合熏蒸的密闭环境中进行熏蒸，由训练有素的专业人员进行操作，或部分工作在训练有素的、有一定组织能力的业务骨干的带领下完成，要有极严格的安全防护措施。一些国家从事与熏蒸毒气相关的人员都要执有专门的证书，并定期审验。

熏蒸专业人员不仅要熟悉所要杀死的有害生物和熏蒸药剂，而且还要了解与有害生物蔓延和防治有关的许多因素。从事熏蒸的工作人员应当身体健康，从身体条件上适合于此项工作。

2. 现场情况

(1)需要熏蒸处理的有害生物情况。不同的熏蒸对象和场所要求的对有害生物容忍度不同,要求的除害杀灭的程度也不同,对于一般的农产品中发生的有害生物可以采取综合治理的策略,但对于禁止入境的危险性有害生物的治理策略则是要进行全部种群治理。核心是有害生物发生的种类影响着熏蒸措施的决策,不同的有害生物要求的熏蒸药剂不同,不同的虫期对药剂的敏感性或耐药力不同,在熏蒸过程中使用的熏蒸剂和采取的相应技术方法等应能够杀死耐药力最强的有害生物活的机体。

(2)货物的种类和状况。不同的货物堆放方式对熏蒸剂的扩散、分布、穿透影响有所不同,进而影响气体浓度分布的均匀性和有效性。货物数量的多少决定着用药量和用药方式等。熏蒸时用什么品种的熏蒸剂要考虑到待处理货物的性质和用途,以及可允许最高残留限量等。熏蒸过程需要时间的也影响到所用熏蒸剂种类的选择,如需要快速完成熏蒸处理,则不能用要求密闭时间太长才能保证杀灭效果的熏蒸剂,如磷化氢;通常植物检疫要求快速处理,应该且一般可选择的熏蒸剂为可在短时期内即可完成熏蒸作业的熏蒸剂如溴甲烷等。对于自行扩散、运动和分布性能差的药剂在熏蒸中应采取配套措施,如强力通风、气流循环、压力辅助等,以使有毒气体浓度分布均匀有效。

(3)熏蒸设施的结构、密闭性能、内部设备以及四周居民区、工作区的距离。熏蒸设施的结构规模大小,会影响到选择何种药剂、应采取何种方式施药等。密闭性能直接影响着熏蒸的效果,在用药剂量和方式(如是一次性施药、间歇施药或补充施药等)的选择上都与熏蒸环境的密闭性能有关。通常对于密闭性能不太好的环境,进行间歇或补充施药效果会比一次性要好。要尽量避免药剂对熏蒸环境内机械设备的不良影响,或采取适当措施将机械设备保护起来。在毗邻居民区、工作区的场所进行熏蒸,应慎重选择熏蒸剂的种类、剂量、施药方式等,并要保持一定的安全距离。

(4)了解熏蒸作业近期的天气情况。由于环境气候因素会影响到熏蒸气体浓度的分布与保持,熏蒸期间应尽量避免剧烈气候变化对熏蒸的影响,尤其不要在大风大雨天进行熏蒸。

3. 制订熏蒸方案

在对调查情况进行综合分析的基础上,本着安全、经济、有效的原则,选择熏蒸药剂种类,确定密闭方法、密闭时间、防护措施,根据工作量确定参加人数,按规定选择参加人员。熏蒸方案要向单位负责人或上级主管部门汇报,批准后方可实施熏蒸工作。

4.准备熏蒸用具和器材

根据选用的药剂和施药方法,准备好施药器材、密封、安全防护用的器材和用具。

5.整理货物和熏蒸环境

进入仓内施药要留好走道,出入口要方便、安全。加工厂或建筑物内熏蒸时,凡暴露的金属机器、仪表等易受熏蒸气体腐蚀的物品,要拆卸移出或暴露部位涂以机油或用塑料薄膜密封起来。

6.明确分工,统一指挥

熏蒸组织人员要对施药人员要进行组织分工,交代任务,明确责任,必要时可先进行演练。

7.熏蒸效果检查

在每次熏蒸前应在熏蒸环境设置气体浓度检测设置,以测定熏蒸过程中气体浓度分布是否均匀与有效。有条件时,应放置有害生物试样以检查除害效果。

(二)熏蒸施药

(1)对仓房内的货物进行熏蒸施药时,要由上而下,自里向外循序进行。操作人员听从统一号令再施药开始,施药中每一个细节都要按要求办理。

(2)负责清点进仓人数的人员,要密切注意施药人员的动态,发现有人出现不适反应要及时抢救并有预备人员替补。

(3)施药后要对施药的仓房和货位四周进行测漏,如有毒气外漏,及时采取补漏措施。

(4)采用仓外机械投药熏蒸时,所需操作人员较少,但至少要有两人以上在现场,以防意外事故发生。进行非常压的熏蒸时,要特别注意环境的密封性能。

(5)熏蒸过程中要在适当的地方标明所使用的熏蒸剂类型和处理日期的警告或警戒标记,以避免接触外逸的熏蒸剂和防止人员未经允许进入熏蒸处理场所。

(三)熏蒸后的处理

(1)通风散气。熏蒸密闭到期的仓房和密封环境首先要进行通风散气,放气一律从外部开启门窗和启开密封,先开启上层,后开下层;先开下风方向,后开上风方向。对于进行了内密封的仓房,散气打开密封需要进仓要佩戴供气式防毒面具。放气一定注意环境卫生,放气开始要及时到下风方向 100 m 内进行毒气浓度检测,必要时,放气第一天只开上部分仓窗,第二天再开下部门窗。原则上放气的第一天下风方向30 m 内不得有人长时间作业。放气操作人员一定要注意安全防护。

(2)残渣及残物处理。熏蒸后用过的药桶等容器应放在离人较远的地方充分通风散气后,再行处理。磷化氢(磷化铝、磷化锌等)熏蒸通风散气后,应及时处理残渣、残液或反应缸等。处理残渣时要戴防毒面具。残渣和残液应在离水源较远的地方挖坑深埋。

(3)总结与记录。每次熏蒸处理过程完成后应对所有的操作情况及结果进行总结或小结,以便总结经验、教训和以后的熏蒸工作的提高。根据要求,熏蒸前后要及时填写熏蒸记录表。

二、选择熏蒸剂时应考虑的因素

在具备熏蒸条件的环境中采取熏蒸措施时,正确选择熏蒸剂是至关重要的。选择熏蒸剂将取决于以下几项指标的综合评估,包括熏蒸总时间、熏蒸的对象、熏蒸处理费用、对非熏蒸对象的影响、熏蒸的外围环境、市场的要求与残留极限规定等。

(一)熏蒸总时间

一般来说,确定完成一次成功熏蒸所需时间包括以下 3 个方面:

(1)在熏蒸中采用自然或辅助手段分配熏蒸剂到环境内商品中各部位所需的时间。

(2)熏蒸剂浓度均匀有效分布后所需保持密闭的时间,或各部位都处在最低要求浓度以上的时间。

(3)密闭熏蒸结束后清除或散去环境和货物中熏蒸剂所需要的时间。

这三段时间都会随选择熏蒸剂、应用及分配方法的不同等而发生变化。如果要求熏蒸的有效处理时间较短,只有选择可以通过提高浓度来缩短处理时间的熏蒸剂,对于磷化氢、二氧化碳这些在一般情况下需要长时间密闭的熏蒸剂则不适用。再如,以溴甲烷等处理时,因其易为粮食吸附而需延长通风解吸时间,在熏蒸时间上应将其考虑在内。

(二)熏蒸对象

选择熏蒸剂除了除害效果的要求外,主要还要考虑其对保护对象的影响。熏蒸剂不能与熏蒸对象反应生成有害的残留物质或残留物不得超出规定标准。例如,不宜用溴甲烷熏蒸花生,不可用氯化苦处理成品粮等。

(三)熏蒸费用

熏蒸费用时应考虑以下几方面的问题:

(1)获得适宜熏蒸场所的费用。由于熏蒸需要一定的密闭环境,对于专门的熏蒸环境应从建造时加以考虑其在熏蒸方面的要求,尽量提高气密性,做到一次投资长期受益,减少以后熏蒸时在密封工作方面的开支。如果仓房气密性不好,每次熏蒸则都在密闭环节上供给较多的精力、时间和费用,其操作过程也要复杂和麻烦得多。

(2)施药、熏蒸、放气、环境保护及人员开支。熏蒸不仅要考虑药剂费用,还要考虑全过程中所需要的人工开支。如采用磷化氢熏蒸时,用磷化铝常规熏蒸施药仅需人员开支,但每次熏蒸施药、清渣等则需组织较多的人力进行;而采用仓外施药熏蒸时,可以大大减少操作人员及费用开支,但需增加仓外施药器械及其配套器具的开支。这需要根据总作业量、经济投入情况、熏蒸处理目的等情况综合考虑。

(3)药剂或剂型的价格。不同化学成分或剂型的熏蒸剂受生产加工成本、地区资源条件等因素的影响,应用价格差异甚大,应视具体情况进行选择。如同为磷化氢熏蒸,采用磷化铝发生气体要比目前已有的钢瓶装液化气体价格低得多,采用磷化铝要比采用溴甲烷和硫酰氟价格便宜许多。

(4)延长熏蒸或通风时间的相应费用。如进出口货物或其他商贸物品因熏蒸周期延长,可能会增加货物滞留时间或压车、压船而造成费用上的增加。

(5)空钢瓶或容器的返回及处理费用。如用钢瓶装熏蒸药剂如溴甲烷或二氧化碳处理时,以及使用钢瓶装磷化氢和二氧化碳气体时都将涉及钢瓶购置或钢瓶押金、租赁、运输等费用,这些也应考虑在熏蒸处理费用之内。

(6)其他设备的开支。一些特殊设备如汽化器、液化气体减压器、导引气体的导气管、检测气体的检测仪器或其他方法等也会占有一定的经济开支。

(四)对非熏蒸对象的影响

在有些情况下,所选择的熏蒸剂可能与密闭环境的其他材料发生化学反应。例如,溴甲烷对天然橡胶和其他含硫化合物发生作用,以及对铝发生作用;磷化氢对铜的腐蚀会对铜质测温器材构成威胁;二氧化碳对新的水泥墙面发生化学反应等。在保护商品的同时,也要考虑熏蒸环境条件的允许性。

(五)熏蒸外围环境因素

选择熏蒸剂也要考虑处理场所的外围环境因素,如熏蒸处理场所周围是否允许排放熏蒸尾气,尤其是毗邻办公室、居民区的场所,在熏蒸期间是否影响外围场所的正常工作;货物储存的期限等等。

(六)市场要求

不同国家或地区在熏蒸处理储藏物品时,要求使用熏蒸剂的种类、剂量以及使用后的药剂残留要求有时会有所不同。对农产品出口国来说,要符合进口国的相关要求。

三、影响熏蒸效果的因素

影响熏蒸除害效果的因素很多,主要包括熏蒸剂、熏蒸环境和有害生物 3 个方面,即熏蒸剂的有关性质、有害生物的状况、密闭环境的内外条件等都会影响到熏蒸除害的效果。

(一)熏蒸剂与药效

1. 熏蒸剂的物理性状与药效

(1)熏蒸剂的挥发性与药效的关系。

液体或固体熏蒸剂经过蒸发、升华或化学作用转化为蒸气或气体的性能,叫熏蒸剂的挥发性。挥发性能好的熏蒸剂施入密闭环境中后,在空气中易达到有效浓度,除害效果会好。熏蒸剂的挥发性取决于其沸点,沸点低的熏蒸剂挥发性好,沸点高的熏蒸剂则挥发性差。不同化合物的沸点一般其随分子量的增大而增高。液体的沸点除了熏蒸剂本身的物理性质外,还受外界压力的影响,外压高,沸点高;外压低,沸点低。在同一气压下,沸点低的药剂易于气化。如在一个大气压力下,溴甲烷的沸点为 3.6℃,氯化苦的沸点为 112℃,实际上,溴甲烷的挥发性能确实比氯化苦强得多。在储粮熏蒸应用中要求最低温度对溴甲烷是 6℃以上,对氯化苦则为 15℃以上,低于上述温度熏蒸效果会大大降低。

熏蒸剂的挥发性也与环境温度有关。一般说来,环境温度愈高,熏蒸剂的蒸气压也就愈高,挥发性也就愈大。在实际应用中,对不同熏蒸剂提出不同的最低温度要求,也是为了保证熏蒸除害的效果。熏蒸剂的挥发状况还与其在空间暴露的表面积有关。同体积的液体,表面积越大,其挥发速度也就越快。生产实践中常采用增大挥发面积的办法辅助提高熏蒸效果。

熏蒸剂的挥发性常用饱和蒸气压(简称蒸气压)表示。液体蒸气压的大小随温度的变化而变化。温度升高,蒸气压增大,其挥发性也增强。熏蒸剂的挥发性还可用挥发度表示,挥发度又称为蒸气饱和度,是指熏蒸气体在单位容积内的重量。在不同温度下,熏蒸剂有不同的挥发度(表 3-1)。一般熏蒸剂对有害生物的有效致死浓度都低于其在常压下的挥发度。

表 3-1 几种熏蒸剂在不同温度下的挥发度(在 1 867 Pa 压力下测定) g/m³

种类	沸点/℃	温度/℃				
		15	20	25	30	35
氯化苦	112.0	1 010.9	1 207.2	1 430.8	1 740.9	2 096.3
敌敌畏	120*	0.08	0.13	0.21	0.32	0.48
磷化氢	−87.4	1 435.5	1 411.0	1 378.4	1 364.5	1 342.8
溴甲烷	3.6	4 008.6	3 940.2	3 874.1	3 810.1	3 748.3

一定条件下在一定空间能够呈气体状态存在的熏蒸剂的最大重量为该熏蒸的极限浓度。极限浓度取决于熏蒸剂本身的相对分子质量。

在熏蒸剂蒸发过程中，由于分子逸散所造成的能量损耗，一般会使温度下降，熏蒸剂从液态或固态挥发的同时要消耗其原来相态的能量。产生每克气体所损失的热量卡数，称为液体的蒸发潜热。溴甲烷一类熏蒸剂一般都装在适当的钢瓶和罐中，当施用中其大量释放时，如果其损失的能量不能及时得到补偿，当温度下降到其沸点以下后不再挥发出气体。或当其液体经过金属导管等时，由于温度降低而使熏蒸剂在管路中结冰，也称之为冻堵现象，阻止了熏蒸剂的继续通过或释放。冻堵情况的出现不仅会影响到药剂的正常施放，有时还会因影响到熏蒸作业安全。如在使用磷化氢仓外发生器施药时需要同步充入二氧化碳，当二氧化碳因冻堵不能及时同步施入时，从发生器中输出的浓度过高的磷化氢就有可能燃爆。在常温下液体熏蒸剂大量释放或施用时，需要补充适当的能量，如采用电加热、水浴温度补偿等。

(2)熏蒸剂的扩散性与药效的关系。

熏蒸剂先经挥发成为气体，从分子密度大的施药部位向分子密度小的非施药部位进行热运动，或从浓度高的部位向浓度低的部位运动的性质，称之为熏蒸剂的扩散性。熏蒸剂的扩散性能好，能在密闭环境内的各个部分迅速形成对有害生物的有效浓度，充分发挥其药效；反之，除害效果则会差。熏蒸剂气体的扩散速率与其相对分子质量有关。常压下，毒气扩散的算术平均速度与其质量的算术平方根成反比(Graham 定律)。即毒气相对分子质量越小，气体扩散得越快。熏蒸剂在温度高的空气环境中扩散得比冷空气中扩散得快。

穿透性是指熏蒸剂穿透被熏蒸物品堆的能力。这种能力取决于熏蒸气体被物品吸着的情况。吸着包括吸附和吸收两种现象。吸附通常是指气体附着在被固体物表面的物理现象；吸收通常是指熏蒸剂分子渗入固体物品内部的化学现象。沸点高的熏蒸气体容易被固体吸附。因为沸点高的药剂分子间引力大，容易液化，易为固体物面吸附，吸附后也不易解吸。气体被吸附后，不能再向物品堆内进一步运动，因其而穿透性差。

熏蒸剂比重的大小能影响其分子的分布。施药后比重大的气体一般下沉速度快，往往在(尤其是空仓内)中、下层浓度较高；比重小的气体，上浮性强，通常在物品堆上层和空间浓度较高。在空间施用相对分子质量较大的熏蒸剂时，该气体在空气中要下沉较快，而在熏蒸空间的下部形成较高浓度层，结果会造成下部熏蒸剂浓度较高而有害生物死亡较多或死亡率高，而上部因浓度较低有害生物死亡少，有时还会因之除害不彻底。对于空仓熏蒸时一般需要采用风机进行吹动，以防过分的熏蒸剂分层，曾有船舱用溴甲烷熏蒸时因分层造成底部有害生物全被杀死，而上层仍有有害生物存活的情况(Monro 等,1952)。熏蒸剂在物品堆内的均匀分布还受吸附等因素的影响,如敌敌畏尽管其比重大于磷化氢,但由于其易为固体物吸着,且不易解吸,向物品堆内的穿透性特别差,通常被用于空间和露面杀虫。而磷化氢虽然比重较小,但其沸点低,不易被固体物品吸着,向物品堆内的穿透性较好,通常其除害效果也比较好。

熏蒸剂被吸着程度的大小可用吸着比率表示。吸着比率是指供试昆虫在有面粉熏蒸箱中的 LD_{50} 与空熏蒸箱中的 LD_{50} 的比值。比值大,吸附大,杀虫效果差。熏蒸剂沸点越高,其吸着比率越大。

2. 熏蒸密闭时间与药效的关系

(1)熏蒸过程中熏蒸剂浓度变化的基本特征。

熏蒸施药后,密闭环境中的有毒气体浓度变化基本上可分为 3 个阶段:浓度形成阶段、浓度衰减阶段和散气阶段(图 3-1)。

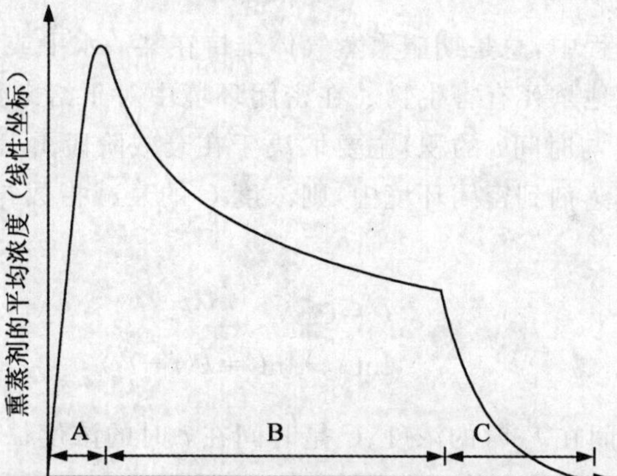

图 3-1　熏蒸过程中气体浓度变化的一般特征

A. 浓度形成阶段　B. 浓度衰减阶段　C. 散气阶段

浓度形成阶段即有毒气体浓度上升到有效水平或以上的阶段,持续的时间可以是几分钟到几小时乃至数天;浓度衰减阶段即熏蒸期间毒气浓度慢慢降低的阶段,其历期可以是几小时或数天乃至数十天;散气阶段即密闭结束,将毒气排放到原密封环境外的阶段,其历期一般为几个小时或数天。以上各阶段经历的时间主要取决于熏蒸剂的种类、密闭状况以及施药的方式、方法等。

有些熏蒸剂如磷化氢和二氧化碳,其熏蒸要求比较长的密闭时间。而在许多情况下，仓房的气密性在一次施药后并不一定能或很难在密闭其内使熏蒸气体浓度一直保持有效，在必要的时候则需要补充施药以维持仓内的熏蒸剂气体浓度。这些情况下的气体浓度变化可用图 3-2 表示。

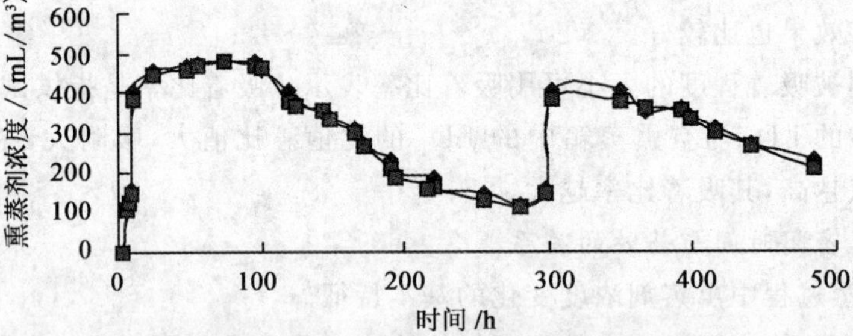

图 3-2 需要补充施药的熏蒸过程中气体浓度的变化

在熏蒸密闭过程中，总是期望熏蒸气体维持在某一水平或其以上，以满足在密闭期间熏蒸能有效地杀死有害生物。在密闭环境中对于给定数量的熏蒸剂，其剂量或 Ct 值（浓度 C 与时间 t 的积）主要取决于在衰减阶段熏蒸剂的损失率。这一阶段如果不补充熏蒸剂到密闭环境中，则浓度 C 的衰减指数与时间 t 依据下列公式计算：

$$C = C_0 e^{-(t-t_0)}$$

或

$$\ln C_0 - \ln C = k(t - t_0)$$

这里，C_0 是时间在 t_0 时的浓度；C 是时间在 t 时的浓度；k 是单位时间内衰减速度常数，如“每天”；e 是自然对数的底。

k 值可由浓度与时间的半对数坐标的斜率求得。对大多数熏蒸剂来说，在比较稳定的环境条件下，开始时浓度降得快，而在密闭的大部分时间内其浓度与时间的半对数坐标曲线是一条直线。与此相似，放气阶段也是半对数的关系。

衰减速率常数值 k 受多种因素的影响。在实际工作中，熏蒸工作的成败及正确地指导熏蒸都应从这些因素所起的作用进行考虑。k 值作为熏蒸进行好坏的指标，可分解为环境条件的作用（k'）、吸附作用（k''）和渗透作用（k'''）。因此，衰减速率常数的全部内容大致可用公式

$$k = k' + k'' + k'''$$

来表示。这些作用随环境情况和熏蒸剂的差异而有较大的变化。在一个漏气严重

的仓内进行熏蒸，则环境条件将成为引起气体损失的主要因素，这部分影响就成为 k 值的主要部分。在气密性较好的环境对大多数熏蒸剂来说，吸着将成为主要的支配因素。在小规模的密封环境中进行熏蒸中熏蒸气体向密封环境外的渗透则又成为主要因素。

(2)Ct 值规则。

多数熏蒸剂在一定浓度范围内和一定温度下，杀死有害生物如某种害虫或虫态所需的密闭时间与毒气浓度成反比关系。即较低的浓度下保持较长的时间或较高浓度下保持较短的时间，其效果是一样的，即所谓的 Ct 值(Concentration time production，CTP)规则或称赫博尔规则。密闭时间与浓度的关系可用公式 $C \cdot t = K$ 表示。这里，C 为熏蒸剂浓度，t 为熏蒸时间，K 为一定值。

不同熏蒸剂对不同有害生物的有效 Ct 值是不一样的，对于大部分熏蒸剂只有达到或超过所建议的有效 Ct 值，才能达到熏蒸效果。在实践中，应选用对药剂抵抗力最强的虫种、虫期、菌态、种群等的 Ct 值，以保证除害效果。

(3)熏蒸剂剂量主导因素。

上述 Ct 值规则并非对所有的熏蒸剂都完全适用，其关系式也只是一种近似值。而具有普遍意义的关系：

$$C^n \cdot t = K$$

式中：K 是剂量达到 LD_{99}(杀死99%有害生物的致死剂量)时的常数。指数 n 代表了熏蒸剂与有害生物间，或更确切地说包含了有害生物不同的发育阶段之间的毒力关系。熏蒸工作的重点在于要知道所使用熏蒸剂对有害生物的 n 值。例如，对于绝大多数害虫和条件磷化氢的 n 值都小于1，说明使用磷化氢进行熏蒸时，熏蒸密闭时间比其浓度更重要，磷化氢是以时间为主导因素的熏蒸剂。要做到这一点，熏蒸环境必须具有良好的气密性，以便气体保持较长的时间，或通过不断地补充熏蒸剂的方法以满足所需熏蒸时间的要求。在熏蒸过程中如能保持密闭环境中的恒定的气体浓度，也会取得较好的熏蒸效果。Reichmuth(1983，1985)在实验室进行的比较试验表明，在温度20℃，相对湿度65%的条件下，磷化氢的起始药量为6 g/m³，然后按每小时向熏蒸室充入相当于其容量5%的新鲜空气，要经48 h才能100%杀死谷象成虫。如在相同条件下以恒定的磷化氢浓度处理，则只需0.08 mg/L就可在相同时间内杀死100%的害虫。Winks(1990)提出的塞诺气流(Siroflo)熏蒸法即为此提供了一个很好的途径。

对于 n 值大于1的熏蒸剂，在熏蒸中增加其浓度比延长时间更有效，溴甲烷等在大多数情况下属于此类型。

(二)环境因素对药效的影响

熏蒸是在密闭的环境中进行的,有时即使在熏蒸过程中使用了足够的剂量和熏蒸时间,熏蒸也不一定能成功。其原因除了有害生物的耐受力外,更主要的是与熏蒸气体在密闭环境中的分布不均匀等因素有关。环境因素会影响有毒气体在环境中的分布状态,以及气体损失等。对于影响气体分布状态的一些因素包括如风(Cotton 等,1936)、温度和压力(Chabrolin 和 Montlaur,1937)、烟囱效应和对流(Oxley,1948)等。存在于密闭环境中的有害生物也会受环境因素的影响,进而影响到其诸如生长、发育、存活与死亡。

1.影响熏蒸剂浓度衰减的气候因素

在熏蒸过程中,假如不向密闭环境内补充毒气,其中的熏蒸剂浓度会逐渐衰减。导致熏蒸剂浓度衰减的环境因素可用下式表示:

$$k'=\frac{Q}{V}$$

式中:Q 是从密闭环境中外漏气体的流量,熏蒸密封的是要最大限度地减少 Q 值;k'是在环境条件下的衰减速率常数,在给定的情况下要尽可能地减少;V 是指密闭环境的容积。

Q 值与环境内外压力差 ΔP 有关,气体在仓房横向外漏以及外漏气体的流动性可用下面的经验公式表示:

$$Q=b\Delta P^{m}$$

式中:b 和 m 是经验参数。b 表示在给定 m 时所测定的漏气程度,一般情况下 $0.5<m<1.0$,通过密封减少 b 值,Q 值和 k'值就会相应减小。

通过以上分析,可得出为什么在熏蒸中必须进行密封的逻辑关系。同时也要注意熏蒸结束后需要排除熏蒸剂的情况,在开放(开仓放气)的情况下,压差一定时,通过增加 b 值尽可能地增大 Q 值和 k 值。影响 k 值(衰减常数)的环境因素正如 Banks(1984)指出,包括风、烟囱效应、温度的变化(空间及粮堆)、压力的变化、渗透、扩散等。

(1)风对密封和熏蒸的影响。

在实践中大多数的熏蒸环境实际上是漏气的。因此,风是造成气体损失和导致熏蒸失败的主要原因。风使得熏蒸环境迎风面的压力增大,同时又使背风面的压力降低。迎风面与熏蒸环境内的压差 $\Delta P>0$,在风压的作用下,外界空气进入熏蒸环境,稀释降低了进入部位的熏蒸剂气体浓度,使有害生物得以存活;在背风面,压差 $\Delta P<0$,则熏蒸剂向外漏出,也使得此区的熏蒸剂浓度降低(图 3-3)。熏

蒸剂外漏的速度与风速成正比，且对于漏气的熏蒸环境则常常因风的影响在未达足够的 Ct 值前已经外漏，而达不到应有的效果。

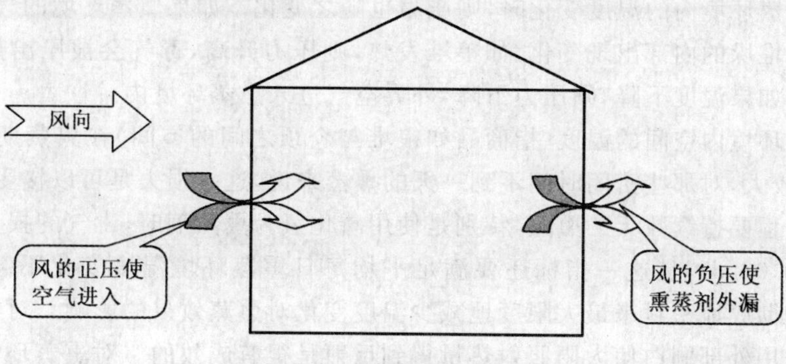

图 3-3 风对仓房熏蒸的影响

由风引起的毒气损失相当于在熏蒸环境上开了两个孔洞，一个是空气的进入孔，另一个是毒气的外漏孔。如果仅存其中一孔，通过压力的作用仍能引起部分的毒气损失。但其影响会大幅度地降低。对于密封较好的熏蒸环境，风的影响会显著降低，对于密闭条件差的熏蒸环境，特别是小熏蒸环境，熏蒸中受风的影响会大。对熏蒸环境进行密封的主要作用是减少中毒气损失以达到理想的熏蒸效果。在散气阶段，应使毒气的外漏最快，而此时风力或强力通风都是有效的排除毒气的手段。

(2)烟囱效应的影响。

烟囱效应是因大气与环境内气体的密度不同，从而引起气体损失而命名。由于气体密度引起仓壁横向的压差，从而使熏蒸环境内与外界形成压差，如果这一压差发生在漏气的熏蒸环境，则其影响就像风的作用一样导致毒气外漏。在纵的方向上也会有毒气的外漏。由于温差以及熏蒸环境内外大气组成的差别引起气体密度上的差异，进而也会产生压差。由其所产生的压差取决于熏蒸环境的高度。气体外漏的速度与压差成正比。

在高型熏蒸环境(熏蒸环境高度与跨度之比大于 2：1)中烟囱效应影响更大，在大多数情况下由风引起的毒气损失比烟囱效应要大，即风力产生的压差一般比烟囱效应产生的压差大。

在高型熏蒸环境的熏蒸中除非在无风的条件下，否则不会因烟囱效应的单独作用造成毒气过量损失而引起熏蒸失败。但烟囱效应可引起局部空气的进入，降低熏蒸剂的浓度甚至达到无效的程度，在这样一个局部的环境中有害生物得以存活，使得熏蒸散气后有害生物还会再度发生发展。

(3)温度变化的影响。

当熏蒸环境内的温度变化时，则压力也随之变化。如果熏蒸环境的气密性差，由于商品堆垛的内部出现变化，如粮堆发热，则压力升高，毒气会被压出熏蒸环境外；反之，如果温度下降，则压力下降，外界空气进入熏蒸环境内。

熏蒸环境内空间的温度(指商品如粮堆与仓顶之间的空间)在熏蒸期间(如昼夜)变化较大，对那些密闭时间不到一天的熏蒸来说，这一损失是可以接受的；但对于熏蒸过程要持续数天的熏蒸，特别是使用磷化氢为熏蒸剂时，毒气的损失率应降得很低(0.02/d)，且这一指标还要满足平均每日熏蒸环境温度变化不超过 6℃。可以通过彻底地密封来最大限度地减少温度变化对熏蒸效果的影响。对于镀锌钢板仓等采用外部刷白使太阳照射热量得到反射是很有成效的。对熏蒸环境附加隔热层或在熏蒸环境顶部搭凉棚的方法也有一定效果。在非完全密闭的系统中，在熏蒸环境的竖向设置压力平衡装置，也可以减少由于压力变化而造成的气体损失。

(4)大气压力变化的影响。

大气压力在一天之内有所变化，在短时间内也有变化。大气压降低会使熏蒸环境以墙体为界产生横向压差，从而使熏蒸环境气体外漏。由于大气压的变化造成气体损失的变化率一般很小(0.01/d)，在熏蒸中往往忽略这一项影响。在特殊情况下，如运动中的集装箱，其压力的变化则是一项不可忽视的造成气体损失的原因。熏蒸密闭环境处的位置较高，如在山上，则压力明显地下降，气体必然要损失。如果密闭容器上升的速度为 3 000 m/d，那么每天的气体损失常数可达 0.4/d，这在山区运输的情况下是存在的。

在漏气的仓中，风压和烟囱效应是主要的影响浓度降低的因素，通过改进密封，可减少这些因素的影响。在气密性好的熏蒸环境中，气体的热膨胀则会有很大的影响，通过严格密封和减少热量辐射可使之降低。

表 3-2 给出了几种密封条件下所允许的最大气体损失率。

表 3-2 不同密封情况下允许的气体损失率

密封场所	最大允许损失率/%	资料来源
存干燥粮食的密封仓	0.026	Oxley 等，1960
氮气气调仓	0.05	Banks 和 Annis，1977
二氧化碳气调仓(一次充气)	0.07	Banks，1980
磷化氢熏蒸	0.10	Banks 和 Annis，1977

2. 密闭环境内影响气体分布的因素

(1)环境内的气流影响。

在密闭的仓房内，由于气体密度的梯度分布会产生气体对流(微气流)，其梯度是由于温度和不同气体成分造成的。气体梯度使气体循环产生动力，这种对流模式在仓房的大部分区域为气体的循环，存在热核心的散装货物仓会产生很强的气体对流。利用微气流合理确定施药，使熏蒸气体更多地存在于货物堆中，可以取得较好的除害效果。由于气体对流，在用药一段时间后，熏蒸气体会得到较为均匀分布。在澳大利亚，密封的储粮平房仓和矮胖仓(仓房高度与跨度之比小于 2∶1)常将磷化铝用于粮面或走道，在土堤仓中将药剂用于 PVC 篷布下，2 周后仓底即可达到有效浓度，但要至少密封 20 d。对于高度与宽度比大于 2∶1 的仓房和船舱，不宜用粮面施药法，此时只靠对流则不行，下部气体浓度常常不足，需增加强力通风。如在粮仓磷化铝常规施药中，施药部位考虑粮堆气流状态，当平均粮温高于仓温 3℃以上时，在粮仓或粮堆下层施药；当平均粮温低于仓温 3℃以上时，在粮面施药；新入仓的粮食各部分粮温接近，采取均匀埋藏的方法，并在仓门及四角增加施药点。此外对于筒仓，由于烟囱效应，气流状态是自下而上运动的。

(2)强力分布。

在有的熏蒸过程中，采取一些强力的混合措施，如特殊设计的环流设备等，可将熏蒸剂尽快地分布到密闭环境的各个部分。在有些情况下，尽管有足够量的熏蒸剂，但单纯靠自然气体对流作用分布又太慢，或要求货物能够进行熏蒸的时间太短，都应采取强力手段将熏蒸剂与空气进行混合。强力混合还可以防止可能的熏蒸剂凝聚或分层、出现梯度等现象。

(3)货物的吸着作用。

吸着包括化学吸着和物理吸着。化学吸着是一种熏蒸剂或其后续物质与被熏蒸物间较强的结合，常常引起气体与物品之间的化学反应，而且在通常情况下是不可逆的。物理吸着又包括吸附和吸收这两个现象。吸附作用是指气体分子依附在固体表面。一些吸附剂，如木炭，是多孔体，具有许多内表层，在其内部也可能发生吸附。

货物、仓房和器材表面都具有吸着性，这些物体若吸着能力强，毒气在扩散和穿透过程中，首先有大量的分子被吸着，扩散到货物堆内的浓度就会大为降低，从而影响到除害效果。温度能影响固体吸着力。物理吸着作用与温度成反比，环境温度较低时毒气分子被吸着到固体表面的数量多，分布到货物堆内的浓度就会低，熏蒸效果比较差；反之，环境温度较高，毒气分子不易被吸着，扩散速度快，货物堆内的浓度就较高，药效会较好。所以，当环境温度较低时施药应增大熏蒸剂剂量。

货物含水量大小、环境相对湿度等也影响对气体的吸着力，潮湿的粮食或其他物体不仅吸着性强，而且还不易解吸，特别是水溶性熏蒸剂，能渗入粮粒造成药害。对于高水分产品如粮食不宜熏蒸，在雨天及相对湿度过大的情况也不宜进行熏蒸。

货物堆过高，在堆垛上部施药后，毒气从上向下的扩散过程中逐渐被吸着，下层毒气浓度较低，影响药效，应采取打探管或其他措施辅助气体运动分布。对于立筒仓，从仓的上部施药时，仓体的直径和高度的比例似乎应限制在一定的范围内。如直径与高度的比例为1∶2时，上部施药后，磷化氢可在仓内的分布较好，比例超过1∶4或1∶5时，仓底浓度逐渐减少。若直径与高度的比例为1∶10，从上部施药后，即使在两周以后仓底的浓度也相当低。

在熏蒸过程中，最初的时间里物品对熏蒸剂的吸着相当高，以后呈半对数变化。产品的种类不同，对熏蒸剂的吸着能力也有差异。

(4)温度的影响。

温度可以影响药剂的挥发性、扩散性以及被熏蒸物的吸着能力，进而影响到毒气在密闭环境中的分布。温差会使得在粮堆内形成微气流，进而对毒气的分布速度和分布状态产生影响。

(5)空气湿度的影响。

相对湿度大时，会使有些产品如粮食的吸附能力增强，影响毒气浓度而降低药效。对于有的药剂，相对湿度大时分解产生速度加快。

3.气体组分的影响

有害生物如害虫生活在某些气体组分中时其生长、发育会出现不正常现象，甚至窒息死亡，这些可以通过气调防治来实现。在熏蒸过程中，适当改变气体组分可起到增效作用。在气密条件下，密封环境中二氧化碳浓度会相对升高，或在有些情况下，人为地施入一定量的二氧化碳，都可提高杀虫效果。对于害虫来说，熏蒸剂是呼吸系统进入虫体的，昆虫在较高二氧化碳浓度(氧气浓度相对低)的条件下，为了获得需要的氧气，呼吸率增高，此时毒气进入虫体的量也随之增大，熏蒸药效也得到提高。

(三)有害生物状况对药效的影响

1.不同虫种对同一药剂的敏感性不同

有害生物种类较多，由于其生物学特性、生活习性、生理机能、接受药剂的方式等各不相同，因而对药剂的敏感性也不一样。如表3-3所示，在相同条件下，储粮害虫中的谷蠹、书虱和黑毛皮蠹对溴甲烷在致死时间上有很大差别(王殿轩等，1999)。

表 3-3　几种害虫不同密闭间时的死亡率

(真空度 78.4 kPa,温度 25℃,溴甲烷浓度 50 g/m^3)　%

密闭时间/min	谷蠹	黑毛皮蠹	书虱
27	100	87.0±444.2	100
40	100	90.3±888.5	100
60	100	96.2±111.7	100
90	100	100	100
135	100	100	100

2.同一虫种的不同虫期、虫龄、生理状态对药剂的敏感性不同

对于不同虫期来说,一般卵期和蛹期对熏蒸剂的耐药力比起成虫和幼虫期要强得多(图 3-4)。

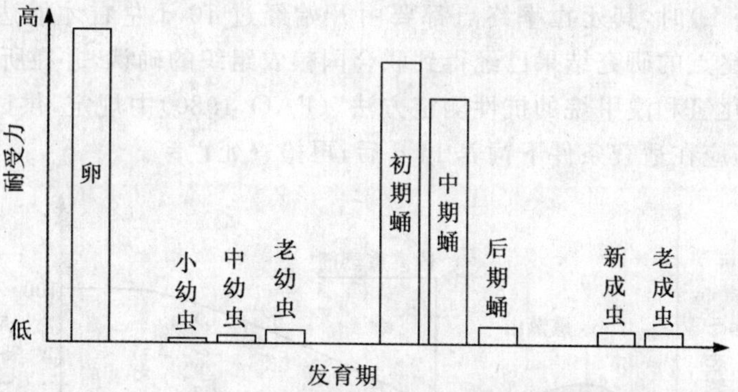

图 3-4　不同虫态对磷化氢的耐药力(Cytec,2000)

从图 3-4 也可以看出,同一虫期的不同虫龄对熏蒸剂的耐药力变化也是较大的。对于卵期,初生卵对熏蒸剂的耐力较大,到了发育后期其耐药力逐渐降低。幼虫的耐药力则随着虫龄的延长而增加。蛹期则出现前期和后期敏感,中期较为耐药。成虫随着虫龄的老化对药剂的敏感性增加。

害虫处于不同的生理状态,对药剂的敏感程度常有差异。如害虫在越冬期间呈休眠状态,其呼吸率和新陈代谢率都比较低,耐药力较强,而夏季耐药力较差。再如害虫处于饥饿状态时,体内营养物质已大量消耗掉,对药剂的抵抗力就相应下降。

一些病原微生物的菌核、孢子、菌瘿等对熏蒸也会有较强的耐受力。有害生物存在的状态也会影响到除害效果,如有的害虫在老熟期会吐丝结成茧网,并黏结粉

屑于其外，对熏蒸剂的穿透形成一定阻碍，从而影响除害效果。

3. 同种害虫不同品系对同一药剂的抵抗力不同

同一种害虫不同的品系由于长期生活在不同的地区或环境中，其接触某一杀虫剂的历史有所差异，以致在后来的熏蒸过程表现出不同的死亡情况，有的抗性品系的耐用药力会比同种的敏感品系大几十倍、几百倍，甚至上千倍，如现已报道有对磷化氢抗性系数达一百多倍的米象品系，也有抗性系数达近千倍的谷蠹品系。

4. 熏蒸的死亡率终点

Winks(1982,1985)证实，昆虫接触熏蒸剂引起死亡的最终结果并非熏蒸一结束就固定不变了，而是要经过一定时间后才能固定下来。接触熏蒸剂引起中毒的害虫个体，在一定时间内可能死亡，也可能恢复正常，害虫群体死亡率固定下来所需的时间叫死亡率终点(mortality end-point)。死亡率终点因虫种、品系和虫期而异。如经磷化氢处理的赤拟谷盗成虫，在浓度为 0.01～9.9 mL/L，Ct 值为 0.294～20.039 mL/(h·L)时，其死亡率终点都要由开始经过 10 d 左右才能达到(图 3-5)。关于死亡率终点的研究结果已经得到联合国粮农组织的确认，并在所推荐的"储藏物害虫对磷化氢和溴甲烷的抗性测定方法"(FAO,1980)中规定，供试害虫在用磷化氢处理后，应在适宜条件下饲养 14 d 后，再检查死亡率。

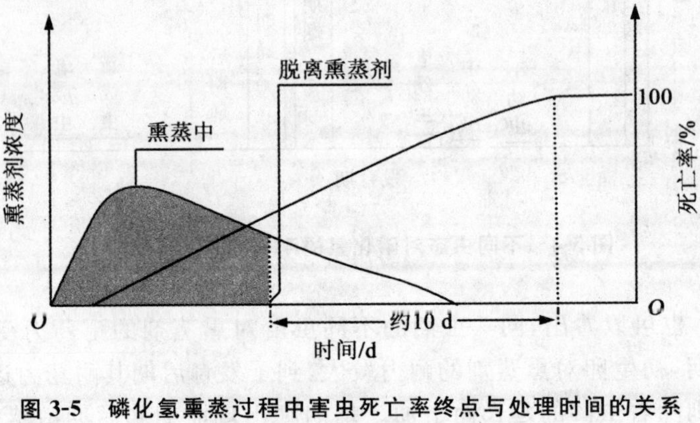

图 3-5 磷化氢熏蒸过程中害虫死亡率终点与处理时间的关系

第二节 常压熏蒸

在正常的温度和压力下对密封达到要求的场所采用不同熏蒸方法进行熏蒸处理的过程即常压熏蒸。进行常压熏蒸的场所包括专门的各种类型的仓房、专门的熏蒸室、熏蒸帐幕、船舱、集装箱、加工厂、密封后的土壤和苗床等。

一、常压熏蒸的一般过程

(一)熏蒸场所的环境要求

拟进行熏蒸的场所与居住区、办公区或牲畜养殖区要有一定的安全距离,一般要求要在 20 m 以上。船舶熏蒸时如货船是在锚地,也要在港口僻静处进行熏蒸。

(二)密封要求与处理

任何进行熏蒸的场所都要达到或经处理达到足够的气密性要求,尤其是采用如磷化氢这类需要长时间密闭的熏蒸剂更是如此。对于熏蒸仓房气密性的要求在世界上还没有统一的标准,不同国家的应用技术资料中的提法也不一样。如有的提出对于立筒仓要求用压力衰减法测定时,1 500 Pa 的半衰期应在 5 min 以上;有的建议用于气调的仓 500 Pa 压力半衰期(压力衰减一半所经历的时间)不小于 5 min;有的建议平房仓的 200 Pa 压力半衰期应在 12 min 以上;还有的专家提出对于不同的仓房规模,或同样的仓房空仓和实仓,或同样的仓房装满程度不同的压力半衰期要求应区别对待,如 250 Pa 的压力半衰期可为 3 min、6 min、10 min 等。我国对于储粮仓房要求为密封后用压力计和风机等以正压测定仓房气密性。空仓测试仓内压力从 500 Pa 下降到 250 Pa 的时间平房仓不少于 40 s,浅圆仓、立筒仓不少于 60 s。进行帐幕熏蒸时,采用五面或六面封的密封方式,或仓房内膜下熏蒸时采用负压测定气密性。压力从负 500 Pa 回升到负 250 Pa 的时间不少于 90 s。

如果熏蒸场所密封性能达不要求,应进行适当的密封处理。对窄缝和小洞可用糊封条的方法处理,也可采用乙烯基树脂塑料喷雾密封洞、缝隙或裂缝。对于大的裂缝、缝隙和孔洞可用浸以石油功机油的厚牛皮涂糨糊封。对于通风孔、门窗、风机孔和以上小的洞、缝隙或裂缝等均可以采用塑料薄膜进行密封。对于密封处理后气密性不是很好,又确实需要熏蒸时,为了保证熏蒸中气体浓度足够有效,要考虑必要的补充药剂的措施和技术。

(三)熏蒸剂的准备

根据待熏蒸的商品种类、拟防治的有害生物的种类、熏蒸过程需要的时间、熏蒸处理的条件等选择适当的熏蒸剂。

(四)施药前准备

根据熏蒸场所的容积计算用药量。由于商品及其包装占有一定的容积和有一定的吸附,要在此基础上适当增加施药量。如果场所密封条件不是足够好,还要考虑必要时的补充施药量。对于环境和商品温度较低、水分较大、商品吸附较强时,也要适当增加用药量。

要将熏蒸场所中可能被熏蒸剂腐蚀或破坏的设备装置移出或进行保护。有些药剂在施药前要在场所内预置适当的施药设备及其辅助装置。为了检测熏蒸过程中的熏蒸剂浓度,要设置必要的气体取样装置。对于低温条件下进行的熏蒸,要设置加温系统。加温系统可以是暖气、热水、热风或电加热或辐射加热。对于可能出现分层的熏蒸剂,在熏蒸场所内要考虑设置必要的气体混合装置,以防因熏蒸气体分层影响熏蒸效果。对于任何熏蒸场所除考虑密封外,还要考虑排气口以便熏蒸后的散气。

为了掌握熏蒸过程中的熏蒸除害效果,可事先设置必要的试样,以监测熏蒸中的除害效果和作为散气时间的依据。试样笼采用透气且防止有害生物如害虫进出的牢固容器和透气封口。试样的设置位置宜在方便取出的位置,且在取出试样时不影响正常的密封,设置的试样数量一般不少于3个。

在熏蒸前要检查货物的堆放情况,堆垛能尽量使熏蒸气体穿透货堆,并堆码整齐。帐篷熏蒸前还要在堆垛时防止货物伤及帐幕而影响到气密性。

(五)施药熏蒸

通过施药管道等施药时,施药点要均匀分布以使熏蒸剂在熏蒸场所内均匀分布。需要进入场所内施药时除注意人员操作安全外,还要考虑每个施药点的药剂量、施药点的间距等。

(六)熏蒸中的监测与管理

熏蒸施药后的一定时间后适当检测场所内的熏蒸剂浓度,必要时进行补充施药。对于熏蒸场所要监测是否有毒气外漏,发现漏气要及时采取补救措施。任何熏蒸都要在适当的地方设置警戒标志。

(七)熏蒸后的处理

根据一般的熏蒸作业程序或根据试样中的有害生物死亡情况确定散气。散气后对施药管道要妥善处理,药剂残渣按规定的要求进行处理。

二、仓房熏蒸

对于检疫熏蒸处理来说,在仓库内进行熏蒸的主要为对粮食的熏蒸处理,其他商品即使在仓库内进行处理一般也是分垛在密封的帐幕中进行。

(一)熏蒸前的准备

熏蒸前对拟熏蒸的商品有关的熏蒸情况进行了解,内容包括产品的种类、等级、水分、杂质、来源等。还要了解货物温度及其分布情况,以及发生的有害生物种类、密度、分布等。对熏蒸的粮仓密封条件进行了解或进行气密性测试。熏蒸仓内部是否有可能被熏蒸气体腐蚀的设备情况。拟熏蒸仓房的储存时间要远长于熏蒸过程所用的时间。

对于仓房下部施药时，每个房间内设置的气体取样点应不少于5个，即在仓房的四角和中央设气体取样点，气体取样点深度在粮面下30～50 cm。在粮面施药时气体取样点应设在粮堆下部，并注意粮堆上层、中层和下层的均匀分布。必要时在其他部位增设气体取样点。对于帐幕熏蒸时，由于帐幕通常规模较小，一般在密封环境的上、中、下层分别设置取气样点即可。

（二）施药

磷化氢整仓熏蒸可以采用磷化氢发生器或磷化氢钢瓶施药装置施药，或采用塑料薄膜缓法施药，或采用探管施药与表面施药相结合，或在仓内货物表面设置的药盘上施药。局部磷化氢熏蒸宜采用磷化氢发生器或磷化氢钢瓶施药装置施药，或采用探管法施药（此时要特别注意设置浓度检测装置）。

溴甲烷熏蒸都应在仓外施药。施药前要在粮面铺上麻袋或席，防止药液直接洒到粮食上。仓房要预先密封严密，仅留几个施药孔，孔的直径约5 cm。

溴甲烷施药时，工作人员必须戴好防毒面具和防护手套，把钢瓶上的螺旋开关反时针方向慢慢旋松，药剂即可迅速喷出，喷药时应注意均匀。为了控制施药量，一般在施药前将盛有药剂的钢瓶放在磅秤上，先称出总重量，减去所需重量（在关闭钢瓶过程中，还能多喷出0.25 kg左右，要在所需重量中减除），然后把游锤固定在标尺上。施药时，须有专人掌握磅秤和开、关钢瓶等工作。在标尺开始下降时，立即将开关按顺时针方向旋紧关闭，稍停1～2 min，使管内药液全部流出后，再把施药导管抽出，立即将施药孔严密封糊或夹紧。施药全部结束，应检查密封环境有无漏气，如有漏气现象，要立即采取密封加强措施。用过的导药管应放置于阴凉通风处，使残余毒气迅速挥发干净，并用清水洗净备用。

采用环氧乙烷熏蒸时因仓房条件和施药工艺的不同有所不同。在气密性很高的仓间一次施药时，一般先将仓房抽气达到一定的负压，再将药剂施入。还可以在负压程度并不高的（立筒）仓中从仓底部施药，监测仓顶的浓度，当熏蒸剂运动到仓顶并达到一定浓度时停止施药。

（三）熏蒸过程的监控

所有熏蒸都要设置浓度检测装置，用以监测熏蒸过程中密封环境内的有效浓度。熏蒸过程中要监测操作环境的熏蒸剂浓度，如超标及时采取防护措施。注意监测密闭环境的气体泄漏情况，发现漏气及时采取防漏措施。

熏蒸中要根据不同粮温、有害生物及发生状况、抗性等确定熏蒸过程应达到的最低浓度和计划密闭时间。密封熏蒸时间根据试样死亡的情况等适当延长，散气时间根据有害生物死亡情况确定。

磷化氢熏蒸过程应对施药装置、工作环境进行磷化氢监测，当环境中磷化氢浓度超过 0.2 mL/m^3 时，应采取安全防护措施。熏蒸中检测溴甲烷的时间因不同熏蒸期而异，熏蒸 6 h 时在施药后 20～30 min 检测和处理结束时检测，处理时间远大于 6 h 时，施药后 30～60 min 检测和处理结束时检测。各检测点浓度差别应在 15%左右。澳大利亚植物检验检疫部门(AQIS)指导的在施药后不同时间的浓度水平见表 3-4。图 3-6 列举了 AQIS 在采用 48 g/m^3 溴甲烷熏蒸时允许的浓度变化要求。

表 3-4 不同检测时间溴甲烷应保持的浓度

检测时间/h	浓度保持水平/%	检测时间/h	浓度保持水平/%
0.5	≥75	12	≥35
2	≥60	24	≥30
4	≥50	48	≥25

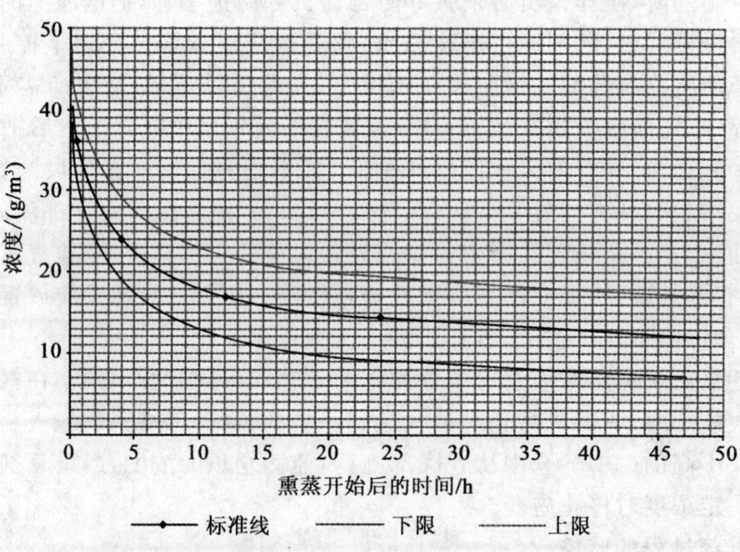

图 3-6 AQIS 要求施药后溴甲烷浓度随时间的衰减标准

(四)散气与效果检查

1. 散气

当熏蒸密闭时间达到设定时间或预期效果后即可散气。散气可采用自然通风散气和(或)机械通风散气。散气应从仓房外部开启门窗，先开启下风方向的门窗，后开启上风方向的门窗。浅圆仓应开启轴流风机。采用机械通风散气，散气时间一般为 3～5 d;采用自然通风散气,散气时间一般为 5～7 d。散气后,仓内熏蒸浓度降到安全要求以下时,人员方可进仓。散气期间应注意安全防护和防止外界有害生物感染。

2.熏蒸效果检查

熏蒸完成后应对商品中的有害生物进行取样检查,并与熏蒸前的发生情况进行对比分析。对于储粮害虫的熏蒸,在熏蒸前生虫部位随机取样 1 kg,在温度 25℃,相对湿度 75%左右和防止外来害虫感染的条件下放置 30 d,检查是否出现活虫。对于病原菌取样进行室内培养观察。

三、帐幕熏蒸

帐幕熏蒸(sealing sheet fumigation)是将一定浓度的熏蒸剂施入到用帐幕覆盖货物的密封场所并保持一定时间的熏蒸过程。这对于一定量的货物无需移动或改变其正常的流通途径即可进行熏蒸除害处理,具有很大的灵活性。在某些情况下,熏蒸和散气后继续对货物的覆盖可以防止外界有害生物的再感染和保护货物免受其他因素的影响。帐幕熏蒸场地要求避免日晒雨淋、能安全散毒、地面坚实、距离人们居住活动场所 50 m 以外的干燥地点。货物堆垛下、罩膜内无下水道或其他泄漏通道。对不符合条件的地面,应在货物堆放前,预先在地面上铺就不透气的薄膜。熏蒸时覆盖用的帐幕,必须具备良好的气密性。用聚乙烯、聚丙烯、聚氯乙烯或其他高分子材料制成的气密性薄膜,厚度为 0.18～0.22 mm。室外帐幕熏蒸应选择无雨,风力小于五级的天气,地面无积水,并使用防风网、防风固定绳等防风措施。

在室内进行帐幕熏蒸时可用聚乙烯或聚氯乙烯或其他复合的密封材料进行密封,密封的方式可以是顶部和四周的五面封,四边与地坪的接合密封可以用塑料管槽、专门的压槽、砂袋压边等。也可以采用六面密闭,六面密封时帐幕的四边和地面的帐幕接合可以用足够的裙边贴合卷起夹紧。室内帐幕熏蒸应选择易于散毒、便于操作、空间较大的场所进行。

在帐幕密封准备时要预留适当的施药口或预置施药导管,设置必要的浓度检测点和检测导气管。帐幕熏蒸时每个货堆(垛)设置气体取样点应不少于 3 个,即在堆(垛)的上部、中部和下部分别有代表性地设气体取样点,上部在堆(垛)顶部的中心部位,中部和下部在堆(垛)一侧的中间部位。气体取样点深入到货堆(垛)中 30～50 cm。必要时,在其他部位增设气体取样点;在熏蒸前设置试样,以监测熏蒸中的除害效果和作为散气时间的参考依据。

在覆盖密封帐幕前要将货物堆放整齐,避免尖角和突出物划破帐幕。帐幕熏蒸的地坪要进行适于密封的处理。长时间的熏蒸要有适当的防鼠措施。被熏蒸货物的堆垛不宜过大,要求堆放整齐、便于操作,货物堆垛间隔、周围通道宽应大于等于1 m。将被熏蒸的货物堆放在架空的托盘上,货物不宜压得过密过实。密封包装的货物应在包装前实施熏蒸,已实施密封包装的货物必须先拆除密封包装,再行熏蒸。

帐幕熏蒸的施药准备、施药过程、用药剂量、过程监控类似于仓房熏蒸。帐幕熏蒸采用药盘或挂施药袋施药。用磷化铝熏蒸要严防漏雨或帐幕内结露,以免水滴滴入药剂上引起火灾。溴甲烷帐幕熏蒸时要用低温熏蒸气化器,气化器是熏蒸剂气化的装置,最常见的气化器由铜管盘曲成螺旋状制成,通过高压软管连接在药瓶和投药口之间,并浸没在60～80℃的水浴内。施药管应采用不易被溴甲烷和硫酰氟腐蚀的高压氧气管。

四、熏蒸室熏蒸

有些情况下对于一些货物的处理可用专门的熏蒸室进行熏蒸处理。熏蒸室为有门的气密的房间。关上门后整个房间则处于适于熏蒸的密封状态。熏蒸室有足够大的空间以使货物方便堆放和进出。移动式的熏蒸一般可用轻型材料制作,如胶合板、具有支撑的软体密封材料等。熏蒸室应配备相应的通风排气装置、施药口、导气管等。

熏蒸室可以设在室外,也可以设在允许进行熏蒸作业的室内。设在室内的熏蒸室,应配备通风量或功率足够的排风扇或通风机,以便一边将室外空气吸入到熏蒸室内,一边再将经过熏蒸室的空气再排到外界。适宜的通风量应当在1～3 min将熏蒸室内的空气全部交换一次。如熏蒸旁边有居室或办公室,则应将排气管安装高过房顶,或距邻近的建筑物4 m以上的距离,以免毒气从门窗等侵入人居室内。

一般的常压熏蒸室配置的用于混合熏蒸剂和空气的风机要能满足使熏蒸室内空气每分钟交换一次。对于类似氢氰酸一类具有宽燃烧界限的熏蒸剂,采用的风机的电机要防爆密封,最好将电动机安装在熏蒸室外,风扇轴通过墙上的密封装置将风扇部分插入室内。

为了在环境低温时期也能进行熏蒸,一般熏蒸室内加装加温系统。采用暖气或热水加热,可将其通过熏蒸室内墙的两对面的管道加温。也可采用有鼓风机的加热设备,这样可以在熏蒸过程中兼营起到循环气体的作用。采用电热器或辐射加热器时,要防止灼热的电热丝与熏蒸剂接触。

熏蒸室熏蒸施药时,气体熏蒸可在室外通过导气管施入,对于像氢氰酸和溴甲烷这类熏蒸剂采用加压压入熏蒸室中特制的金属蒸发浅盘内较为合适。金属蒸发浅盘悬挂在熏蒸室内货物上部的天花板上，以便在风机的循环下加快药剂的蒸发和分布。

直接施用液体熏蒸时，可用量杯或其他计量手段定量后将药液倒入近门处的小蒸发浅盘内。对于不燃烧的药剂，在熏蒸密封后可以利用小的全封闭式电热器或电灯泡加热金属蒸发浅盘，加速药剂蒸发。

熏蒸过程中同其他场所的一样，要设置应有的安全警戒标志，同时设置必要的温度监测、浓度检测、试样检查等手段。

五、加工厂熏蒸

加工厂的熏蒸采用将建筑物各处密封后施药的方式进行熏蒸处理，但这对于许多加工厂来说进行密封处理的工作量是巨大而且费用很高。比较而言，用帐幕将整个建筑物覆盖起来密封熏蒸则相对较为容易。在美国、加拿大等用帐幕密封整个建筑物，用溴甲烷熏蒸大型加工厂、粮食立筒库和一般仓库的应用。此方式尤其对于建筑物内有蛀木材的害虫时更具优势。熏蒸大型建筑物或加工厂所用的帐幕要能够适应由高处覆盖并能经受相当大风力的要求。如帐幕边部的密封需要用加夹板的方法处理。

对于多层建筑结构的加工厂熏蒸时，应事先绘制一张工作执行图，将每个人的工作职责、行动内容、药剂位置与数量、施药口或施药点、进出口、楼梯、门、转弯处、行动路线与方向、操作顺序等标注，使每一个工作完全清楚全部的熏蒸方案与行动。施药过程应当先从建筑物高处开始施药，有地下层的加工厂，应将地下层的施药放在地面层前面。对于比空气重的熏蒸剂如溴甲烷施药时，地面层可不施药，并对上部施药后的空间用风扇进行混合或环流，以促使气体分布均匀。地面层施药在建筑物内其他部位施药完毕且人员全部撤离后再进行。在进行正式施药前，要进行一次完整的演练。对于加工厂的大规模熏蒸施药时，最好将操作人员分为两组，一组进行正常操作，另一组作为机动，以防当第一操作人员发生意外时，另一机动人员可以陪至室外或呼救。正式投药前要由熏蒸负责人等对车间内第一处进行巡视，检查准备工作就绪情况，并确认无人方可。

加工厂建筑内施药时用药量的计算以整个建筑物内部总容积计，不应该再把货物和机械设备等所占空间并入计算。对加工厂熏蒸处理时要清除所有可能性的火源，关闭所有的电器电源。

加工进行熏蒸期间，所有可能进入现场的入口处都要设置警戒标志，设置的警戒牌要字迹清晰，字长至少 5 cm，写明危险、毒气熏蒸或有毒等字样。熏蒸期间要定期检测有无毒气漏出，如有问题及时补救。对于密封环境内也要进行浓度检测，发现任何一点熏蒸剂浓度降到设定浓度以下时，都要补充熏蒸剂。

对加工厂熏蒸后散气时，先开下风处的门窗，再开上风处的门窗，可充分利用顺风方向的前后门窗，以产生强烈的穿堂风，加快毒气的散去。房顶等处的通风孔洞则可在大规模散气后打开。要等检测建筑物内毒气达到安全水平时人员才可进入。

加工厂内熏蒸中存有较多吸附性较强的物料如面粉、粗粉、麻袋等时，散气工作要适当延长。如果散气中空气温度较低，散气一段时间后又关闭建筑物，当温度回升后吸附于这些物料中的毒气会较多地进入空间，影响环境内的安全。一般是在关闭建筑物，并加温到 24℃以上 2～3 h，然后再重新散气。必要时这样的过程需要重复 2～3 次。

六、集装箱熏蒸

熏蒸前首先要检测集装箱的熏蒸气密性，确定箱体有无明显的破损或漏洞，是否适合熏蒸；箱内货物有无不透气的包装材料，集装箱的装载量不超过其总体积的 80%。利用测温仪器测定熏蒸密闭空间内的温度，确定熏蒸剂量和熏蒸密闭时间。密封集装箱时，首先用胶粘带密封集装箱的前后通气孔，然后检查集装箱门的密封条是否完好，门的四角及中缝是否压封严实；如不严实，应用胶带密封。在集装箱上张贴警戒标志。

采用溴甲烷或硫酰氟熏蒸时，要在集装箱密封完成后，依据熏蒸方案确定投药量，在箱门缝顶部中央通过导气管和专用“气针”准确投药。投药人员佩戴好防毒面具和手套等防护用具，将钢瓶阀门慢慢打开，投药速度控制在每分钟 1～2 kg。投药结束时间作为熏蒸正式开始时间。用磷化氢熏蒸的投药时，按照熏蒸目标对象、设定浓度、计划的熏蒸处理时间等先计算好用药量，并将所需的磷化铝制剂平均分装于数个盛药盘或盛药袋中，然后将这些盛药盘或盛药袋均匀布放于货物表面或集装箱内前后壁上；放好药盘(袋)后关闭箱门并密封集装箱。也可采用磷化氢发生器进行投药或采用钢瓶装的磷化氢气体施药。密封完成时间作为熏蒸开始时间。

熏蒸过程中要检测熏蒸剂的浓度，根据不同目的选用不同检测仪器。溴甲烷气体浓度检测管：检测范围 5～50 mL/m^3 和 10～100 g/m^3；磷化氢气体浓度检测管：检测范围 1～50 mL/m^3 和 100～2 000 mL/m^3；热导式浓度检测仪：灵敏度不低于 1 g/m^3。用于溴甲烷和硫酰氟气体浓度的检测；气相色谱仪：检测精度为 0.1 mL/m^3；微量气体浓度检测仪：检测精度为 1 mL/m^3。用溴甲烷或磷化氢气体浓度检测管检测时，将检测管的两端打开，一端接采样管，另一端接采样泵或取样器，确认连接无误后按照使用说明规定的抽取次数抽取气体，放置一定时间后读取浓度值。用热导式气体浓度检测仪或电子气体检测仪检测时，按照规定检测时间在现场将进气口接采样管，出气口接回到要检测的集装箱中，待读数稳定后记录检测值。用色谱仪检测时，按照规定检测时间用采样泵抽取气体样品装入气袋，带回实验室内进行检测，并分别记录检测值。

集装箱熏蒸时对其中熏蒸剂浓度的检测可按不同的时段进行了。投药后30 min的浓度检测应检测集装箱内已提前布好测毒采样管的3个点（箱门内上部、箱中部和箱内底部）的浓度值，这三点的浓度值误差不大于±5%，如果误差大于 ±5%，就需要排空熏蒸剂重新熏蒸；此时箱内的药剂浓度应在投药剂量的78%以上；磷化铝制剂施药熏蒸时不进行投药后30 min的浓度检测。投药后24 h的浓度检测检测箱门内上部一个点，此时的浓度值应不低于投药剂量的50%；超过24 h熏蒸散气前的浓度检测检测箱门内上部一个点，此时的浓度值应不低于投药剂量的30%。

采用不同熏蒸剂的效果评价方法有所不同。对于溴甲烷和硫酰氟，符合散气前规定的最低浓度值的，进入散气程序。散气前规定的最低浓度值减去实际浓度值≤5 g/m^3，延长熏蒸时间8～12 h。散气前规定的最低浓度值减去实际浓度值在5 g/m^3 以上的，应按下面公式补充投药，并延长熏蒸时间12～24 h。

$$A=\frac{BKC}{1\ 000}$$

式中：A是补充投药量，kg；B是低于所要求的最低浓度数，g/m^3；K是系数（木包装2.0，其他货物1.6）；C是熏蒸空间的体积，m^3。施用磷化铝熏蒸时，散气前磷化氢的浓度检测值低于规定的最低浓度值时，应重新熏蒸。

熏蒸后通风散气时，熏蒸操作人员戴好防毒面具，将集装箱门打开，并将通风孔的胶条去掉，持续自然通风12～24 h，或采用机械通风4 h以上。集装箱门打开后应设立警戒标志并由专人值守，严防无关人员进入。磷化铝熏蒸的，通风结束后，应将磷化铝的盛药盘或（袋）及时取出，并将残渣深埋。

通风结束后，按照有关进口国家或地区的要求进行熏蒸密闭空间内的残留药剂浓度检测，达到要求后方可放行，否则要延长通风时间至符合要求为止。检测方法为检测人员戴好防毒面具，使用微量气体浓度检测仪或检测管直接进行检测，并记录读数。或检测人员戴好防毒面具，利用气袋在现场取样，然后带回室内用气相色谱仪进行检测。要填写详细记录，出具熏蒸结果单。检疫处理集装箱的熏蒸依据为 SN/T 1124—2002《集装箱熏蒸规程》。

七、船舶熏蒸

通常船舶熏蒸使用的药剂有溴甲烷和磷化铝（磷化氢），船舶空舱熏蒸也有用硫酰氟的，船舶空舱有时可用敌敌畏。实际熏蒸过程中，有些进口国或签订的贸易合同可能会指定使用某种熏蒸剂的用量和密闭时间，操作中应严格遵照其要求。

船舶货舱熏蒸处理的标准是发现有危险性害虫，或一般性害虫（成虫或幼虫）数量超标或船方有要求，或贸易合同中有检疫条款规定，或双边协定有规定。熏蒸时须区别所处理货物是袋装还是散装。袋装堆码时要预留适当大小的通风天，每个舱的不同层面设置采气管以便检测浓度。密封完毕后施药，磷化铝投药前须先开启舱扇。投药在货物表层进行，熏蒸气体通过通风井下沉扩散到货物的各个层面。散装货物如粮食和饲料熏蒸中，使用溴甲烷熏蒸时则在装完货后要打入适当深度的施药管（中间垂直打，靠舱壁应适当向内倾斜）或在装载同时埋设侧壁开孔的投药管。使用磷化铝则须使用深层分解式投药装置，气体取样导管与打入货物内不同深度的施药管相连，以便检测货物不同深度内气体浓度。

船舶库房熏蒸，因管道复杂、有中央空调或位于船底层不便于熏蒸处理且又无其他有效处理措施的，可对重点感染害虫货物采取焚烧或冷冻（－18℃，24 h 以上）处理或塑料袋熏蒸，并对环境进行防疫除虫处理。

船舶空舱熏蒸是对船舶的生活区或空货舱进行的熏蒸。熏蒸前对生活区内的门窗、管道、通风口等进行密封，根据船体生活区结构及病、虫、鼠的分布施药。可采用溴甲烷或磷化铝（投药后密闭舱盖）等熏蒸。对感染一般性害虫数量较少的生活区、货舱结构简单的船舶，也可采用菊酯类杀虫剂喷洒气雾除虫处理，喷药后要关闭舱盖，或辅助以烟雾剂除虫、生物或化学缓释剂除虫。

船舶空舱熏蒸时采用密封材料和技术对入孔、风筒、舱盖、舱门以及与熏蒸舱相通的管道、阀门、通道等部位进行密封，密封完毕后采用风机向舱内加压到 2 500 Pa 以上，用压力计、胶管等检测舱内压力从 2 500 Pa 降到 1 250 Pa 所需时间即气密性半衰期应不少于 15 min。

按船舶的停留和运行状态，船舶熏蒸有在港内固定地点的在港熏蒸和大部分时间在航行中的随航熏蒸。在港熏蒸时，密封、施药、密闭熏蒸、散气等都在港内完成，熏蒸中放置试虫样，在散气前检查杀虫效果，试虫样全部死亡后才可散气。熏蒸中要全过程实施监管。船舶装载货物后需在港口进行熏舱作业的，船方应当在作业的 48 h 前向海事局提出书面申请，经审核批准后，方可在指定的地点进行作业。应采取严密的安全措施，并应悬挂港口规定的信号。不按规定悬挂信号，或不在港监机构指定的地点进行熏蒸，对违法船舶和违法人员可视情节给予处罚。

随航熏蒸时，在密封、施药、适时监测（检测）后保持密闭熏蒸状态，在离港后的运输途中散气。随航熏蒸时，检疫人员对密封、施药、检测进行监管，在施药后监测无异常情况方可允许船舶离港。如通常的磷化铝熏蒸时，一般驻船熏蒸人员和监管人员在投药 4 h 开始检测，以后须每 2 h 对船舶可能泄漏的部位进行检测（如船员房间的线道及开口管道、机舱管线道、驾驶台、舱盖等部位），监管 24 h 后如无泄漏，船舶可离港。配套给船方 2 套以上的防毒面具及足量检测用品，培训船员学会使用防毒面罩、浓度检测、如何散毒、处置磷化铝残渣以及中毒、起火等应急措施与随航熏蒸过程中的注意事项。根据需要检疫人员有时随船继续监管熏蒸过程，直至散气完毕，抵目的港后另行返回。密性要求更高。随航熏蒸时掌握熏蒸密闭的持续时间也很重要。投药、密封等操作结束后，整个随航熏蒸工作要延续需在航行中完成。要告知船方以药物名称、施药量、密闭时间、散气时间和方法、生活区和机舱的安全浓度检测方法等。特别是对韩国、日本出口粮谷的随航熏蒸，因路途近航行时间达不到熏蒸要求的时间，更应注意与船方交代清楚，否则船方急于靠泊卸载，提前开舱散毒，很难保证熏蒸效果。

船舶熏蒸前要填船舶熏蒸作业申请表，表中涉及内容包括载货品名、数量、离港时间、船舶所有人、熏蒸原因、熏蒸方式、投毒时间、投毒地点、散毒时间、散毒地点、天气情况、安全措施等内容。

八、饲草熏蒸

对于输韩国饲草目前采用福尔马林熏蒸处理，要求包装前在高于 19℃ 密闭室内用 35%～40%福尔马林溶液产生的甲醛熏蒸 8 h 以上。设施中应配备用于杀菌的自动温度控制系统和设备。从原料处理到装箱的操作步骤应设计成单向进行。原料草储藏区、消毒区和消毒后的加工区应彼此隔离，各区应有自己的出入口、更衣室和卫生间。熏蒸用福尔马林必须是正规生产厂家生产的有标明浓度标签的尚未开封的产品，严禁使用已开封的福尔马林进行熏蒸。熏蒸结束后，检验检疫人员检查原料口和成品库通道的封识是否完好。熏蒸后饲草可移入成品库，将标记的检验样品从成品库的装箱通道取出，在光线充足的地面上铺上 2 m^2 白色塑料布，将每捆样品在塑料布上墩摔 3 次，检查墩下物中是否有活虫、土壤、偶蹄类动物性污染物，必要时可以割开草捆检疫。检疫后的样品不得转入成品库，如未发现活虫，视为检疫合格；如发现活虫，则整批饲草视为植物检疫不合格，须再做磷化氢或溴甲烷熏蒸或禁止出口。检验检疫人员检验完毕后填写“输韩饲草熏蒸记录表”并签字。

九、其他处理技术

毒签是针对蛀干害虫在树干上留上蛀孔后采用的一种施药方法。一般是将磷化铝或磷化锌(zinc phosphide)装于透气的药签内，当药签插入蛀孔后，其中的药剂吸收水气施出磷化氢，磷化氢气体再通过蛀孔运动后通过害虫呼吸系统进入虫体从而将害虫杀死。磷化铝毒签一般适于防治幼虫，特别是 2 龄幼虫或者说在成虫羽化前防治最为有效。插毒签时先用锥子在虫孔处扎眼，再插签，后封泥，以固定和封闭毒签，增强药效。一般先修枝再施药插入毒签可以起到事半功倍的效果。插签时要从上到下，虫孔一个不漏。并戴手套和防毒器具，以防中毒。

刘令智(2004)曾介绍毒签制作方法与步骤如下：第一步，化胶，水(热水)∶桃胶(阿拉伯胶)＝8∶6。第二步，配制磷化锌胶液，胶∶磷化锌＝5∶2。第三步，磷化锌胶液蘸取，在竹签端部 2 cm 长度蘸取胶液。第四步，将磷化锌签晾干。第五步，配制草酸胶液，胶∶草酸∶酒精＝5∶3∶2。第六步，草酸胶液蘸取，磷化锌签黑色药端表面包裹酸胶。第七步，熏蒸毒签晾干。第八步，毒签制作完成后，进行检查，毒签药端必须包裹均匀，干燥充分。第九步，毒签封装，包装必须密封，防止受潮。磷化锌毒签制作时，先按药胶液配方(磷化锌 11％、阿拉伯胶 58％、水 31％)将水和胶放入烧杯中，水浴加热到 80℃，待胶溶化后加入磷化锌，拌匀后即可使用。后按酸胶液配方(草酸 10％、阿拉伯胶 56％、水 34％)将水和草酸加入另一烧杯中，水浴加热待草酸溶解后，加入阿拉伯胶溶化后，拌匀即可使用。再用竹签(长 7～10 cm、直径 0.1～0.2 cm)先蘸磷化锌胶液，药长 2 cm，倒置 2～4 h 阴干后，再蘸草酸胶液包于外面，倒置阴干即成。然后将毒签密封防潮，放在阴凉干燥处备用。

插签方法为先用无药的一端探明蛀孔的方向、深度、大小，后将有药的一端插入蛀孔内，深 4～6 cm，每蛀孔一支。插入签后用黄泥封口，以防漏气。

使用毒签防治园林树木蛀干害虫，用于五年生以下幼树较好。若树木过大，蛀孔太高，就不易被发现，容易漏治，给防治工作带来一定困难。春、夏、秋三季幼虫活动期，均能按此法进行防治(刘令智，2004)。

在对木质包装材料的检疫处理上，世界贸易组织(WTO)卫生及植物卫生措施委员会要求采用《国际植物保护公约(IPPC)》植物检疫措施临时委员的《国际贸易中的木质包装材料管理准则》的国际标准。该国际标准要求所有进境木质包装必须按照 IPPC 准则进行热处理或溴甲烷熏蒸处理，并且加贴 IPPC 标志。

常压下对进出境木质包装进行溴甲烷熏蒸处理时，按表 3-5 标准要求进行。最低熏蒸温度不低于 11℃，时间不少于 16 h。

表 3-5　常压下溴甲烷熏蒸处理标准　g/m³

温度/℃	剂量	最低浓度要求			
		0.5 h	2 h	4 h	16 h
≥21	48	36	24	17	14
≥16	56	42	28	20	17
≥11	64	48	32	22	19

对于来自松材线虫疫区国家或地区的针叶树木质包装暂按照表 3-6 的要求进行溴甲烷熏蒸处理。在表 3-6 中，要求最低熏蒸温度不应低于 11℃，熏蒸时间最低不应少于 24 h。松材线虫疫区包括日本、美国、加拿大、墨西哥、韩国、葡萄牙及中国台湾、香港地区。例如，对于受松墨天牛为害的松原木、木制品，可将其运往空旷地带垛成堆，用农用薄膜将其覆盖严密，向里投放溴甲烷 15 g/m³ 进行密闭熏蒸三昼夜，以杀死木材内的松墨天牛幼虫(付贵友等，2005)。

表 3-6　中国对来自松材线虫疫区国家或地区的针叶树木质包装溴甲烷熏蒸要求　g/m³

温度/℃	溴甲烷剂量	24 h 最低浓度要求
≥21	48	24
≥16	56	28
≥11	64	32

中国香港特别行政区政府渔农自然保护署列举了一些国家对木材采用溴甲烷熏蒸的剂量要求，参见表 3-7。

溴甲烷熏蒸处理进出境木质包装应具备经检验检疫机构考核合格的熏蒸队伍或签约委托的经检验检疫机构考核合格的熏蒸队伍。熏蒸库应符合 SN/T 1143—2002《植物检疫简易熏蒸库熏蒸操作规程》的要求，密闭性能良好，具备低温下的加热设施，并配备相关熏蒸气体检测设备。要具备相应的水泥硬化地面周转场地和配备足够的消防设施及安全防护用具等。

熏蒸之后货物必须充分散气，残留毒气浓度必须降低到职业安全与健康规定的有害水平之下，确保货物装卸前毒气浓度低于规定水平，确保货物安全使用、储存和运输。

表 3-7 一些国家木材溴甲烷熏蒸剂量要求

国家	处理时温度/℃	溴甲烷剂量/(g/m³)	熏蒸时间/h	防治对象/商品
澳大利亚	≥21	48	24	高风险检疫害虫/实木包装材料与加工木材制品
	16～20	56	24	
	11～15	64	24	
	6～10	72	24	
	1～5	80	24	
巴西	≥21	80	24	光肩星天牛 *Anoplophora glabripennis* (Motschulsky)/ 实木包装材料
加拿大	≥21	48	16	光肩星天牛与木材害虫/木制包装材料
	4.5～20.5	80	16	
	≥21	48	16	木材害虫/附有树皮的木和木制品及竹器制品
	16～20.9	56	16	
	10～15.9	64	16	
欧盟	≥21	48	24	松材线虫 *Bursaphelenchus xylophilus* (Steiner & Buhrer)/ 针叶树树木制
	15～20	56	16	
	10～14	64	24	包装材料
新西兰	≥10	80	24	木材害虫/木制品及林木产品
		240	24	木材害虫/铁路枕木、木杆、木桩
	≥21	48	24	木材害虫/竹器、藤器与树皮等制品
	16～20	56	24	
	11～15	64	24	
	6～10	72	24	
美国	≥21	48	≥16	光肩星天牛与木材害虫/实木包装材料
	4.5～20.5	80	≥16	

第三节 环流熏蒸

环流熏蒸是指在密封环境外部或内部配置环流导管道、环流风机等配套装置，使熏蒸气体通过风机的作用经商品堆垛、密封环境内空间以及风机形成闭合环流熏蒸回路，熏蒸药剂在封闭的状态下借助环流风机所产生的动力，达到分布均匀完全杀死害虫的目的。

环流熏蒸杀虫技术的研究与应用始于20世纪初。Moffett(1927)研究氢氰酸气体的环流熏蒸并获得专利。美国、法国等在二三十年代用溴甲烷进行环流熏蒸杀虫。Phillips(1955和1957)进一步改进了环流方法,使之更具有商业应用价值。Shedd等(1953)提出有关粮堆中气流的准确测定方法和环流熏蒸系统的设计资料,促进了环流熏蒸理论和应用的研究。70年代后期,Cook利用低风量的风机和通风管道系统进行使用磷化氢的商业熏蒸,1980年申请了专利。中国粮食储藏行业在国家粮食储藏过程中处20世纪70年代也进行了不同形式环流熏蒸尝试,但因种种原因而发展过程缓慢。

以往国内外用于环流熏蒸的杀虫药剂主要有溴甲烷、氯化苦、氢氰酸、二氯乙烯、二硫化碳、四氯化碳、磷化氢等。其中以溴甲烷环流熏蒸应用较多,由于熏蒸剂之间性质的差异,环流熏蒸的技术参数也不相同。磷化氢气体在一定的流动状态下,气体紊流容易导致燃爆,具有一定的危险性。Monro(1969)指出磷化氢气体有爆炸的危险而不能用风机进行环流,国内的有关教科书以及FAO选编的有关文集中也都明确写明:产生磷化氢气体的药剂,都不能进行环流或经受强力分布,或采用循环熏蒸或用机械通风方法处理,强调了用磷化氢气体进行环流处理的危险性。Cook和Boland等(1984)叙述了筒仓磷化氢环流熏蒸的方法。进入20世纪80年代后,我国一些地方也进行了以磷化氢为熏蒸药剂的小风量环流熏蒸方式的探索,取得了良好的进展,但由于当时检测手段不配套,没有得到深入研究、总结和推广。1998年中国政府斥巨资建设了大批的国家粮食储备库,全面配套了磷化氢环流熏蒸装备,使得磷化氢环流熏蒸技术得到了大面积推广应用。

一、磷化氢环流熏蒸

磷化氢环流熏蒸主要适用于仓房内的熏蒸除害处理,也有在露天堆垛进行相对较小批量的磷化氢环流熏蒸处理。从环流管道安装位置和形式可有仓外环流固定管道、仓外环流移动式管道、仓内膜下环流几种形式。仓外环流管道主要是环流熏蒸系统中的管道和风机安装在仓房外的形式。根据风机和管道布置的形式又可进一步分为固定式环流管道和移动式环流管道和风机。固定式环流管道(和风机)是环流管道固定在仓外墙壁上,风机位于环流管道的主管(回流管外),从由风机出口的主管分别通过支管与仓房的通风地槽或通风道相连,在各分支管上分别设有风量检测孔和风量调节阀,用以调节平衡各分支管道中的气体流量。移动式环流管道是指环流管道的一部分安装在仓墙上,而大部分管道和风机则为移动式,为即用即安装的工作方式,可以做到一机多用,节省设备投资。移动式环流熏蒸中所用的风机通常为增加了一定附加功能的环流分配器,该环流分配器除了设于其中的环流风机外，还有便于气体分配的机箱体、气体分配器，便于流量调节与控制的流量计（有的用压力表）和配套阀门，以及施药孔和自动控制系统等。仓内环流管道是指环流管道的一部分安装在仓内，而环流风机一般设在仓外的设置形式。这种形式中所设的环流管道固定在仓内，装粮后出粮前一般不能再行移动，比较适合于房式仓的膜下环流熏蒸。而实行膜下环流熏蒸后，对仓房上部的气密要求也相对宽松一些。

在磷化氢环流熏蒸中，风机是促使仓内熏蒸气体强力运动进而均匀分布的动力源，为了防止磷化氢气体燃爆问题，必须采用小风量环流，这是安全进行环流熏蒸的一个关键。用于磷化氢环流熏蒸的风机单位通风量根据国内环流熏蒸经验，单位通风量为 0.40～0.46 $m^3/(h \cdot t)$，足以维持毒气的均匀分布。对于特大型立筒仓来说，由于截面较小，单位通风量取小值，则气流穿过粮层的表观风速并不小，因此该值可取至 0.2 $m^3/(h \cdot t)$，仍能维持毒气环流与均匀分布。配置小功率防爆风机是安全进行环流熏蒸的一个关键。为避免形成高浓度和低压力的情况，风机工作方式应使熏蒸气体能在仓内分布速度快、在尽量短的时间内分布均匀、仓内各部位都能达到和保持有效等。风机安装的部位要使熏蒸气体先进入粮堆，然后再经过风机环流。严防磷化氢气体浓度过高而引起燃爆。采用小风量、低剂量环流熏蒸，使风机正确的方式运转，对防止磷化氢燃爆、促进气体有效均匀分布具有重要作用，在实际操作时应给予足够的重视。GB/T 17913—2008《粮食仓库磷化氢环流熏蒸装备》中要求，环流熏蒸中的风机要采用具有防泄漏、防爆（不含电机）和抗磷化氢腐蚀性能的粮食熏蒸专用离心风机。

采用磷化氢环流熏蒸时，所用气体可以使用在仓外已备好或发生好的气体，也可使用磷化铝片剂在仓内或环流管道内或通风口处潮解发生，或将磷化铝或其他产生磷化氢的药剂施于粮堆表面。在我国新建大型平房仓和浅圆仓的熏蒸工艺要求中，所设计的磷化氢来源为磷化氢发生器发生磷化氢再混合以二氧化碳气体，或者采用钢瓶装磷化氢和二氧化碳气体，以及与之相配套使用的辅助仪表和连接管道，也可以在保证安全使用的前提下采用其他施药方式。

磷化氢环流熏蒸系统还包括用于熏蒸过程中粮堆和施药环境中磷化氢气体浓度的检测装置。该装置由气体取样装置、检测仪和报警仪组成。

磷化氢环流熏蒸及施药的方式要根据的货物情况、设施配套情况、仓房及其环境情况来确定。如采用仓外磷化氢发生器施药，整仓环流或膜下环流熏蒸，或磷化氢钢瓶施药装置，整仓环流或膜下环流熏蒸；粮面上磷化铝或粮堆埋藏磷化铝施药，整仓环流或膜下环流熏蒸；或采用其他施药方法进行磷化氢环流熏蒸，但要确保熏蒸操作和熏蒸环境的安全。在确定用药量时，根据设定的熏蒸浓度，并要考虑粮堆吸附、仓房泄漏等因素，选定初次用药剂量。

我国对于新建的中央直属粮库磷化氢环流熏蒸的要求是应符合《磷化氢环流熏蒸技术规程》中的有关要求。即粮仓密封后，用测压计及通风机以正压测定粮仓气密性。仓内压力由 500 Pa 下降到 250 Pa 的半衰期平房仓不低于 40 s，浅圆仓、立筒仓不低于 60 s。如果粮仓气密性达不到要求，可采用塑料薄膜密封粮面，在薄膜下面设置回风道或管路，使薄膜与粮面之间形成一定空隙，进行环流熏蒸。

在密闭期间环境内磷化氢气体浓度得到有效的保持，杀虫效果才会好。如果施药后在还未达到预定的密闭时间毒气浓度已降到了有效浓度以下，难以保证熏蒸杀虫效果。在此情况下应及时检查仓房漏气情况并加以补救，进而补充熏蒸气体。所以，磷化氢环流熏蒸中所用的药剂量或剂量不应是一个固定值，而受仓房密闭条件、商品品质与种类、害虫情况等而不同。

常规熏蒸仓内表面投药时，由于磷化氢气体容易向空间扩散，常导致空间浓度过高，而粮堆内有的部位浓度过于偏低，使得仓内最高最低浓度相差甚大，即气体分布的均匀性特别不好。即使在使用磷化铝熏蒸中采用探管或埋藏法，粮堆中的气体分布也不容易达到较好的均匀性。在这样的熏蒸过程中，仓内磷化氢最低与最高浓度的比值不应小于 0.25，这就要求在熏蒸过程中对仓内可能会出现最高和最低浓度的部位都要进行浓度检测。这里用 0.25 的临界比值确定大致的分布均匀性，暗示着在密闭环境中避免了浓度过高的（药剂无效利用的）区域，也减少了可能使害虫存活的浓度过低的区域。

在环流熏蒸中，在施药剂量充分的前提下，仓内最低、最高浓度比值小于或接近 0.6 时，应及时开动环流风机进行强力环流以促使气体分布均匀。根据目前新建粮库的实际环流熏蒸的应用情况看，一般当仓内磷化氢气体环流均匀后，最高最低浓度的差别也是很小的。

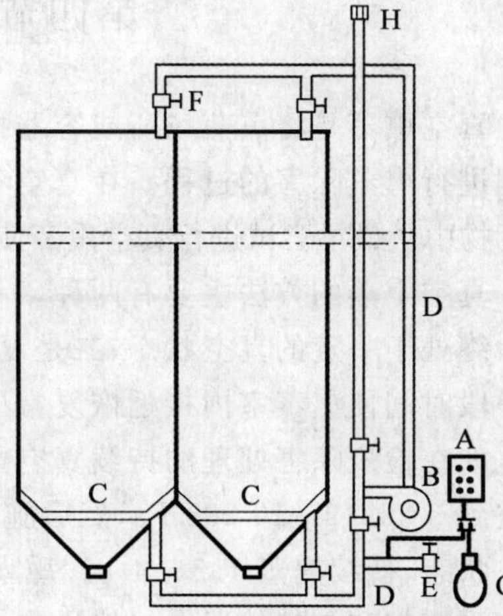

图 3-7　筒仓中溴甲烷的固定环流熏蒸装置

A. 控制箱　B. 环流风机　C. 仓底环形风道　D. 环流管　E. 新鲜空气入口　F. 阀门　G. 药源　H. 排气口

二、溴甲烷环流熏蒸

在具备一定密闭条件的仓房或密封场所可以用溴甲烷进行环流熏蒸，其环流熏蒸系统固定装置如图 3-7 所示。也可采用移动式的环流熏蒸装置溴甲烷环流熏蒸,只是使通过货物堆的熏蒸气体返回到环流风机,以使其循环均匀和快速分布。如在已有的筒仓通风系统中,溴甲烷的环流熏蒸可以通过下述方式实现:

(1)准备可移动的软导管,用一根特制导管把软导管在末端连接锥斗内通风管并联结顶端。特制导管穿过入孔或其他开口到仓的顶端。可移动导管和上面导管可移至需处理的任何仓内。

(2)在用几座邻接仓的情况下,可将一条金属导管作回路,通过顶部和底部的支管联结需处理任何仓。

(3)一间空仓如果适当地同邻接受虫害的仓相连,可起回路管道的作用。但是利用这间空仓,就需要另外增加熏蒸剂的量,以使整个系统中都保持足够的浓度。

(4)两间装满粮食受虫害的仓可相连同时处理,可把熏蒸剂引下去通过一间仓,然后再引上去通过另一间仓。

在没有现成的通风装置时,可用一面多孔板代替卸料口的门,一根导管从这面多孔板通到鼓风机,一根导管或软管通到仓的顶端,这杆就形成了循环。这种结构的静压很可能高,但是可以准备一个有足够功率的可移动的鼓风机。

除磷化氢、溴甲烷外,其他一些在环流条件下使用安全的熏蒸剂也可进行适当条件下的环流熏蒸,如氢氰酸、二硫化碳等。

第四节 真空熏蒸

真空熏蒸是将熏蒸场所或容器抽出一定量气体并达到一定真空度后再导入熏蒸剂进行熏蒸除害的过程。在真空条件下熏蒸剂可以比常压下更快地扩散和穿透到货物中。最早尝试进行真空熏蒸使用的熏蒸剂为氢氰酸,以后扩展到其他熏蒸剂。

真空熏蒸的方法主要有两种,一是持续真空熏蒸,即在整个熏蒸过程中熏蒸室内始终处于一定的真空状态;二是复压真空熏蒸,即在施药的同时或在施药以后经过一段时间使熏蒸室内接近恢复常压。

如在检疫除害处理的持续真空熏蒸中,有的是将装载货物的熏蒸室密封后抽真空到 3 332.5～19 995 Pa,然后施入熏蒸剂,此时熏蒸室仍处于压力稍有回升的真空状态,持续熏蒸 1.5～4 h。熏蒸完毕后通入空气使之压力恢复正常,再用气泵将熏蒸剂和空气的混合气体排出。将空气排出的“气洗”过程要重复多次,直到熏蒸室中熏蒸气体的浓度符合安全要求为止。再如,应用 ZX-350 型真空熏蒸消毒机熏蒸处理潜藏在种子内的小蜂类、豆象类害虫时,可使用溴甲烷或硫酸氟作熏蒸剂进行熏蒸,在常温条件下真空度为 97 309～98 642 Pa,可以实现除害目的,而对种子的发芽无明显影响。

复压真空熏蒸可以在开始的低压以后采用渐次复压、定时复压、即刻复压、同时引入空气和熏蒸剂等方式进行。渐次复压是在密闭熏蒸的过程中，在施入所需要量的熏蒸剂后，再逐渐放入空气，直到恢复常压。定时复压是在施入熏蒸剂后，保持真空一定时间，然后再放入空气。即刻复压是在施放熏蒸剂后，立即从预留的阀门放入空气恢复常压。同时引入空气和熏蒸剂处理时，要采用专用的计量设备，使二者同时施入，并保持一定比例。

真空熏蒸期间的温度对于真空熏蒸效果有一定的影响，有时需要真空熏蒸设备具有加热升温装置，如利用 ZXX-65 真空熏蒸设备的加热设施可使真空熏蒸室内的温度升至 15℃。真空熏蒸木材时，木段的粗细对熏蒸效果有较大影响，如同为 20kPa、60 g/m^3、3 h 的组合，原木段较细的侧柏中双条杉天牛 *Semanotus bifasciatus* Motsch 的死亡率就可达 100％，而原木段较粗（30～50 cm）时，死亡率只有 98.56％。真空度足够大时，被熏蒸货物的尺寸大小影响则相对变小，如 5kPa、60 g/m^3、2 h 的组合和 10 kPa、60 g/m^3、3 h 的组合都可使除害效果达 100％。

在真空熏蒸处理设备上，采用两个真空熏蒸仓联合使用，使其中的熏蒸剂循环重复使用是有效利用熏蒸剂，甚至减少熏蒸不良影响的良好途径。如 ZXX-65 真空循环熏蒸设备，由熏蒸仓（2 个，容积均为 65 m^3）、抽真空系统、施药系统、循环系统组成（图 3-8）。其工作原理是利用水环泵和真空泵将施入熏蒸货物的熏蒸仓抽到既定的真空度，然后施入熏蒸剂，开始密闭熏蒸。熏蒸结束后，再将此熏蒸仓的药剂导入贮药罐储存或导入到另一个熏蒸仓中循环利用。用 ZXX-65 真空循环熏蒸设备熏蒸粮食中害虫时，使用 40 kPa、60 g/m^3、2 h 的熏蒸组合，可以保证杀死粮食中的多种害虫，包括黄粉虫、谷蠹、玉米象、米象、赤拟谷盗、锯谷盗等。用 ZXX-65 真空循环熏蒸设备熏蒸木材、木包装、木托盘等木质材料中的害虫时，使用 50 kPa、60 g/m^3、2 h 的熏蒸组合，可以保证杀死多种蛀干害虫，包括光肩星天牛、双条杉天牛、锈色粒天牛 *Apriona swainsoni* (Hope)和柏肤小蠹等。

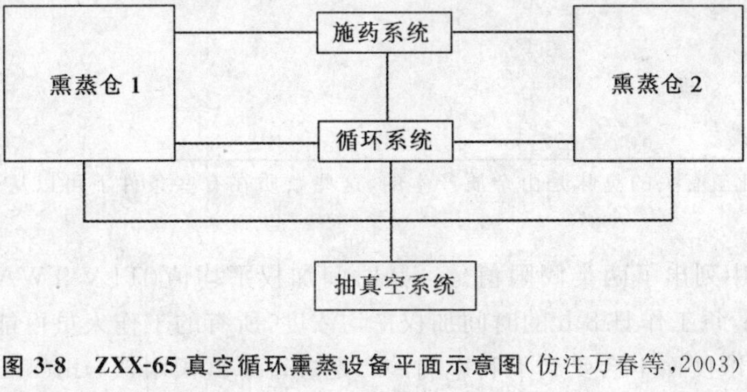

图 3-8　ZXX-65 真空循环熏蒸设备平面示意图（仿汪万春等，2003）

第五节　熏蒸中的安全防护

一、阈限值

熏蒸人员应知道每一种熏蒸剂的浓度极限(接触超过这个极限的熏蒸剂就不安全)和最大限度的接触时间,其中包括正常工作期间的反复接触。这种浓度泛称为临界极限浓度或阈限值(threshold limit value,TLV),通常以在空气中所占的体积百分比表示。即空气中所含指定物质的浓度,差不多对所有的工作人员可能日复一日地一再接触而不会受到不利影响。然而,由于各人的易感性差异很大,少部分工作人员接触一下阈限值甚至阈限值以下浓度,就可能有所不适;还有少部分工作人员因老毛病复发或者患上职业病而受到的影响可能更严重。

阈限值是根据工业经验、关于人和动物的实验性研究以及在可能情况下这三者的结合所能获得的最可靠的资料确定的。这种阈限值应作为防止健康受威胁的指南,而不应作为安全浓度和危险浓度之间的界限。表 3-8 列出了美国政府工业卫生学家会议(American Conference of Governmental Industrial Hygienists, ACGIH)所确定的有关阈限值及常用熏蒸气体气味的临界极限值。

表 3-8　据认为对受实验者安全的臭味临界值和最大限度接触次数的估计值　　mL/m^3

药剂	臭味临界近似值	时间加权平均值	短期接触阈限值
氯化苦	1～3	0.1	0.3
敌敌畏	—	0.1	0.3
氢氰酸	1～5	10	—
溴甲烷	无	5	15
磷化氢	<1*	0.3	1
硫酰氟	无	5	10
二硫化碳	<1	10	—

* 与磷化氢有关的臭味是由杂质产生的,这些杂质在有些条件下可以从磷化氢中分离出来。

表 3-8 中列出了两类阈限值。一是时间加权平均值(TLV-TWA),即通常每周工作 40 h,每工作日 8 h 的时间加权平均浓度,所有的工作人员可能日复一日地反复接触此浓度而不会受到不利影响。二是短暂暴露阈限值(threshold limit value-short term exposure limit，TLV-STEL)，工作人员在连续 5 min 时间里可以接触的最大浓度，而又不引起发炎，不引起事故，不碍于自救或大大降低工作效率的慢性的或不可逆的组织变化或麻痹，但条件之一是每天接触不得超过 4 次，接触间隔时间至少 60 min，条件之二是也不超过每日临界时间加权平均值。

二、使用药剂人员的安全防护措施

(1)熏蒸工作必须经单位负责人员批准。由技术熟练、有组织能力的技术人员负责指挥，由经过训练、了解药剂性能、掌握熏蒸技术和防毒面具使用方法的人员参加操作。大型熏蒸前，应通知当地卫生、消防部门做好应急准备。

(2)经常参加熏蒸工作人员，每年应定期进行健康检查。凡有心脏病、肝炎、肺病、贫血、精神不正常、神经过敏、高血压、皮肤病、皮肤破伤风者，怀孕期哺乳期、月经期的妇女，未满 18 岁的少年，以及戴上防毒面具不能工作经医生诊断认为不适应接触毒气工作的人员，均不得参加施药或接触毒气工作。

(3)除二氧化碳熏蒸外，熏蒸人员在分药、施药、散气和处理残渣等过程中，都必须佩戴具有良好防毒性能、型号合适的防毒面具，穿工作服，戴手套。工作完毕后应将滤毒罐使用人姓名、使用日期、毒气的名称和在毒气中停留时间等详细记录。分装液体药剂的人员要穿工作服、胶鞋和戴胶手套。施药时，药液沾染皮肤，应及时用清水、肥皂洗去(如沾染敌敌畏，应先用清水冲洗后再用肥皂洗涤)。

(4)熏蒸过程中接触毒气的时间，每次不得超过 30 min，每人每天累计一般不超过 1 h。工作完了应适当休息。施药人员在工作中如由头昏、刺眼、流泪、咳嗽闻到药味和其他不适感觉时，应立即停止工作，并适当休息。不要在有毒气的粮仓内勉强操作。

(5)熏蒸施药时，必须有专人负责清点进出仓人数，药确实查明进仓人员已全部出仓后，方可封门。

(6)分药、施药、检查、处理残渣和开仓散气等与药剂接触工作，要两人以上操作。

(7)仓房(堆、垛)熏蒸密闭后到彻底散气前，无特殊情况，不允许人员进入。人员必须进入时，一定要采取必要的防护措施，防止发生中毒或缺氧窒息事故。

(8)参加发放药剂、熏蒸施药、处理残渣和开仓散气等与毒气接触的人员，要按规定发给保健食品、津贴，以保障工作人员身体健康。熏蒸前后禁止饮酒。用磷化氢熏蒸后，禁止食用牛奶、鸡蛋及其他含油脂食物。

(9)接触毒气人员在工作完毕后应洗澡，更换衣服及鞋袜。换下的污染衣物应送到空旷无人的地方散发毒气后，方可携入室内。

(10)发生人员中毒时，应立即送医院诊治。

三、使用药剂时对环境的安全防护措施

(1)在熏蒸场所及附近不得制造化学药剂。

(2)被熏蒸的场所(包括露天储粮囤、垛)，必须严格密闭，防止毒气外漏。仓外四周，必须保留一定的安全距离(safe distance，为了防止人畜在未加防护的情况接触或接近熏蒸气体，在熏蒸间所需与熏蒸场所保持的一定空间距离)：氢氰酸、氯化苦 30 m；溴甲烷、磷化氢 20 m。在此范围内从施药到彻底放气前，不能住人及饲养家禽家畜。熏蒸前要会同有关部门动员居民暂离现场，并把家禽、家畜一同带走。不具备熏蒸条件的场所，不宜进行熏蒸处理。

(3)常规熏蒸从施药开始到处理完残渣残液为止，要在距熏蒸场所 10～20 m 的四周设警戒线，立明显标志牌，阻止行人靠近，并在投药后 24 h 内有专人值班放哨，注意检测观察有无漏毒、冒烟、燃爆等现象。放哨人员必须熟悉业务并备有完好防毒面具、消防器材报警联络讯号。

(4)熏蒸放气后，应将残渣立即运到离水源较远(最少 100 m 以外)的僻静地方，挖坑深埋，熏蒸用器材及装药布袋等应清洗干净后妥善保存备用，不得改作他用。

四、药剂的收发、运输、储存及管理

(1)熏蒸剂应统一存放在县级粮食局指定的单位。储存药剂要有专用库房。库房应建在离办公、居住区和其他建筑较远的地方，并要坚固、干燥、不漏雨、能通风，备有消防器材。要建立定期检查盘点、经常通风、禁止在药库内吸烟、饮食和存放其他物品等管理制度。

(2)领用熏蒸药剂，必须严格批准手续。领用和保管药剂，必须选派工作认真负责，了解药剂性能的人员。药剂进库要及时登记，做到收有账，付有据，药、账相符。用剩下的熏蒸剂如使用单位无专用药库，应退回原发药单位保管，严禁随意乱放。

(3)装卸、运输、储存药剂时，药箱、药桶、药瓶不要倒放，药轻拿轻放，防止滚动、撞击。发现装具破漏，要及时采取措施，妥善处理。运输药剂要选派了解药剂性能人员携带有效防毒面具押运，途中押运人员不能远离药剂，以防丢失和破漏。并要防止药剂遭受水湿、雨淋和阳光直射。

五、防毒面具

防毒面具是化学药剂熏蒸工作中的主要安全防护用具，能够预防有毒气体从呼吸道进入人体内和刺激眼睛。

防毒面具一般分为过滤式和隔绝式两种。过滤式防毒面具，主要靠滤罐将有毒物质吸附或分解，进而使人员得到安全防护。隔绝式防毒面具，也叫氧气面具，它是用氧瓶代替滤毒罐，能直接向人员供应氧气，使人员呼吸可与外交有毒气体隔离。

过滤式防毒面具面罩有头盔式和绷带式之分。在使用前，要检查面具的严密性，其方法为：戴面罩，接好导气管和滤毒罐，用手或橡皮塞堵住进气孔，然后深呼吸，如无空气渗入面罩和导气管，则证明严密完好。吸气产生负压使面罩贴在脸上的时间达 15 s 以上为良好。

面罩要经常保持干燥，用毕后用酒精或 0.5% 的高锰酸钾溶液擦洗，然后放阴凉处晾干，橡皮面罩要用滑石粉保养。

在选择面罩大小及型号时，要先量取准确的尺寸。其方法是：先量由头顶沿下颚一线之长度，而后量取沿上额通过眉毛上沿至两耳一线之长度，将两长度相加，即可根据尺寸选择合适的面罩型号(表 3-9)。

表 3-9 面罩大小及型号选择

量取尺寸/cm	面罩型号	量取尺寸/cm	面罩型号
<93	0	99～103	3
93～95	1	>103	4
95～99	2		

过滤式防毒面具环纹导管是软橡皮管。用前首先检查上下接头是否完好，有无连接不严而发生漏气，管壁上有无破损。也有的是将滤毒罐直接连在头盔下，而不用环纹导气管。

过滤式防毒面具的关键是滤毒罐，滤毒罐是用活性炭、化学吸收层、棉花层等构成。由于化学吸收层所含的解毒药品不同，因此各种滤毒罐的防毒范围也不一样，使用前应根据熏蒸剂的种类选择相应型号的滤毒罐(表 3-10)。

滤毒罐的使用和维护由主要熏蒸人员负责。滤毒罐在其自身寿命到期或已达到推荐使用的期限就必须进行更换。滤毒罐在维护时应存放在低温、干燥、通风良好且远离可能沾染任何熏蒸剂的地方，并注意以下事项：

表 3-10 常用滤毒罐的型号及防护范围

型号	颜色	防护范围	最短防护时间/min
MP1L	绿+白道	氢氰酸、砷化氢、光气、氯化苦、磷化氢、溴甲烷、毒烟、毒雾等	40
MP1	绿	氢氰酸、砷化氢、光气、氯化苦、磷化氢、溴甲烷、二氯甲烷等	70
MP2L	橘红+白道	一氧化碳、有机蒸气、氢氰酸及其衍生物、毒烟、毒雾等	40(CO_2)，80(HCN)
MP3L	褐+白道	有机气体、蒸汽、苯、二硫化碳、四氯化碳、溴甲烷、氯化苦、氯气、丙酮、毒烟、毒雾等	80(苯) 100(氯)
MP3	褐	有机气体、蒸汽、苯、二硫化碳、四氯化碳、溴甲烷、氯化苦、氯气、丙酮、氯气等	130(苯) 55(苯)
MP4L	灰+白道	氨、硫化氢、毒烟、毒雾等	45(氨) 70(硫化氢)
MP4	灰	氨、硫化氢	60(氨) 90(硫化氢)
MP5	白	一氧化碳	110
MP6	黑	汞蒸气	4 800
MP7L	黄+白道	酸性气体和蒸气、二氧化硫、氯气、光气、氯的氧化物、磷和含氯有机、农药、毒烟、毒雾等	25
MP7	黄	酸性气体和蒸气、二氧化硫、氯气、硫化氢、氮氧化物、光气、磷和含氯有机农药	32

注:表中所列为中型滤毒罐;标有 L 的为带有滤烟层的滤毒罐。

(1)滤毒罐在一定时间内可以充分防御按容积计算在空气中的浓度不超过2%的毒气(磷化氢为0.5%,最大浓度200 mL/m^3)。

(2)滤毒罐每当打开封盖时就应记录使用时间,在两次使用之间应使用原来的密封端盖密封。

(3)在低浓度熏蒸剂中暴露时间的延长以及意外地暴露在高浓度熏蒸剂中,都应立即弃掉滤毒罐。

据资料介绍,作为一项规定,在常规熏蒸中暴露 1 h 就应弃掉滤毒罐,只有当熏蒸剂浓度很低时才可以延长到 2 h。要留有较宽的安全暴露时间,因为滤毒罐的价值与人员的健康相比就微不足道了。

(4)当弃掉滤毒罐时,应先将其进气口或其他部分弄残,如可用钳子弄坏与环纹导气管的连接口,以免下次误用。

隔绝式防毒面具由面具本身提供氧气,分贮气式、贮氧式和化学生氧式 3 种。

隔绝式防毒面具防护性能较好，但是目前一般的隔绝式面具还有体积大而笨重、使用时面具内温度太高(40～60℃)、成本高、防护时间短等不足。使用防毒面具时，应严格按照产品说明书介绍的操作使用方法进行。

思　考　题

1. 熏蒸除害处理有哪些优点？

2. 做好熏蒸工作需要做好哪些方面的准备工作？

3. 哪些方面的因素会影响到熏蒸除害的效果？

4. 根据 *Ct* 值规则说明以磷化氢为代表的熏蒸剂与以溴甲烷为代表的熏蒸剂之间的区别。

5. 熏蒸过程中应对哪些因素进行严格控制，为什么？

6. 说明磷化氢和溴甲烷熏蒸中应掌握的浓度、密封时间及其他条件。

7. 环流熏蒸中的系统设备应包括哪些基本组成部分？

8. 熏蒸中如何保证操作人员的安全？

本章主要参考文献

1. Bond E J FAO. plant production and protection paper 54 Manual of fumigation for insect control. Food and Agriculture Organization of the United Nationa. Rome，1984.

2. Graver J V，Annis P C. Suggested recommendation for the fumigation of grain in the ASEAN region part2 phosphine fumigation of Bag-stacks sealed in plastic enclosures：an operation manual，1994.

3. Halliday D，Harris A H，Taylor R W D. Recent development in the use of phosphine as a fumigant for grains and other durable agricultural produce. Chem. Ind. 1983，12，137-146.

4. Guo Daolin，Navarro S，Yan Jian，et al. Proceedings of the 8th international Conference on Controlled Atmosphere and Fumigation in Stored Products. Sichuan Publishing House of Science & Technology. Chengdu，2008.

5. Lorini I，Bacaltchuk B，Beckel H，et al. Proceedings of 9th International Working Conference on Stored Product Protection. Associacáo Brasileira Depós-colheita，Campinas，Brazil，2006.

6. Heather N W，Hallman G J. Pest Management and Phytosanitary Trade Barriers. CAB international，UK. 2007.

7. 白旭光，王殿轩，赵英杰，等. 储藏物昆虫与害虫防治. 北京：科学出版社，2002.

8. 李德山，段刚，赵汗青. 植物检疫除害处理研究现状及方向. 植物检疫，2003，17(5)，289-292.

9. 刘令智. 钻蛀园林树干害虫的插签防治. 农村科技开发，2004(3)：32.

10. 汪万春，武国栋，段刚，等. 利用 ZXX-65 真空循环熏蒸设备熏蒸仓储害虫的研究. 植物检疫，2003，17(4)：198-201.

11. 乐海洋，朱绍智，李冠雄，等. 二氧化碳对硫酰氟毒杀谷斑皮蠹的增效作用. 植物检疫，1998(5)，257-259.

12. 李建光，汪万春，武国栋，等. 应用真空熏蒸技术杀灭侧柏原木中双条杉天牛的研究. 检验检疫科学，2004，14(2)：10-11.

13. 王殿轩，曹阳. 磷化氢熏蒸杀虫技术. 成都：成都科技大学出版社，1991.

14. 王殿轩，卢奎，赵俊廷，等. 真空熏蒸快速杀虫试验研究[J]. 郑州粮食学院学报，1999，20(3)：11-15.

15. 王殿轩，高素芬，汪喜波，等. 储粮磷化氢熏蒸技术区域优化. 北京：中国农业科学技术出版社，2008.

16. 王佩祥. 储粮化学药剂应用技术. 北京：中国财政经济出版社，1993.

17. 王跃进. 溴甲烷及其替代技术. 植物检疫，1998，12(20)：103-106.

18. 英国热带发展研究所储藏系. FAO 植物生产和保护文集. 63. 防治有害生物.

19. 中华人民共和国国家粮食局. 储粮技术规程. LS/T 1201—2002 磷化氢环流熏蒸技术规程. 北京：中国标准出版社，2002：15-17.

第四章　接触性药剂除害处理技术

本章提要

接触性药剂的剂型

接触性药剂的施用技术

微生物制剂

植物源物质的利用

储粮防护药剂的使用

第一节　接触性药剂除害处理的概念

一、概述

接触性药剂除害处理是指通过使用除害药剂与危险性病虫杂草直接接触后达到除害目的之处理等。采用接触性药剂进行农产品保护和除害处理时，为了达到有效的分布和除害效果，所用的药剂要通过一定的剂型或剂型处理后再施用。目前，接触性药剂的使用形式大多是适合于喷雾的剂型，其中以乳油和可湿性粉剂为主，还有悬浮剂等。每种接触性药剂可以加工成一种或多种剂型。每种剂型都有一定的特性和使用技术要求。例如颗粒剂只能抛撒或处理土壤，而不能加水喷雾；可湿性粉剂只宜加水喷雾，不能直接喷粉；粉剂只能直接喷撒或拌毒土或拌种，不宜加水。每种制剂的名称是由有效成分含量、农药名称和剂型3部分组成，例如5%甲拌磷颗粒剂、15%三唑酮可湿性粉剂等。采用生物制剂除害处理时，为了有效分布生物和保持所用生物的活性，也要采用一定的剂量型或使用方式。采用仿生物制剂进行除害处理时，所用仿生物制剂也要采用一定的剂型。

制剂的有效成分含量是农药制剂中最重要的指标，以质量百分数 g/kg 或 g/L 表示。有效成分是指农药产品中具有生物活性的特定化学结构成分。联合国粮农组织(FAO)对农药制剂的有效成分含量允许在标明含量上下一定范围内变化，例如 50 g/kg(±10%)。我国的标准要求为应不低于标明含量，近年也有允许在标明含量上下一定范围内变化的趋势。

采用接触性药剂时，对于药剂的质量有一定的要求，包括纯度、酸碱度、水分含量等。纯度即原药中有效活性成分的含量，以百分率表示。纯度是原药质量的主要指标，有效成分含量百分率越高质量越好。联合国粮农组织(FAO)和世界卫生组织(WHO)公布的农药原药质量标准，纯度应在90%以上。在我国的农药质量标准中，原药的纯度一般也能达到90%以上。纯度低的农药原药中杂质的含量相应就高，原药中杂质过多有以下害处：

(1)可能会对作物或保护对象产生药害。

(2)杂质较多会增高对人的毒性，但除害效果不一定好。

(3)杂质中含有与有效成分相同的元素或原子团，会使对有效成分测定时的结果产生偏差。

(4)原药中的杂质会给加工粉剂带来困难，因为杂质的存在使原药的凝固点下降，不易粉碎和分布开。

(5)原药的杂质能降低有效成分的稳定性，而且随着农药的使用，杂质进入环境之中，造成污染。

酸碱度既是原药的质量指标也是制剂的质量指标。酸碱度是指农药原药及其制剂中含游离酸或游离碱的数量，或其氢离子浓度。限制酸碱度的目的主要是降低储存过程中农药原药和制剂中有效成分的分解作用，防止制剂物理性能改变及其使用时产生药害。此外还可以用作评估农药对包装材料腐蚀性的参考。FAO对原药及制剂及制剂酸碱度的质量标准均以酸度(硫酸的含量百分数)或碱度(氢氧化钠的含量百分数)表示，对原粉一般要求为<0.1%～0.2%，原粉及制剂的酸碱度有时以pH值表示。我国对农药原药规定以酸度或碱度表示，对制剂大多规定以pH值表示。

水分含量既是原药又是制剂的质量指标。限制农药原粉中水分含量的目的是降低其对有效成分分解的影响，保持化学稳定性。对粉剂、可湿性粉剂来讲限制水分含量可使制剂保持良好的分散状态，喷洒时能很好地分散到叶面上。在FAO(1971)颁布的农药质量标准中，对农药原药及乳油、部分可溶性粉剂等剂型均有水分含量指标，而对粉剂、可湿性粉剂无水分含量指标。我国对粉剂的水分含量要求不大于1.5%。但是因加工粉剂所用填料种类不同，其吸水性能有差异，有的填料吸水性强，即使水分含量高些，也不影响粉剂的分散性能；有的填料吸水性能弱，即使水分含量不太高，也会影响粉剂的分散性，因此仅靠用控制水分含量来保证粉剂的分散性还是不可靠的，用粉剂的流动性指标控制粉剂的分散性比用水分含量控制的办法更有效。我国在粉剂类农药制剂的质量标准中没有流动性指标，而用限制水分含量控制其分散性。

二、接触性药剂的剂型

近年来农药制剂中粉剂、乳油、可湿性粉剂、油剂等传统剂型有的药效低、使用不便、对施药者安全性低和环境污染大，一些效果好、安全性高、操作省力方便的新剂型不断出现并陆续实用化。农药剂型发展出现了剂型水性化，以降低毒性、减轻药害及减少危险性为主要出发点，出现了微乳剂（ME）、水乳剂（EW）、悬浮剂（SC）、悬乳剂（SE）等水基剂型。这些剂型是以水代替（或部分代替）传统的有机溶剂作基剂。新型固体制剂如粉剂、可湿性粉剂、粒剂、片剂等再受青睐。在 20 世纪 80 年代以前，固体制剂是农药制剂主要剂型，但随着有机氯产品的限制以及粉剂的粉尘、漂移和药效低等诸多问题，固体制剂的用量大大降低。近年来，随着水分散粒剂、可湿性粒剂、泡腾片剂等固体的大量使用，固体制剂的用量又有回升的趋势。

粉剂（dustable podwer，DP）是我国当前农药制剂中主要剂型之一。粉剂的质量标准主要是原药含量和粉剂的细度，粉剂细度用筛目衡量示，以能通过一定筛目的百分率表示。为了喷撒均匀，目前一般要求不小于 95％通过 75 μm 筛（200 目），不结块，流动性良好。我国的标准为 95％的粉粒能通过 200 目标准筛，即粉粒直径在 74 μm 以下，平均粒径为 30 μm 左右。国外普遍采用的粉剂标准是 98％的粉粒能通过 325 目筛，粉粒最大直径为 44 μm，粒径在 5～15 μm。粉剂的细度与药效有密切的关系，粒径大于 37 μm 的粉剂药效较差，最有效的粉粒直径在 20 μm 以下。粉剂缺点是使用时，直径小于 10 μm 的微粒，因受地面气流的影响，容易飘失，浪费药量，还会引起环境污染，影响人们身体健康。同时加工时，粉尘多，对操作人员身体健康影响较大。

可湿性粉剂（wetable podwer，WP）是用农药原药和惰性填料及一定量的助剂（湿润剂、悬浮稳定剂、分散剂等）按比例充分混匀和粉碎后的细粉。可湿性粉剂应能被水润湿，并均匀悬浮在水中。润湿性是可湿性粉剂类农药制剂的质量指标之一，以被测的可湿性粉剂从一定高度撒到水面致完全湿润的时间来衡量。对可湿性粉剂不但要求制剂本身具有被水润湿的性能，而且还应要求按使用时规定的稀释倍数用水稀释使其悬浮液喷到被保护对象上后，能很好地润湿展开。

乳油（emulsifiable concentrate，EC）是农药剂型中主要剂型之一，这种药剂加水稀释后变成乳状液，可供喷雾使用。

乳液稳定性是乳油类农药制剂质量指标之一。用以衡量乳油加水稀释后形成的乳液中，农药液滴在水中分散状态的均匀性和稳定性。乳油类农药制剂需用水稀释成乳液后喷施。农业上使用的乳液绝大多数为水包油（O/W）型，要求液滴能在水中较长时间地均匀分布，油水不分离，使乳液中有效成分浓度保持均匀一致，充分发挥药效，避免产生药害。我国制订的乳液稳定性测定标准为：乳油经用342 mg/L标准硬水稀释一定倍数(200、500、1 000倍)，搅匀后放入100 mL量筒中，在25～30℃静置1 h观察，应没有浮油、沉油或沉淀析出。稀释倍数过高的如1 000倍，但如此检测时，即使乳液不够稳定，有少量浮油或乳膏分离出来，也不易观察到。

以一定粒度的颗粒为载体，在其上喷布低量液态农药，经载体吸附而成，或将矿土、原药、水混合压制成各种形状使用统称粒剂。我国目前使用的粒剂主要有微囊粒剂(encapsulated granule，CG)、粉粒剂(DL)、颗粒剂(GR)、大粒剂(macro granule，GG)、水分散粒剂(WG)、可分散粒剂(WJ)等。这些制剂的优点是药效期较长，不易产生药害、对害虫的天敌影响小，使用方便，对施药人员较安全，并能减轻劳动强度。微囊粒剂是将微胶囊颗粒通过不同的造粒工艺制得的具有水分散粒剂性能的产品，是当今世界技术含量最高的一种农药制剂，已在国外产业化的品种如75%毒死蜱微囊粒剂。粉粒剂在制剂中增加了颗粒状载体，药液吸入颗粒毛细孔内，因向外释放缓慢而延长了药效，且降低了毒性。颗粒剂是由原药、载体和助剂制成的颗粒状制剂，其颗粒直径一般在250～600 μm。要求颗粒有一定硬度，在储运过程中不易破碎。大粒剂或称丸剂或块粒剂，粒径为5 000～9 000 μm，供直接使用之粒状制剂，由微粉加工而成，当大粒落入水中，崩解后的药粉浮于水面或悬浮于水中，以触杀、内吸和药液随叶鞘与茎间毛细管上升等方式起到杀虫作用。水分散粒剂主要由农药有效成分、分散剂、润湿剂、黏结剂、崩解剂和填料组成，粒径200～5 000 μm，入水后能迅速崩解，分散，形成高悬浮分散体系，国际农药工业协会联合会(GIFAP)将其定义为：在水中崩解和分散后使用的颗粒剂。

缓释剂(slow release formulations，BR)为利用物理的、化学的手段控制有效成分从介质中缓慢释放的制剂。将农药储存于农药的加工品中，然后又使之有控制地释放出来的过程即缓释化。缓释化是农药在使用时按照所需的剂量、在特定的时间内、持续稳定的释放，即释放数量可控、释放时间可控和释放空间可控。缓释剂可以提高药剂持效期，降低对作物的药害。微胶囊剂(microcapsules，MC)便属于缓释剂的范畴(周春江等，2005)。

超低容量喷雾剂一般为有效成分含量20%～50%的油剂，也可加少量溶剂增加对原药的溶解，使用时不需稀释而直接喷洒。采用超低量喷雾器械如电动超低量喷雾器施药，可将农药喷洒成100 μm以下细小雾滴。

胶体剂(colloidal formulations，)为加水后成为胶体状或类似胶体状悬浊液的块状、粗粉状或黏胶状农药剂型。胶体剂物理状态为固体，加入水中为胶悬液。按胶体化学概念，粒径应为 0.01～0.1 μm，在液体中方呈现胶态。胶悬液药粒直径一般在 1 μm 以下，为 0.001～0.1 μm，药液稳定度在 99.4%以上。

悬浮剂(suspension concentrate，SC)是不溶或微溶于水的固体原药借助某些助剂，通过超微粉碎比较均匀地分散于水中，形成一种颗粒细小的高悬浮、能流动的稳定的液固态体系。是将固体农药原药分散于水中的制剂，它兼有乳油和可湿性粉剂的一些特点，没有有机溶剂产生的易燃性和药害问题。悬浮剂通常是由有效成分、分散剂、增稠剂、抗沉淀剂、消泡剂、防冻剂和水等组成，有效成分的含量一般为 5%～50%。一般粒为 1～5 μm，平均粒径一般为 3 μm 左右。

烟剂(smokes)是农药制剂中的一个重要剂型，烟剂引燃后，有效成分以烟状分散体系悬浮于空气中的农药剂型。以农药原药、燃料(各种碳水化合物如木屑粉、淀粉等)、氧化剂(又称助燃剂，如氯酸钾、硝酸钾等)、消燃剂(如陶土、滑石粉等)制成的粉状混合物(细度全部通 80 号目筛)。烟剂在燃烧发烟过程中，其有效成分受热力作用，只有挥发或升华成烟的部分才有防治效果，其余受热分解或残留在渣中。烟剂有效成分成烟率要求大于 80%，蚊香有效成分成烟率要求大于 60%。

砻糠载体剂系选用干燥洁净的砻糠，按粮食重量 0.1%的比例，用超低量喷雾器将整堆粮食所需的总药量喷到砻糠上去(不要加水)，阴干后备用的一种方便型的小规模储粮防护剂型。

第二节　接触性药剂的施用技术

一、喷雾

喷雾法是将乳油、乳粉、胶悬剂、可溶性粉剂、水剂和可湿性粉剂等农药制剂，对入一定量的水混合成均匀的乳状液、溶液和悬浮液等，利用喷雾器使药液形成微小的雾滴的施药方法。喷雾雾滴的大小，因喷雾水压的高低、喷头孔径的大小和形状、涡流室大小而有所不同。通常水压愈大、喷头孔径愈小、涡流室愈小，则雾化出来的雾滴直径愈小。雾滴覆盖密度愈大且由于乳油、乳粉、胶悬剂和可湿性剂等的展着性、黏着性比粉剂好，不易被雨水淋失，残效期长，与病虫接触的药量的机会增多其防效也会愈好。

喷雾法常分为高容量喷雾、中容量喷雾、低容量喷雾、很低容量喷雾和超低容量喷雾等几大类。高容量喷雾又称粗喷雾，农药以水稀释后药液浓度小于 1 000 mg/kg，雾滴中值直径为 400～1 000 μm，可用于环境场所的药剂施用。中容量喷雾中容量喷雾，又称常量喷雾，药液对水稀释后浓度在 1 000 mg/kg 以上，雾滴中值直径为 250～400 μm。低容量喷雾又称细喷雾或弥雾。药剂对水稀释浓度在 0.8%～3%，雾滴中值直径为 150～250 μm。由于农药使用浓度较高，对高毒农药不能采用这种喷雾方法。很低容量喷雾又称微量喷雾，药剂以水或油为载体，浓度在 3%～10%，雾滴直径在 80～150 μm。超低容量喷雾又称微量喷雾，以油或水为载体，农药浓度达 10%～60%，雾滴中值直径为 15～75 μm。目前国外工业比较发达的国家，多采用小容量喷雾方法，如多采高浓度、低喷量、细雾粒超低量或低量喷雾。超低量喷雾要求气温 30℃以下、相对湿度 50%以上。对于不同的防治对象在选择适当剂型和施药方式后，要针对性地选择对路的药剂，用药后要严格执行国家规定的农药使用安全间隔期(safety time interval)，农产品在最后一次使用农药到收获上市之间的最短时间。

喷洒药剂时要注意乳油、油剂在防护对象上的黏附力较强，而水剂、可湿性粉剂的黏附力较差。要注意稀释药液的水质水的硬度、碱度和混浊度对药效有很大的影响。当水中含钙盐、镁盐过量时，可使离子型乳化剂所配成的乳液和悬液的稳定性受到破坏。有的药剂因转化为非水溶性或难溶性物质而丧失药效，在有些情况下，水质 pH 值偏高，会与药剂产生中和反应，使药效下降或失效。因此，药液用水应选择 pH 值呈中性的清洁水为宜。提高喷雾质量中一般要求药液雾滴分布均匀，覆盖率高，药液量适当，以湿润目标物表面不产生流失为宜。

二、喷粉

喷粉施药法是利用喷粉机械所产生的风力将粉剂吹送到作物和防治对象表面上的一种方法。喷粉法要求将药粉均匀施用，使农作物和病虫草的体表上覆盖一层药粉。用手指轻摸叶片能看到有点药粉沾在手指上为宜。

喷粉法的主要优点是不需要对水，不受水源限制，一般不易产生药害。主要缺点是药粉易被风吹失和易被雨水冲刷，影响药剂的残效期，降低防治效果；单位耗药量较多，经济性较喷雾差。喷粉宜在早、晚作物叶面较湿或有露水时进行，因为粉粒在作物表面上的沉积主要靠附着作用或静电吸附作用，但其附着力很小，在有水膜的作物表面上，粉粒的黏附能力得到改善，可提高防效。

喷粉施药时使用的药粉应干燥，无结块。药粉中应没有木屑、石块、泥块和布头等杂物。装粉前应先关闭出粉开关(开关盘)，以免药粉漏入风机内部，造成积粉，使喷粉机风机转不动。装好粉后切勿将粉压实，以免结块，影响喷撒。喷粉时操作者应穿戴防护用具，行走方向一般应同风向垂直或顺风前进。如果需要逆风前进时，要把喷粉管移到人体后面或侧面喷撒，以免中毒。粉粒能在空中飘扬，故喷粉应在晴天无风无上升气流时进行，清晨和傍晚一般风小，是喷粉的最佳时间。

三、毒饵

毒饵法是利用有害生物喜食的饵料与农药拌和而成，诱其取食，以达到毒杀的目的。麦麸、米糠、玉米屑、豆饼、木屑、青草、树叶和新鲜蔬菜等都可以作为毒饵的载体。毒饵主要是用于防治为害农作物的幼苗并在地面活动的地下害虫，如小地老虎以及家鼠、家蝇等卫生害虫。例如，每亩可用90%晶体敌百虫50 g，溶于少量水中，拌入切碎的鲜草40 kg，在傍晚成堆撒在棉苗或玉米苗根附近，防治小地老虎效果显著。不管用哪一种作饵料，都要磨细切碎，最好把这些饵料炒至能发出焦香味，然后再拌和农药制成毒饵（鼠类和家蝇的饵料中最好还要加些香油或糖等），这样可以更好地诱杀害虫和鼠类、家蝇等。

此外，毒谷主要也是用来防治蝼蛄、金针虫等地下害虫。由于配制毒谷需要粮食等，现在已不大采用，其实毒谷也是毒饵的一种。近来有些新农药，可直接作拌种或在土壤中撒施毒土，都能有效地防治一些地下害虫。

四、烟熏

烟熏在密闭的条件下，将烟剂点燃，农药受热气化成烟，在空气中冷却凝聚成微粒，沉降于植物体表面，以杀灭病虫的一种方法。此法适用于防治虫害和病害，但不能用于杂草防治。烟是悬浮在空气中的极细的固体微粒，其重要特点是能在空间自行扩散，在气流的扰动下，能扩散到更大的空间中和很远的距离，沉降缓慢，药粒可沉积在靶体的各个部位，包括植物叶片的背面，因而防效较好。熏烟法主要应用在封闭的小环境中，如仓库、房舍、温室、机舱、塑料大棚以及大片森林和果园。

在烟熏时要注意尽量在封闭环境中使熏烟均匀分布，在相对开放的环境中要注意气流因素的影响：

(1)白天的上升气流促使熏烟向上部流动甚至会在空间逸失，不能较多地留在地面或作物表面，白昼不能进行露地烟熏。

(2)日落后地面或作物表面释放出所含热量，使近地面或作物表面的空气温度高于地面或作物表面的温度，有利于熏烟在地面或作物表面的滞留，傍晚和清晨放烟效果较好。

(3)风向风速能影响熏烟的流向和运行速度及广度，烟熏应在风力较小，风向有利于熏烟更多分散于地面或作物表面为好。在邻近水域的陆地，早晨风向自陆地吹向水面，谓之陆风；傍晚风向自水面吹向陆地，谓之海风。在海风和陆风交变期间，地面出现静风区。

(4)熏烟容易在低凹地、阴冷地区相对集中,也需要加以注意。

在人畜活动少的偏远山区,林分郁闭度大,虫龄小而虫口密度大时可考虑,应在傍晚气流稳定或气温逆增情况下作业。

五、飞机施药法

飞机施药法(aerial application)即用飞机将农药液剂、粉剂、颗粒剂、毒饵等均匀地撒施在目标区域内的施药方法、也称航空施药法。此方法功效较高,适用于连片种植的作物、果园、森林、草原、滋生蝗虫的荒滩和沙滩等地块施药。适用于飞机喷撒的农药剂型有粉剂、可湿性粉剂、水分散性粒剂、悬浮剂、干悬浮剂、乳油、水剂、油剂、颗粒剂等。飞机喷粉由于粉粒漂移严重,已很少使用,即使喷粉也应在早晨平稳气流条件下作业,飞机用粉剂的粉粒比地面用粉剂略粗些。可对水配成悬浮液的剂型用于高容量喷雾,当与其他剂型混用时须防止粉粒絮结。可对水配成乳液的乳油等剂型用于高容量和低容量喷雾,作低容量喷雾时在喷洒液中可添加适量尿素、磷酸二氧钾等,以减轻雾滴挥发。油剂直接用于超低容量喷雾,其闪点不得低于 70℃。

飞机喷施杀虫剂,可用低容量和超低容量喷雾;喷洒触杀型杀菌剂,一般采用高容量喷雾;喷洒内吸杀菌剂可采用低容量喷雾;飞机喷洒除草剂,通常采用低容量喷雾。虽然飞机喷施是一种高效、先进的施药手段,但由于存在喷洒装置和控制装置等技术方面的问题,常常喷出的雾滴谱宽,对靶性差,部分细小的雾滴可飘移至数公里以外,当飞机拐弯或处于非靶标区时,出现"拖尾巴"现象,应引起注意。

飞机施药作业时间,一般为日出后半小时和日落前半小时,如条件具备,也可夜晚作业。作业时风速:喷粉不大于 3 m/s,喷雾或喷微粒剂不大于 4 m/s,撒颗粒剂不大于 6 m/s。飞行高度和有效喷幅因机型而异。

我国有的省制定了《飞机施药防治森林病虫害作业技术规程》,其中规定了飞机施药防治森林病虫害(以下简称飞防)作业的组织、准备、导航信号、药剂配制、效果检查以及飞防工作总结的技术要求。

六、挂网施药法

挂网施药法(hanged net socked with insectcide)是用纤维的线绳编织成网状物,浸渍在所使用的高浓度药剂中,然后张挂所要保护对象(如果树)上,用来防治果树上的害虫。此施药方法可以达到延长药效期,减少施药次数,减少用药量。

七、擦抹施药法

擦抹施药法(herbicide erasion)采用一组短的、裸露尼龙绳,绳的末端与除草剂药液相连,由于毛细管和重力的流动,药液流入药绳,当施药机械穿过杂草蔓延的田间时,吸收在药绳上的除草剂就能擦抹生长较高杂草顶部从而除去杂草。由于一般作物生长较矮,不受除草剂的影响。此方法在除草剂应用上已得到推广应用。擦抹施药法所用的除草剂的药量,大大低于普通的喷雾剂。因为药剂几乎全部施在杂草上,作物不受药害,雾滴也不飘移,防治费用也省了。

第三节　生物制剂处理

在有害生物防治中,生物制剂防治法是利用生物有机体或其代谢产物来控制有害生物种群,使其不能造成损失的方法。包括利用病原微生物防治、利用植物次生物质治虫等,即以微生物治虫、以其他植物治虫等。

一、微生物制剂

昆虫病原微生物是指可以导致昆虫生理异常的致病微生物,也称病原体(pathogens)。人们认识的昆虫病原微生物包括真菌、细菌,原生动物、病毒和立克次体等许多种类。昆虫寄生线虫属多细胞动物,但习惯上也纳入病原微生物之内。用于害虫防治的微生物制剂主要有白僵菌 *Beauveria bassiana* (Balsamo) Vuillemin、苏云金杆菌 *Bacillus thuringiensis* Berliner、昆虫病毒等。20 世纪 80 年代以来,我国已将春尺蠖多角体病毒(AciNPV)、马尾松毛虫质型多角体病毒(DpCPV)、舞毒蛾核型多角体病毒(LdMNPV)分别用于防治春尺蠖 *Apocheima cinerarius* Erschoff、马尾松毛虫 *Dendrolimus punctatus*(Walker).和舞毒蛾。我国的微生物制剂,特别是白僵菌的产量及应用面积均居世界前列。前苏联每年生物防治面积占全国森林病虫害防治总面积的 50%以上,其主要应用苏云金杆菌和多角体病毒防治舞毒蛾、松毛虫 *Dendrolimus punctatus* WIK. 等食叶害虫,球孢白僵菌 *Beauveria bassiana* (Bals.)Vuill 用于防治小蠹虫。美国、加拿大每年应用苏云金杆菌防治云杉卷蛾的面积在上百公顷左右。美国和加拿大也生产有多种病毒制剂用于防治食叶害虫。日本的赤松毛虫质型多角体病毒(CPV)最先注册并商品化生产的病毒制剂,用于防治赤松毛虫 *Dendrolimus spectabilis* Butler。由于病毒制剂见效慢,加入少量化学农药,可加速害虫死亡,提高防治效果。美国、澳大利亚等国在生产上已应用微生物商品制剂防治根癌病和根腐病。利用白粉寄生菌可控制白粉病、锈菌寄生菌可控制锈病的发展；利用大隔孢伏革菌防治松树银白腐病等。昆虫病原微生物不能解决所有害虫的防治问题，用其和合理的化学防治结合是很重要的。

(一)杀虫细菌

对于昆虫致病的细菌种类很多，其中以芽孢杆菌、无芽孢杆菌、球杆菌研究最多。芽孢杆菌能产生芽孢抵抗不良环境，并且在生长发育过程中能形成具有蛋白质毒素的伴孢晶体，对多种害虫，尤其是对鳞翅目害虫的幼虫有很强的毒杀作用。苏芸金杆菌、青虫菌、松毛虫杆菌及与青虫菌同一变种的杀螟杆菌均属芽孢杆菌一类。

苏云金杆菌为革兰氏阳性的芽孢杆菌，产生蛋白质伴孢晶体，并能寄生于多种昆虫体内使之致病。苏云金杆菌营养体细胞杆状，大小为（1.0～1.2）μm×（3.0～5.0）μm，周生鞭毛，能运动。菌体成熟后形成芽孢和伴孢晶体，称孢子囊。孢子囊到一定时间后破裂，释放出游离的伴孢晶体和芽孢。

在众多的昆虫致病细菌中，最成功用来防治害虫的细菌之一是苏云金杆菌 *Bacillus thuringiensis*（简称 Bt）。苏云金杆菌产生的毒素主要有 α-外毒素、β-外毒素、δ-内毒素和 γ-外毒素。α-外毒素又称卵磷脂酶或磷酸酯酶 C，是一种对昆虫肠道有破坏作用的酶；β-外毒素又称热稳定外毒素，对家蝇有特异的致病作用，故也称蝇毒素；δ-内毒素即伴孢晶体，又称晶体毒素；γ-外毒素是一种或几种未经鉴定的酶，毒力没有得到证实。在应用苏云金杆菌防治害虫中，起重要作用的主要是 δ-内毒素和 β-外毒素。

δ-内毒素主要存在于晶体内，它是一个多肽。晶体在敏感昆虫的肠道内，在碱性肠液的作用下，经肠蛋白酶的作用后释放出毒素。毒素可使昆虫肠道麻痹和中肠肠膜破裂，肠道内含物流入血腔，肠道整个透性失衡，最后导致昆虫死亡；还有一种形式，如地中海螟中毒后不表现肠道和全身麻痹病症，最后死于败血病。δ-内毒素主要是对鳞翅目幼虫具有毒杀作用，对少数鞘翅目幼虫也有毒杀作用。β-外毒素是一种腺嘌呤核苷酸类物质，在菌体生长过程中不断积累到培养基中，当细菌生长达到最大时，毒素的产生也达最大量，芽孢开始形成时，毒素的产生也就完成。β-外毒素抑制 RNA 的生物合成，具有广谱的杀虫活性，对鳞翅目、双翅目、直翅目、鞘翅目以及膜翅目的 30 多种昆虫有不同程度的杀虫活性。

苏云金杆菌的施用方法主要有喷粉、地面常规或低量喷雾、飞机低量喷雾。喷雾可同时加入一定剂量的洗衣粉或其他增效剂。苏云金杆菌对美国白蛾 *Hlyphantria cunea*（Drury）4 龄前幼虫喷施 Bt，使用浓度为 1 亿孢子/mL。对美洲斑潜蝇，用每克含 160 亿活孢子的 Bt 乳剂 250～300 倍液喷雾效果很好。菌剂中加入0.1%的洗衣粉有增效作用。与低浓度菊酯类农药混用也可提高效果。喷施时应掌握害虫盛孵期或取食期。

杀虫细菌的使用效果，首先与选用的菌种有关。往往由于品种不同，对不同防治对象的效果差异很大。苏云金杆菌根据菌细胞鞭毛抗原（H抗原）的特异性而分成不同的血清型，而后结合生理生化特性的区别特征，在血清型下再分为各个亚种（或变种）。迄今，苏云金杆菌至少有23个血清型30多个亚种。用于防治储藏物害虫的主要是H_{3a3b}/戈尔斯德亚种。

除杀虫细菌的品种外，使用条件会影响其效果，此外，温度也有影响，一般以20℃以上效果较好，在此温度下杀虫细菌生长最快，昆虫自身代谢率也高，杀虫细菌的致病力也最强。

（二）杀虫真菌

白僵菌可导致害虫死后虫尸硬化，因而通称僵病。白僵菌剂中的孢子与虫体接触后，在适宜条件下孢子萌发，并同时分泌一种几丁质酶和蛋白质毒素（接触毒素），溶解昆虫表皮。这时，发芽管即侵入虫体内，并渐渐伸长为营养菌丝，在体内形成大量的菌丝体，直接吸收昆虫体液养分，损坏其运动机能。由菌丝产生的圆球形孢子和菌丝在昆虫体液中干扰昆虫循环系统，同时病菌的代谢物如草酸钙盐类在害虫体液中过量积聚，致使体液的酸度下降，随着病菌的大量繁殖，引起体液理化性质的改变，以至新陈代谢机能紊乱而死亡。最后，圆球形孢子发育伸长形成菌丝，大量吸取水分至使虫尸硬化，而长出虫体外的菌丝又可继续繁殖传播。菌剂除接触侵入外，也可随食物进入害虫虫体。

南方应用白僵菌防治马尾松毛虫可在越冬代的11月中、下旬或次年2～4月份放菌，其他世代（或时间）一般不适宜使用白僵菌防治。施菌量每亩1.5万亿～5.0万亿孢子。北方应用白僵菌防治油松毛虫或赤松毛虫，需温度24℃以上的连雨天或露水较大的条件，施菌量应适当增加3～4倍。

白僵菌的施用方法包括采用飞机或地面喷粉、低量喷雾、超低量喷雾；地面人工放粉炮。预防性措施亦可采用人工敲粉袋、放带菌活虫等。

绿僵菌 *Metarhizium anisopliae* Metschu 可以感染包括椰心叶甲在内的200多种害虫。它可产生多种摧毁素（destruxin），对椰心叶甲的幼虫、蛹和成虫均有很强的杀伤力。该菌以休眠孢子状态存于环境中，接触害虫后绿僵菌孢子萌发形成芽管，通过表皮、孔口侵入害虫体内，在害虫血腔中不断生长菌丝，消耗营养并产生毒素，导致害虫羸弱、死亡。巴布亚新几内亚首次在图伊拉岛发现绿僵菌感染椰心叶甲并致死，后在澳大利亚和一些太平洋岛屿上曾被成功利用。

在防治松材线虫上报道有7株捕食松材线虫的天敌真菌，包括2株节丛孢属真菌蒂莲、2株小指孢霉属真菌和3株指状节丛孢真菌(*A. dactyloide*)。捕食性真菌捕捉线虫的方式是收缩环捕捉器套住松材线虫,从而杀死线虫并在虫体内繁殖;另一方式是二维菌网粘缠线虫,从而致死线虫,吸收其营养并在其体内繁殖。松材线虫的内寄生真菌 *Harposporium* sp. 和 *Esteya vermicola* 是目前已报道的松材线虫的内寄生真菌。这两种真菌的孢子能附着在松材线虫体表,孢子萌发侵入虫体内繁殖并杀死线虫(董锦艳等,2005)。

(三)昆虫病毒

病毒是一种非细胞的原始生命形态并且生活在活寄主细胞内的寄生物。昆虫病毒侵入昆虫的途径主要是通过口器。核多角体病毒为昆虫碱性胃液析出的病毒粒子,在昆虫的体壁、脂肪体、血液中的细胞核里增殖后,离开感染细胞,再侵入健康细胞,使昆虫死亡。我国在20余种森林昆虫中发现病毒病,核型多角体病毒(NPV),颗粒体病毒(GV),质型多角体病毒(CPV),舞毒蛾 NPV、赤松毛虫 CPV、马尾松毛虫 CPV 和杨尺蠖 NPV,杨尺蠖 NPV 已有实验室生产的产品。

质型多角体病毒(CPV)防治用围栏或套笼集虫、集卵增殖病毒、人工饲养增殖病毒、离体细胞增殖病毒或林间高虫口区接毒增殖等方法,收集病死虫,提取多角体病毒,制成油乳剂、病毒液或粉剂。使用时可在病毒液中加入0.06%的硫酸铜或0.1亿孢子/mL的白僵菌作为诱发剂,提高杀虫率。每亩用药量50亿~200亿病毒晶体。

美国白蛾核型多角体病毒适用于2~3龄的美国白蛾幼虫,使用制剂浓度为$(1.5\times10^7)\sim(3.0\times10^7)$ PIB/mL。

昆虫病毒的施用方法可用飞机或地面低量喷雾、超低量喷雾或喷粉作业。

二、植物源物质的利用

植物在长期是与昆虫协同进化过程中,可以产生防御昆虫取食的次生代谢物质。植物性杀虫剂中的活性物质对中枢神经系统的神经细胞具有药理作用,干扰了昆虫中枢神经系统的“信息编码”,从而影响其取食行为(Pelhate 等,1982)。一些植物源物质可扰乱昆虫内分泌系统,影响促前胸腺激素(prothoracicotropic hormone,PTTH)的合成与释放,减低前胸腺对激素的感应而造成20-羟基蜕皮酮的合成、分泌的不足,致使昆虫变态发育受阻。如印楝 *Azadirachta indica* 是最有名的影响昆虫生长发育及消化系统杀虫植物,具有拒食、胃毒、触杀以及抑制生长发育的作用。印楝素(azadirachtin)直接地或间接地通过破坏昆虫口器的化学感受器产生拒食作用,抑制昆虫雌虫卵巢发育,导致卵巢管中的滋养细胞、滤泡细胞病变(赵善欢等,1985)。印楝素还可抑制昆虫脑神经分泌细胞对 PTTH 的合成与释放;影响前胸腺对蜕皮甾类的合成和释放;影响咽侧体对保幼激素的合成与释放;影响昆虫卵成熟所需的卵黄原蛋白合成而导致绝育(李晓东等,1995)。川楝素(toosendanin)破坏昆虫中肠,可致组织病变;阻断中枢神经传导,导致虫体麻痹、昏迷;抑制解毒酶系,影响消化吸收;干扰呼吸代谢、抑制生长发育,蜕皮、变态时形成畸形虫体(张兴等,1991,1993)。茄碱(solanine)和番茄素(lycopnc)能引起马铃薯甲虫外颚叶和附节感受细胞的活性,对氨基酸感细胞造成不可逆转的破坏(Mitchell,1987)。烟碱是乙酰胆碱受体(acetylcholine receptor,AchR)的激动剂,低浓度时刺激烟碱型受体,使突触膜产生去极化,与乙酰胆碱(Ach)作用相似。苦皮藤素-Ⅴ破坏昆虫中肠肠壁细胞,引起昆虫上吐下泻,大量失水而亡(吴文君等,1994)。鱼藤酮可影响昆虫呼吸系统,其作用部位在 NDAH-辅酶 Q 之间,使电子传导受阻,影响三磷酸腺苷(adenosine triphosphate,ATP)合成。一些人工合成染料对哺乳动物的毒性很低,但在光照下具有很强的杀虫活性。许多植物中也存在这样的光活性毒素,如万寿菊花的乙醇提取物在自然阳光照射下可以显著提高对三带库蚊幼虫的毒杀效果。植物性杀虫剂的主要作用方式有:拒食、忌避、引诱、不育、抑制生长发育,有些还有胃毒、熏蒸作用等(张国洲等,2002)。常见的植物性杀虫剂品种有:烟碱、苦参碱、黎芦碱、茼蒿素、苦皮藤素、楝素等,可有效控制蚜虫、叶蝉以及鳞翅目害虫的为害。

杀虫植物中的杀虫活性成分,按其化学结构可分为生物碱类(aokaloids),如烟碱(nicotine)、雷公藤碱(alkaloids from threewingnut)等;萜烯类(terpenens),如川楝素、印楝素等;糖苷类(goucosides),如皂荚素糖苷、巴豆糖苷等;香豆素类(counarins),如佛手苷内酯、茴芹内酯类等;苯酚类和醌类(phenols and quinunes),如棉子酚、核桃叶醌等;甾族类(steroids),如百日青甾酮、牛膝甾酮等;木聚糖类(lignans),如 β-细辛脑、异细辛脑等;多炔类(polyacetylenes),如茵陈二炔等。

第四节 储粮防护药剂的使用

一、选用防护药剂的条件

储粮防护剂是以防止害虫感染或发生发展为使用目的的药剂,适用条件为需要长期储存的粮食,一般储藏期在 1 年以上,害虫虫口密度应为无虫或基本无虫;因储藏环境或储存条件不宜进行熏蒸杀虫的情况可用防护剂防虫;进行完熏蒸杀虫后为防止储粮再感染害虫也可用防护剂防虫；防护剂适用于种子粮防虫。储粮防护剂也可做空仓杀虫剂。

在已知害虫对某药剂产生明显抗药剂时，不宜再用此药剂作为防护剂。防护剂不适用于水分偏高的储粮。

二、药效及影响药效的因素

储粮防护剂主要是触杀和胃毒，也有微弱的熏蒸作用，对害虫药效较高，杀虫广谱。储粮施用储粮防护剂后，害虫接触药剂一般经 1～2 d 即死亡，但由于药剂主要附在粮粒表面，故对钻蛀性害虫的幼虫潜伏在粮粒内部时无杀伤作用。不同的虫种、虫期、虫口密度、粮种、粮食水分、温度、杂质以及施药量等因素对药效均有不同影响。

（一）不同虫种对药效的影响

不同药剂的杀虫谱存在一定的差异，如防虫磷对锯谷盗、大眼锯谷盗、谷斑皮蠹、烟草甲防治效果好；对赤拟谷盗、杂拟谷盗、谷象、米象、锈赤扁谷盗等防治效果较好；对小菌虫、小圆皮蠹、四纹豆象效果较差。对谷蠹防治效果差。防虫磷对腐食酪螨、普通食甜螨有一定防治效果，而对粗脚粉螨则防治效果差；溴氰菊酯对谷蠹有特效，用 0.25 mg/kg 的剂量，有效防护期在 12 个月以上，但对玉米象的防治效果不理想。

（二）害虫密度对药效的影响

施药前粮堆中的害虫平均密度大小对储粮防护剂药效有明显影响，原始害虫密度过大，防治效果较差；害虫密度小的防治效果好。因此，使用储粮防护剂应在粮食原始害虫密度平均为 1 头/kg 左右或以下时施药为宜，害虫密度越低防护效果越好。

另外，空仓内虫口密度的多少也同样影响药效。空仓内虫口密度高，对新入库粮食带来感染的机会增多，同样会使害虫继续生长繁殖。因此，入仓前做好空仓杀虫工作，对应用防虫磷是必要的。

（三）粮食含水量对药效的影响

粮食含水量高低，决定粮粒内部酶活性的大小，水分越高，酶活力越大，越易引起粮粒上药剂的分解，杀虫效果下降。

（四）温度对药效的影响

高温对有机磷药剂的药效的稳定性有不利影响。高温条件易加速药剂分解。一般而言，粮温每升高 10℃，防虫磷分解速度加快 1.5～2 倍。

（五）光分解

光线能引起防虫磷分解，其影响的程度，以红外线为最强，远紫外线、可见光和近紫外线则依次而减弱。在红外线中包含的高温条件则是引起储粮防护剂分解的主要因素。

（六）粮种的影响

粮种的不同对药效的影响是有差别的。在高粱、小麦、玉米的比较中，防虫磷分解速度按次而加速。因此，在使用储粮防护剂时，要根据粮种适当增减用药量。

（七）药剂在粮粒上不同浓度的影响

粮粒上含有高浓度药剂时，能延缓药剂分解速度。这就是说，药剂在粮粒上喷洒不均匀，能缓解药剂分解，所以砻糠载体施药法具有较长残效期。

（八）粮食中杂质的影响

试验证明，粮食中杂质高低对药效影响不大。

三、储粮防护剂使用范围

储粮防护剂用于各种原粮、种子粮防治害虫，也可用于空仓杀虫，但不得用于成品粮。

储粮防护剂防护种子粮不会对发芽力产生不良影响。试验表明，防虫磷在高达 500 mg/kg 以上的剂量才开始对种子产生药害，因此，在常用剂量 30 mg/kg 以下时对种子发芽力是十分安全的。

四、用药量

防虫磷作为储粮防护剂，各种原粮用药量一般为 10～20 mg/kg，即折合每吨用防虫磷原油 10～21 g，或吨粮用 70％乳油 14.3～28.6 g；防护种子粮或防治谷蠹，用药量可适当提高为 20～30 mg/kg，即折合每吨粮用原油 21～31 g，或吨粮用 70％乳油 29～43 g。

杀虫松防护剂，各种原粮用药量一般为 5～15 mg/kg，对防治谷蠹用药量需提高到 20 mg/kg。用于包装粮袋表面和空仓杀虫，药量为 0.5 g/m^2。

溴氰菊酯作为储粮防护剂应用的凯安保在国家粮库中使用 0.50 mg/kg 和 0.75 mg/kg 两种剂量，在被处理的粮食开始无虫或基本无虫的情况下，均可使粮食在半年以上时间内保持无虫或基本无虫，但对螨类和书虱类的防治效果不明显。

对于储粮防护剂规定的用药量波动幅度较大，选用合理剂量的原则是：北方地区或粮食防护期在半年以内的，可选用下线，南方地区或粮食防护期较长的，可选用上线。

五、储粮防护剂的施药技术

对于大型粮仓，在粮食入仓时采用机械化作业，可采用专用施药设备进行储粮防护剂的施用。不具备机械化进仓的粮库或农户，可采用超低量喷雾法或砻糠载体、粉剂拌粮法。根据试验结果表明，储粮施药层与施药层间距在 30 cm 以内时，储粮防护剂在粮堆中不用搅拌，同样有良好的药效。

（一）机械喷雾法

具有入库机械化装置的大型粮库，可采用专用喷雾设备仓用电动喷雾机。喷雾机安装在皮带或刮板式输送机上，粮食边入仓边喷施药液。喷雾机喷药量应选调与粮食流量相匹配，喷雾量控制在加水稀释后药液不超过粮食重量的百分之零点一，喷头设备安装在背风处，贴近输送机带上流粮的面上，尽量减少药液的损失。

（二）超低量喷雾法

适用于无机械入库条件的粮仓，或已入仓粮堆表层处理。

选用超低量喷雾法，主要是该法可以直接喷施不加水或少加水的药液，有利于粮食储藏。无水的高浓度防虫磷药液，也不易分解，可保持较长时间的药效。另外，此法雾滴细匀，有利于药剂分布广而均匀。

（三）砻糠载体法

载体法适用于农户和小型仓房人工入仓。

选用干燥洁净的砻糠，按粮食重量 0.1%的比例，在施药前几天，将砻糠薄摊室内地面，用超低量喷雾器将整堆粮食所需的总药量喷到砻糠上去（不要加水），阴干后备用。使用时，一般是倒一箩筐或一麻袋粮食均匀撒入一把药糠，每层药糠间距保持在 30 cm 以内，无需搅拌，最后粮面再撒一层。

据试验提供的数据，从有利于延长药效而言，以选用 2 cm 左右粒度的药糠为最佳。药糠储藏稳定性较差，所以配成的药糠不宜较长期储存。采用载体法施药有以下优点：

（1）药剂主要存在载体上，粮食中很少，因此，对粮食食用更为安全。

（2）药效持久，由于砻糠本身又是无生命体，没有代谢酶的作用，也缺乏作微生物生活基体的必要营养成分，又因药剂浓度很高，使微生物无法生长，由此排除了引起药剂分解的一大因素，使防虫磷可以发挥较长期的杀虫作用。

（3）施药方便安全。由于药剂已附在砻糠上，只要戴手套将砻糠撒到粮堆里就可以，不需要其他施药工具，十分简便。而且在施药过程中，药剂不会像喷雾或喷粉时那样有雾滴或粉尘飞扬，对施药人员十分安全。

（4）药剂不会造成过量或局部集中等危险，不会因施药操作失误，使药剂分布过分不匀，而造成残留过高，污染粮食。

（四）粉剂拌粮

防虫磷加粉剂填充料，可以配制成不同含量的粉剂。粮食可以在晒场上拌药，也可边入仓边拌药。不论哪种拌药方法，都要力求拌和均匀，才能提高防护效果。粮堆表层及四周，用药量可适当高一点。

（五）包装粮防虫

储粮防护剂也可用于包装粮防治害虫，将药液喷布在包装袋外，如在堆垛时，则每堆一层粮包，喷一次药在包面上，堆垛完成后，再在垛的四周及顶部喷一次药。必要时，隔数个月再喷一次药。

（六）空仓器材杀虫

储粮防护剂用作空仓、器材杀虫时，用器械将药液喷布在仓墙、地坪和器材上。

六、储粮防护剂应用中应注意的问题

（一）施药均匀性

虽然按常规机械喷雾方法均匀施药，亦无法达到药剂在每一粮粒上有相同药量，粮粒间含药量可相差 1 000 倍；砻糠载体、超低量喷雾等施药法，允许药剂在粮堆内有 30 cm 间距的不均匀施药，无需施药后再行搅拌，可视为均匀。但药效高低主要条件之一是取决于害虫主动接触含药粮粒或载体机会的多少，在单位体积内防护剂分布比较均匀，必然会提高害虫接触药剂的机会，提高药效。害虫在粮堆中活动范围有一定幅度，而防护剂在粮堆中呈现相对静止不均匀分布状态，因此，应尽可能地使施药均匀，保证获得良好药效。

（二）储粮防护剂的保存

储粮防护剂不宜久藏，储藏应放置在阴凉干燥处，避免在高温条件下（40℃）储藏，以免促使药剂分解，产生较多杂质，增加毒性。

（三）注意卫生残留标准

储粮上喷洒过储粮防护剂后，随着时间的推移，残留在粮食上的药量会越来越低，因而可根据各种农药毒性的高低制定出最后一次施药与加工使用之间的安全间隔期。

防虫磷在原粮中的残留卫生标准（maximum residue limits，MRL）我国定为 8 mg/kg，与 FAO 和 WHO 推荐的标准一致。防虫磷在粮食中降解较快，在正常的粮情和储藏条件下，半衰期为 2～3 个月。生产性试验表明，用 21 mg/kg 以下剂量处理的粮食，经过 3 个月以上的储存期；或以 30 mg/kg 以下剂量处理的粮食，经过 4 个月以上的储存期，其残留量均可达到卫生标准。因此，这 3 个月或

4 个月称为安全间隔期。如果采用砻糠载体法施药，药剂主要集中在砻糠上，施过药的粮食只要经风吹或过筛去除砻糠等杂质后，即可加工食用，这样可不考虑安全间隔期。

杀虫松在粮食内的卫生残留标准，在我国已暂定原粮为 5 mg/kg，FAO 和 WHO 残留标准为原粮 10 mg/kg，面粉 3 mg/kg，大米 1 mg/kg，糠麸 20 mg/kg。杀虫松在粮食上残留分解速度与防虫磷相似，都比较快，在 30℃，50%相对湿度条件下其残留分解半衰期为 14 周。

FAO 和 WHO 所核定的溴氰菊酯 ADI 值为 0.01 mg/(kg·d)。这少量的溴氰菊酯进入人体后，很快便被身体排除，不会在体内积聚。原粮中残留标准为 1 mg/kg，麸皮为 5 mg/kg，面粉为 0.1 mg/kg。

我国原商业部和卫生部商定，在国家标准未颁布前，根据实际情况和参照 FAO 与 WHO 标准确定临时卫生标准为：溴氰菊酯≤0.5 mg/kg（以原粮计）；增效醚≤10 mg/kg（以原粮计）。

（四）安全防护

施药人员或配药人员操作时要采取防护措施：穿长袖衣裤，戴乳胶手套和口罩，预防药液沾染皮肤或吸入呼吸道。操作前后切勿饮酒，在仓内作业时间每人每次不宜超过 2 h，每天不宜超过 2 次。操作完毕要用肥皂洗手洗脸，注意休息。储粮防护剂的残液或载体不得倒入河流或池塘等处，以免污染环境。发生中毒要及时送医院治疗。

思　考　题

1. 说明接触性药剂中杂质与纯度对药效的影响。
2. 烟熏与熏蒸有什么不同？
3. 液体型接触性药剂施用应注意哪些方面的问题？
4. 储粮防护药剂有哪些主要方法？
5. 使用储粮防护剂时应注意哪些方面的问题？

本章主要参考文献

1. Hightley E H, Wright E J, Banks H J, et al. Stored Product Protection. Proceedings of the 6th International Working Conference on Stored-product Protection. Cab international. UK, 1994.

2. Jin Zuxun, Liang Quan, Tan Xianchang, et al. Proceedings of the 7th International Working Conference on Stored-product Protection. Sichuan Publishing

House of Science & Technology. P R China. 1998.

3. 白旭光，王殿轩，赵英杰，等. 储藏物昆虫与害虫防治. 北京：科学出版社，2002.

4. 王佩祥. 储粮化学药剂应用技术. 北京：中国财政经济出版社，1993.

5. 英国热带发展研究所储藏系. FAO 植物生产和保护文集. 63. 防治有害生物.

6. 黄法余，邹焕文，梁广勤，等. 椰心叶甲的检疫及防除. 植物检疫，2000，14(3)：158-160.

7. 董锦艳，李铷，张克勤. 松材线虫生物防治研究进展. 植物保护，2005，31(5)：9-13.

8. 商鸿生. 植物检疫学. 北京：中国农业出版社，2000.

9. 赵善欢. 植物化学保护. 3 版. 北京：中国农业出版社，2003.

第五章　控温检疫处理技术

本章提要

温度对检疫害虫的影响

温度对植物病原物及其病害流行的影响

高温处理技术

低温处理技术

热冷与其他结合处理技术

木质包装材料的检疫热处理

第一节　控温检疫处理概述

一、控温检疫处理技术的概念

控温检疫处理技术（通常称热冷处理技术），指根据植物检疫对象对持续高温或低温耐受能力的极限温度而实施的检疫处理技术，包括热处理技术、低温处理技术、热冷处理技术综合运用。它是植物检疫处理措施之一。控温处理技术的基本要素包括温度强度、持续时间和热传导率。植物检疫控温处理的目的是消灭有害生物而不伤害寄主材料，但杀灭有害生物所需的温度与寄主可忍耐的温度之间的幅度往往狭小，因而处理一定要准确无误。

二、控温检疫处理技术的特点

随着科学技术的发展，控温处理技术也日益成熟，在植物检疫处理措施中日益受到重视。到目前为止，干热处理、热蒸汽处理、热水处理、微波加热处理等热处理技术，已在植物检疫处理中被广泛使用。它的优点是高效，快速，不污染环境，对操作人员无危害，经济，比药剂处理快速、彻底等。热处理根据其热源的不同分为干热处理和湿热处理。两者的不同点在于处理过程中是否有活性水蒸气的存在。采用两种方法都能达到杀虫灭菌的效果。目前，干热处理在处理带菌蔬菜种子的方面使用比较多。而在杀灭林木害虫和线虫上，两种方法都可使用。不过在处理成本上干热处理要大大低于湿热处理。目前，世界上很多国家都制定了热处理杀灭林木害虫和线虫的标准，近年来，由中国输往美国、加拿大、欧盟、日本以及由这些国家输往中国的木质包装也有很大一部分经过了热处理。

但是热处理方法也有明显的缺点。热处理法容易因为被处理物中心温度没达到要求而造成处理失效。如处理松材线虫感染木时，常因木材中心没达到 56℃、30 min 而造成处理失效；热水浸泡法处理水果会缩短水果储藏期，并产生植物毒性影响品质；处理苗木、花卉会造成叶片干缩、失绿等现象，且各种苗木对热水的耐热性差异很大，不易掌握。

低温处理主要用在水果和蔬菜的除害处理上。尤其是对防范实蝇类害虫的传播，低温处理被认为是最好的方法之一。由于低温处理对热带水果、亚热带水果容易引起冻害，而对温带水果适用性好，因此美国、澳大利亚等国家都制定了有关冷处理的应用范围，主要有苹果、柑橘类、杏、猕猴桃、樱桃、葡萄、柠檬等。低温处理的最大缺点是耗时长，并需要先进的制冷设备。

三、控温处理技术的应用范围

在植物检疫处理技术上，国内外对热冷处理的应用做了大量的研究工作和有益尝试，取得了卓有成效的结果（表 5-1）。

热处理时间短，效果好，适合用于水果、种子、粮食、饲料、面粉、包装袋、干花、草制品、土壤、动植物储藏物等带有有害生物的除害处理；因对处理材料易造成不良的影响，不适用于活的植物材料除虫处理，而对于带有病菌的活的植物材料在热处理时要严格控制温度和时间。冷处理应用范围较窄，花费时间较长，不利于达到快速、简便的检疫要求，对害虫处理效果好，而对病害处理效果较差，只能起抑制作用，因此适合用于带有害虫的水果、粮食等检疫处理。

在现场工作中经常遇到的卡板、原木等检疫物和包装物，其批量大，害虫隐蔽，不易用热冷处理技术进行检疫处理。由于热冷处理时必须配备消毒库，耗时多，不适于口岸现场作业，只可作为检疫物目的地的处理方法。热冷处理尤其是热冷的综合处理作为非化学性检疫处理通常是可以保证效果的，但对于含有如苹果蠹蛾等害虫的货物，需要充分考虑处理对植物产品和商品价值的影响。对于不同水果、种子等的热冷处理温度、处理时间等的控制，需要在具体试验研究的基础上，制定并按照完整、高效的处理方法和操作规程进行，在处理指标上规范化，使热冷处理技术标准化。通常，一种热处理或冷处理都有其局限性的，热冷的综合处理、热冷与其他处理（如熏蒸、气调等）的配合使用都是检疫处理除害技术中的重要部分。

表 5-1 热冷处理技术在病虫检疫中的应用(徐海,1998 年)

处理方法	病虫种类	寄 主	处理温度及时间	资料来源
热水处理	苹果蠹蛾幼虫	苹果	47℃,25 min	Yokogama,1991
	豆象及小蜂幼虫	林木种实	50～ 90℃,5～ 40 s	高步衢等,1990
	加勒比实蝇	芒果	46.1～ 46.7℃,75 min	Sharp,1986
蒸热处理	昆士兰实蝇 *Bactrocera tryoni* (Froggatt)卵及幼虫	荔枝	39～47℃,60～70 min	唐志,1994
	小麦矮腥黑穗病	麦麸	不低于 80℃,20 min 以上	郑行茂等,1990
	瓜实蝇 *Bactrocera cucurbitae* Coquillett 卵及幼虫	甜椒	43～ 44℃,3 h	杉木民雄等,1987
干热处理	马铃薯金线虫	土壤自然	太阳热力,70 d	LaMondia,1984
	小麦矮腥黑穗病	小麦	不低于 80℃,45 min	王鸿茂等,1983
	芒果果核象甲 *Sternochetus mangiferae* Fabricius	芒果	65～75℃,10～15 min	陈洪俊等,1989
微波处理	豆象幼虫	林木种实	40～70℃,1～5 min	高步衢等,1987
	玉米细菌性枯萎病 *Pantoea stewartii* ssp. Stewartii	玉米	55～70℃,3～10 min	邹进明等,1985
冷藏法	昆士兰和地中海实蝇	橘子	1.0～1.5℃,10～16 d	Hill 等,1988
	橘小实蝇、瓜实蝇卵和幼虫	水果和蔬菜	－1.1～2.8℃,10～20 d	Burditt 等,1985
	加勒比实蝇	柚子、橘子	1.7℃,7 d	Benschoter,1984
热冷综合处理	苹果蠹蛾 5 龄幼虫	苹果、梨	38℃、42℃、46℃,4 d、24 h、12 h; 0℃,28 d	Neven 等,1995
冷藏与溴甲烷处理	三叶草斑潜蝇 *Liriomyza trifolii* (Burgess)	菊花	1.1℃	Mortimer 等,1984
冷藏与 γ 辐照处理	加勒比实蝇	柚子		Von-Windeguth,1990

第二节 温度对有害生物的影响

持续高温能使昆虫或其他有害生物体内蛋白质变性失活，破坏酶系统而使有机体的生理功能紊乱最终导致死亡。低温冷藏主要是利用持续低温使有机体的生理代谢活动下降，体内组织液冷却结冰而逐渐丧失存活能力。热处理后冷藏的作用是热冷处理技术的综合运用，其作用机理是：热处理对病虫造成的代谢压力被随后的低温冷藏过程加剧了，冷藏的温度大大低于处理病虫的发育温度，低温的抑制作用导致在热处理下造成的生理损害不能修复。热冷处理技术是基于温度对有害生物机体的过度影响，也包括可能的对被处理物品质的影响，只有在正确理解温度对有害生物致死或抑制机制的基础上，才能合理采取有效温度控制措施，做到既能杀灭有害生物，又能保证被处理物的品质不受损伤。

一、温度对害虫的影响

危险性害虫跟其他昆虫和变温动物一样，机体和生理上缺乏调节体温的机能。一般来说，在一定的温度范围内，外界温度上升，害虫的体温也就相应地上升；外界温度下降，害虫的体温也相应地下降。因此，环境温度是害虫生境内最重要的气候因素，它对害虫的影响最为重要。环境温度对害虫发生直接作用，影响其生长发育、死亡、生存、繁殖、分布区域等。

(一)检疫害虫温区的划分

在植物检疫控温处理中，了解不同温区中温度对害虫的影响和害虫对温度的反应是十分必要的，植物检疫控温技术方案的确定以此为基础。通常植物检疫害虫温区的划分和其他昆虫一样，可划分为下列 5 个温区(表 5-2)。

1. 致死高温区

在该温区(50℃以上)，高温直接破坏昆虫的酶系和蛋白质，而且这一破坏过程是不可逆。昆虫经短时期兴奋后即死亡。

2. 亚致死高温区

在该温区(40～50℃)，昆虫的代谢过程的速度不一致，生长发育停止，表现出热昏迷状态。随着高温强度的增加和持续时间的延长，死亡率明显加大。如 40℃时，天牛幼虫不再蠕动，42℃后开始死亡，48℃时基本死亡，50℃时则全部死亡。但在实际处理中，要求有足够的时间使天牛幼虫全部致死。

表 5-2　昆虫温区的划分（郑州粮食学院，1986）

温度/℃	温区		昆虫的反应
60	致死高温区		短时间内死亡
50	亚致死高温区		热昏迷，长时间死亡
40	高适温区	适宜温区	随温度升高，死亡率增大
30	最适温区	适宜温区	消耗能量小，死亡率最低
20	低适温区	适宜温区	随温度降低，死亡率最大
10, 0, -10	亚致死低温区		冷昏迷，长时间死亡
-20, -30	致死低温区		短时间内死亡

3. 适宜温区

在该温区（15～40℃），昆虫的生命活动正常进行，又称其为有效温区。昆虫的生命活动能够正常进行的一定温度范围，这个范围也被称为昆虫的适宜温区（suitable temperature range）。适宜温区根据生长发育的快慢、对生殖影响等因素，又细分为高适温区、最适温区和低适温区。高适温区（zone of most favorable temperature）的温度一般为 30～40℃。在该温区内温度越高，对昆虫的发育和繁殖越不利。最适温区的温度一般为 20～30℃。在该温区内，昆虫体内能量消耗最小，死亡率最低，生殖力最大，但寿命不一定最长。低适温区的温度一般为 15～20℃。在该温区内，随着温度的下降，昆虫生长发育缓慢，死亡率上升，其最低限称为最低有效温度，高于此温度昆虫才能开始生长发育，所以，这一温度又称为发育起点温度（developmental threshold temperature）。

4. 亚致死低温区

在该温区（－15～15℃），昆虫体内各种代谢过程不同程度减慢而处于冷昏迷状态。随着低温的强度增加和持续时间的延长，导致死亡率加大。若经短暂的冷昏迷又恢复正常温度，通常都能恢复正常生活。

5. 致死低温区

在该温区(－15℃以下)由于昆虫体内原生质析出水分结冰,不断扩大的冰晶可使原生质遭受机械损伤、脱水和生理结构受到破坏,细胞膜受到破损,从而引起组织或细胞内部产生不可复原的变化而引起死亡。

由于不同种类的昆虫对温度的反应存在差异,每种昆虫的温区划分也会有一定差异。发生于不同地域的昆虫,其对温度的反应也略有差异。一般来说,发生于热带的昆虫更耐热,发生于寒带的昆虫更抗寒,其温区范围略有不同。因此,对来自不同地域的植物检疫害虫,其温区划分应具体情况具体分析。

(二)温度对昆虫生长发育的影响

昆虫是变温动物,调节体温的能力较差,它的体温基本上是取决于周围环境中的温度条件,在其有效温度范围内,温度升高可以激活各种酶和激素的活性,从而加快昆虫体内生化反应的速度,表现在发育速度加快。如果环境温度超过昆虫的有效温度范围,酶或激素的活性受到抑制,或不同酶系或激素之间产生失调现象。在极端温度下,即超出有效温区,随着高温、低温强度的增加和持续时间的延长,酶系会遭到破坏,体内的生化反应受到抑制,从而表现为生长发育停滞乃至死亡。

(三)温度对昆虫生存的影响

昆虫在适温区内则生活正常、生存率高。而当环境温度超过昆虫的有效温度范围时,常表现为生活失常甚至死亡。温度对昆虫生存或死亡的影响:一是在致死高温区或亚致死高温区,即高温对昆虫的致死效应或昆虫的耐热性问题;二是在致死低温区或亚致死低温区,即低温对昆虫的致死效应或昆虫的耐寒性问题。

1. 高温对昆虫的致死效应

(1)蛋白质凝固,酶系遭破坏。蛋白质是虫体的重要组成部分,一切生化反应必须在酶的催化下才能进行。在一定的高温条件下,虫体内的蛋白质会凝固,所有的催化酶类会变性失活,使细胞内代谢停止,从而导致害虫迅速死亡。如60℃以上的高温会使大部分蛋白质凝固变性,这是高温条件下害虫短时间内死亡的主要原因。蛋白质的凝固温度因其含水量的不同而异,含水量高的蛋白质易凝固,凝固温度较低;含水最低,凝固温度就高。因此,虫体含水量高的害虫种类和虫期,高温杀灭效果也比较好。

(2)生理代谢失调。适度的高温可引起害虫生理代谢速率的增高、呼吸加强、气门开放时间延长,加速了虫体内水分的失散,造成细胞在一定程度上脱水,盐浓度提高。同时也加速虫体内营养物质的氧化,能量过分消耗,最终因生理代谢失调,导致力竭死亡。

(3)体壁保水结构遭到破坏,加速了体内水分的大量失散。昆虫的体壁表层是蜡层和护蜡层，其主要化学成分是蜡质，它们在阻止虫体内水分失散方面起着重要的作用。一定的高温条件会打乱这些蜡质分子的定向排列，从而破坏了体壁表面的保水结构，使水分透过体壁大量蒸腾，造成虫体严重失水。生物体一切生物化学反应必须在水溶液的状态下进行，水是新陈代谢的基础。失水过多将会导致虫体内盐浓度的增高，造成生理性盐中毒，新陈代谢停止，最终导致死亡。

(4)虫体内类脂物质的液化导致害虫死亡。昆虫的神经系统和细胞原生质含有程度不同的类脂化合物，如磷脂、固醇、脂蛋白等，虫体内还含有大量的脂肪体。这些物质在高温条件下容易熔化而游离，从而引起组织破坏导致虫体死亡。

Denlinger 等(1998)提出了高温对细胞破坏的 3 个机制：一是高温打破了细胞膜内外的离子平衡；二是破坏了 DNA 和细胞蛋白质的合成机制；三是特别是酶系的变性导致新陈代谢遭到破坏。

2. 低温对昆虫的致死效应

(1)酶活性受到抑制。酶的作用在一定的有效温度下才能进行，低温会使害虫体内酶的活性受到抑制和破坏，细胞的生理生化活动也会随着酶活力的降低而减缓或中断，最终导致虫体生理机能丧失而死亡。

(2)新陈代谢受阻。害虫在低温下处于冷昏迷状态，不再取食，体内储藏的营养物质逐渐被消耗减少，结合水减少，代谢水增多，抗寒能力随之下降，导致新陈代谢停止乃至死亡。

(3)细胞膜的机械损伤。害虫在低于体液冰点的温度下体液会结冰，冰晶会使细胞膜遭受机械损伤而破坏，特别是细胞膜渗透性的损害更为重要。

(4)细胞原生质脱水。在低温条件下，由于细胞间游离水的结冰改变了膜内外的渗透压，细胞膜内的水分渗出膜外，致使细胞原生质脱水，盐浓度增加。最终使细胞的正常代谢失调，导致虫体死亡。

(四)温度对昆虫繁殖的影响

温度对昆虫繁殖的影响主要在成虫期。昆虫繁殖也有一定的适温范围，一般接近于生长发育的适温范围。在此范围内繁殖力随温度升高而增强，但繁殖的最适温度范围常较发育的要窄。在较高的温度下，成虫寿命短，雄虫精子不易形成，失去活动能力，影响交尾行为而引起不育，使雌虫所产卵多为未受精卵，因而不能孵化死亡。在较低的温度下，成虫寿命较长，但性腺不能成熟，不能交尾产卵或产卵极少。

二、温度对植物病原物及其病害流行的影响

植物病害的发生是在一定的环境条件下寄主与病原物相互作用的结果。病害

的发展乃是在适宜的环境条件下病原物大量侵染和繁殖，并造成植物减产或品质下降的过程。一种植物病害的病害循环，主要涉及4个问题：病原物的越冬或越夏，病原物接种体的释放与传播，侵染过程，病害的初侵染和再侵染。温度作为环境因子，在其病害循环中，主要影响前三个过程。

（一）温度对植物病原物越冬越夏的影响

影响病原物越冬、越夏的主要因素是温度、其次是湿度。任何病原物只能在一定的温度、湿度范围内生存，超出这些条件，病原物就不能越冬和越夏，不能生存。

（二）温度对植物病原物接种的影响

接种时要有合适的环境条件。首先温度要适宜，温度过高或过低时接种不容易成功。

（三）温度对植物病原物侵染过程的影响

植物病原物侵染过程分为侵入前期、侵入期、潜育期和显症期4个时期。温度在不同时期对植物病原物都有影响。

1. 温度对植物病原物侵入前期的影响

温度是影响病原物侵入前期活动的重要环境条件之一。它除影响寄主植物外，主要影响病原物的萌发和侵入速度。真菌孢子萌发最适温度一般为20～25℃。不同真菌孢子萌发的最适温度存在一定差异。在适宜温度下，不仅孢子萌发的百分率增加，萌发所需的时间也较短。温度还影响孢子萌发的方式，表现在温度改变了孢子萌发的产物。例如，致病疫霉 *Phytophthora infestans*（Mont.）孢子囊在28℃以上的温度下萌发就不再形成游动孢子。

温度对寄主植物的影响主要表现为影响植物的生理特性，改变分泌产物或分泌营养物的数量，从而影响病菌的侵染。例如，草莓丝核菌所引起的草莓立枯病，低温时比高温时发病重，这是因为草莓在低温下分泌的氨基酸量大，而这些氨基酸对病原菌生长起着重要的促进作用。

2. 温度对植物病原物侵入期的影响

温度主要影响萌发和侵入的速度。大多数病原物接种体萌发的最适温度与侵入寄主的温度是一致的。在适温条件下，病原物侵入时间短。不同的病原物其侵入要求的适宜温度不同，如小麦条锈病菌侵入的最适温度范围是9～13℃，最高为22℃，最低为1.4℃，而小麦秆锈的最适侵染温度是18～22℃，最高为31℃，最低3℃。有些病原物接种体萌发的最适温度与侵入寄主的温度不一致，温度对侵入的影响是多方面的。如引起马铃薯晚疫病的致病疫霉产生孢子囊的最适温度是18～22℃，孢子囊萌发形成游动孢子的最适温度是12～13℃，游动孢子萌发的最适温度12～15℃，游动孢子萌发以后形成的芽管生长最适温度是21～24℃。因此，马铃薯晚疫病发病的有利条件是夜间，此时温度较低而湿度高，有利于孢子囊和游动孢子的形成和萌发，但是芽管的侵入和侵入以后菌丝的发育则需要比较高的温度。

3. 温度对植物病原物潜育期的影响

病原物处于潜育阶段时，环境条件中温度对潜育期的影响作用较大，在较高温度下潜育期短。例如小麦条锈病菌在16℃时的潜育期是8～10 d，冬季为21 d。稻瘟菌的潜育期在9～11℃时为13～18 d，在17～18℃时为8 d，在24～25℃时为5.5 d，而在发病最适宜的温度范围26～28℃时只需4.5 d。葡萄霜霉菌的潜育期在21℃时为13 d，在23℃下为4 d，在29℃时为1 d。

4. 温度对植物病原物显症期的影响

各种病原真菌的孢子形成都要求一定的温度范围，其幅度比生长所要求的温度范围要窄；而有性孢子产生的温度范围比无性孢子更窄，且要求较低的温度。如许多白粉菌在植物生长季节不断以无性孢子进行繁殖，到晚秋才产生闭囊壳，可能主要是受温度的影响。许多子囊菌的有性孢子要在越冬后的落叶中产生，其发育过程需要一个低温阶段。通常无性孢子产生的最适温度同该菌生长最适温度基本一致，半知菌为25～28℃，鞭毛菌为15～20℃。当然也有不少特殊的情况。有些真菌要求在高温和低温交替作用下才产生孢子。如苹果炭疽病菌在实验室恒温条件下不容易产生孢子，但在变动的室温下，几天之后就能产生大量孢子。

第三节　高温处理技术

利用高温杀死有害生物的方法很多。常用的有干热处理、热蒸汽处理、热水处理、高频和微波处理技术等。

一、干热处理

干热处理一般在干热室或烘干箱或烤箱里进行。主要用于处理蔬菜种子，对多种种传病毒、细菌和真菌都有较好的除害效果；当处理原粮、饲料、面粉、包装袋、干花、草制品、泥炭藓和土壤等时，干热法可以杀死害虫、病菌以及其他有害生物（表5-3）。在实施处理措施时，当内部的总体温度达到要求的处理温度（即对有害生物的高温致死温度）时，作为处理时间的开始。因为不同作物的种子耐热性有明显差异，处理中要根据不同作物种子制定相应的处理温度和时间，严格控制温度和时间，如果处理不当，可能降低种子萌发率。70℃干热处理4 d后种子萌发率测定结果表明：耐热性强的有番茄、辣椒、茄子、黄瓜、甜瓜、西瓜、白菜、甘蓝、芜菁、韭菜、莴苣、菠菜、豌豆等；耐热中等的植物有萝卜、葱、胡萝卜、欧芹、鸭儿芹、牛蒡等；耐热性较弱的有菜豆、花生、蚕豆和大豆等；豆科作物种子不宜干热处理。含水量高的种子受害较重，应先行预热干燥。干热处理后的种子应在 1 年内使用。

表 5-3　有害病原生物干热处理温度及时间（朱西儒，2004 年）

处理对象	目标有害生物	处理温度及时间
黄瓜种子	绿斑花叶病毒(CGMMV)	70℃，2～3 d
莴苣种子	莴苣花叶病毒(LMV)	50～52℃，3 d；78～80℃，1 d
辣椒种子	烟草花叶病毒(TMV)	75℃，2 个月；80℃，3 d；70℃，5 d
番茄种子	溃疡病菌 *Clavibacter michiganense* subsp. *michiganene*	68℃，1 d；70℃，4～6 d；85℃，1～1.5 d
番茄种子	枯萎病菌 *Fusarium oxysporium f.* sp. *lycopesici*	40℃，1 d；75℃，7 h
黄瓜种子	黑星病毒 *Cladosporium cucumerinum*	70℃，2 d
番茄种子	黄萎病菌 *Verticillium tricorpus*	75℃，6 d；80℃，5 d
小麦原粮、麦麸皮等	矮星黑粉菌 *Tilletia contraversa*	130℃，30 min；125℃，60 min
饲料、面粉等	谷斑皮蠹 *Trogoderma granarium*	82.2℃，7 min
甘薯块根	根瘤线虫 *Meloidogyne* spp.	39.4℃，30 h
土壤	多种有害生物	121℃，2 h

用干热法处理小麦原粮、麦麸皮等，可以杀死储粮害虫和矮星黑粉菌 *Tilletia contraversa* 的厚垣孢子。使用滚筒式烘干机结合保温塔处理原粮时，滚筒内温度 110℃以上能在 25 min 内将原粮加热到 82～85℃，滚筒出口粮温不低于(95±5)℃，保温塔出口粮温(85±5)℃，塔中心处不低于 80℃，处理 45 min。处理后小麦含水量降低 1%，品质也可能有所降低。秦国勋等(2001)发现，巴西豆象经 55℃处理 1 h，或 60℃处理 0.5 h，各虫态的校正死亡率达 100%。

对于鲜活植物材料的处理，干热处理具有局限性。干热处理中会造成大量的水分散失，由于水分的损耗可使它们受到损害，特别用于处理含水分较多的新鲜水果时，由于湿度低，果实升温缓慢，尤其在水果量大时，升温不均匀，造成水果萎缩，使商品价值降低。同样的温度和时间处理，干热处理的效果不如热水处理和蒸热处理好。植物病原体在有水分存在时更易被杀死。但甘薯是例外，据报道，将甘薯加热到 39.4℃维持 30 h，能彻底根除根结线虫类。

二、热蒸汽处理

热蒸汽处理在我国储藏物害虫防治中早已应用，通常用于处理仓储工具和包装器材，如麻袋、面袋、箩筐、垫仓板、竹器、芦席等，但不能用来处理虫粮。蒸汽杀虫采用双轨式的蒸汽室较好，先用火将大铁锅内的水烧到沸腾，在密封条件下使高温蒸汽充满全室，待蒸汽室的温度升至 80℃时，将被处理的物品推入室内，保持 15～20 min，可达到 100%的杀虫效果。凡经蒸汽室处理的器材，应随即摊开在清洁无虫的环境中晾晒，然后才能使用。

热蒸处理方法适于对高温产生耐性的热带水果及生鲜果实，可作为实蝇害虫的检疫处理方法，对蔬菜和果实表面的病虫消毒也有作用。此方法是用饱和的水蒸气提高货物温度，达到所要求温度并持续一定时间。借水蒸气在货物表面冷凝释放的潜热达到快速、均匀地提高处理物品温度。应用中，饱和的细雾状热湿气和空气强制循环处理使害虫体温升高，生理功能受到阻碍导致死亡。水果热蒸汽处理设施包括 3 个部分：产品处理前的分级、清洁、整理车间，产品蒸汽热处理室，产品热处理后的降温、去湿、包装车间。这个车间应有防止产品再次遭到感染的设施。蒸汽热处理的主要设施包括热饱和蒸汽发生装置、蒸汽分配管和气体循环风扇以及温度监测系统。该方法处理水果时，库内湿度大，果实水分不易蒸发，升温速度快而均匀，也不会出现萎缩，对提高果实品质具有良好的效果。但蒸热处理鲜果时，有时会对水果造成变色、变形、腐烂、着色、后熟异常和产生异味等热损害，大批量处理时因蒸热分布不均匀造成产品处理后病虫害再感染。

根据货物和害虫种类来决定温度和处理时间。一般经 6～8 h，处理物品的温度借饱和水蒸气升高到 44.2～44.4℃，并保持 6～8 h。蒸汽热处理后立即冷却，并将空气干燥。44.3℃饱和蒸汽处理 6 h 可杀灭葡萄柚、柑橘、红橘和芒果内的墨西哥实蝇 *Anastrepha ludens*（Loew）；44.4℃饱和蒸汽处理 8 h 45 min 能杀灭地中海实蝇、柑橘小实蝇和瓜实蝇；柑橘种子用 54～56℃湿热空气处理 10～60 min，能杀灭种子内部潜伏感染的黄龙病病原物、溃疡病和疮痂病病原菌等；用 49℃湿热空气处理柑橘苗木和接穗 50 min 以消除黄龙病病原物，也获得较好的防治效果。蒸汽消毒灭菌是利用热和湿的综合作用实现消毒。100℃蒸汽可杀死害虫和大多数病菌。115.5～120℃，0.7～1 kg/cm^2 蒸汽压的饱和蒸汽，在短时间内能杀死最有抗性的孢子。处理时间的长短应根据物质的种类、数量和穿透情况不同而定。彭金火等（2001）研究发现，85℃、相对湿度 80%条件下处理 5～6 min 能比较可靠地杀死疫麦中的小麦印度腥黑穗 *Tilletia indica* Mitra（TIM）病菌。如在松材线虫的蒸煮罐中，温度更是高达 230～250℃。在这种高温蒸煮下，大部分病虫都能被杀死。蒸煮后再结合机械处理,效果更加有所保证。蒸煮大约15 min后,带病木材削片被送到热磨机中,进行高温磨碎,木材最终被磨成粉末,细度几乎接近粉尘,病虫不再存活。

三、热水处理

热水处理主要用于植物种子、苗木、无性繁殖材料等处理,用来杀灭病原真菌、细菌、线虫、螨类和昆虫。热水处理法在检疫上的应用实例如表5-4所示。其原理是利用植物材料与有害生物耐热性的差异,选择适宜的水温和处理时间,以杀死有害生物而不损害植物材料。在实施过程中,既不伤害植物的活性,又要能够对有害生物达到致死,需要严格按照技术要求进行种子的热水处理。

热水种子处理的操作一般程序如下：

(1)选种。选择籽粒饱满、成熟度高、无破损的种子进行处理。

(2)预浸。用冷水预先浸渍4～12 h,以便排除种胚和种皮间的空气,达到均一快速热传导。同时,有利于种内休眠菌丝体恢复生长,降低病菌的耐热性,提高灭菌效果。

(3)预热。在比处理温度低9～10℃的热水中,浸种预热1～2 min。

(4)浸种。选定水温和浸种时间,根据寄主和病株菌特性确定合适组合。若杀菌温度过高,会引起种子发芽率下降;温度未接近灭菌温度,等于无效处理。须严格控制处理条件,注意种子不同成熟度、储藏时间和品种间耐热性的差异。

(5)冷却干燥。将浸过的种子摊开晾晒,或通气处理,使之迅速冷却、干燥,以防提前发芽或发生霉烂,导致发芽率降低的恶果。

有时热水处理过的种子,可以用杀菌剂再处理,增强防治效果。同时,能够保护种子免受其他来源的病原菌污染。有些处理要求在水浴器内另加杀菌剂或湿润剂。在鳞茎的热水处理中,甲醛作为一种杀菌剂使用(40%甲醛：水＝1：200)。使用甲醛还可作为杀死游离在水槽中的线虫。为了防止真菌和细菌的传播,有人建议在热水处理期间或处理后使用杀菌剂如苯并咪唑类杀菌剂、多菌灵、噻菌灵、敌菌特、甲醛、链霉素、三氯苯酚、代森锌或代森锰处理。

用热水处理种子,即温汤浸种是铲除种子内部病菌的主要方法。我国至迟在清朝乾隆年间已广泛使用热水处理棉花种子。它能防治小麦种子内部的黑穗病,水稻稻瘟病、白叶枯病和胡麻斑病,棉花炭疽病、立枯病、黄萎病、枯萎病及甘薯黑斑病等。

表 5-4 热水处理法的应用实例(朱西儒,2004)

植物	目标有害生物	处理水温及时间
植物种子		
水稻	条斑病病原细菌 *X. campestrispv. oryzicola*	45℃,3 mim; 58℃,10 min
	茎线虫 *Ditylenchoides. angustus*	53℃,15 min
	干尖线虫 *Aphelenchoides besseyi*	51～53℃,15 min
小麦	散黑穗病菌 *Ustilago tritici*	44～46℃,180 min
	粒瘿线虫 *Anguina tritici*	52℃,10 min;53～54℃,5 min
珍珠稗	霜霉病 *Selerospora graminicola*	55℃,10 min
十字花科蔬菜	黑腐病 *Xanthomonas campestrispv,campestris*	50℃,30 min
花椰菜	黑胫病 *Phoma lingam*	50℃,20～30 min
番茄	溃疡病 *Clavibacter michiganense* subsp. *Michiganens*	50℃, 60 min; 54℃, 60 min; 55℃,25～30 min;57℃,20 min; 59℃,10 min
无性繁殖材料		
马铃薯块茎	金线虫 *Globodera rostochiensis*	55℃,5 min
	爪哇根结线虫 *Maloidogyne favanica*	45.5℃,120 min
甘薯块根	黑斑病(*Ceratocystis fimbriata*)	50～54℃,10 min
	南方根结线虫 *Meloidogyne incognita* var. *aacrita*	46.7℃,65 min
花卉球根	穿孔线虫 *Radopholus similes*	44℃,240 min
	水仙球蝇 *Merodon equestris*	44℃,90～120 min
百合鳞茎	滑刃线虫 *Aphelenchoides fragariae*	41.1℃,120 min(白皮品种); 38.9℃,90 min(红皮品种)
	根蛆	43℃,15～20 min
鸢尾鳞茎	茎线虫 *Ditylenchus dipasci*	43℃以下,180 min
	球茎根螨	43℃,15～20 min
葡萄苗木	葡萄根瘤蚜 *Viteus vitifolae*	54.5℃,3 min
草莓匍枝	螨类,蚜虫	46℃,25 min
水果		
鳄梨	实蝇	74℃,35 min

然而,有些种子不适于用热水处理。例如,大豆和其他大粒豆类种子,水浸后能迅速吸水膨胀脱皮;亚麻的种子表面有胶质物存在,当遇水后发生黏化、溶解,直

接影响种子发芽率的提高。试验表明：用植物油、矿物油和四氯化碳代替水，作为导热介质处理豆类种子，已取得成功。如果用大豆油 70℃、5 min 或 140℃、10 s 处理大豆种子，具有较好的杀菌效果并保证较高的种子发芽率。

热水可以用于水果中的危险性害虫处理。在处理芒果中的实蝇时，澳大利亚采用 48℃处理 20 min，美国采用 46.1～46.7℃处理 1 h；在处理芒果中的芒果果肉象甲 *Sternochetus frigidus*(F.)时，采用 46.5℃处理 40 min；在处理葡萄中的葡萄根瘤蚜中，采用 51.7℃处理 5 min，都取得了好的效果。在甘蔗插条热水杀菌中：首先 45℃热水预浸 1 h，室内晾 24 h，再放入 52℃热水中浸 1 h 或 55℃热水中浸 0.5 h。

四、高频和微波加热处理

高频加热和微波加热同属于电磁场加热，加热对象都是电介质。电介质中的极化分子因正、负电量相等，带的总电量呈中性，正、负电量的重心位置并不重合，所以分子的分布紊乱而不均匀对称。当介质在外电场作用下被反复极化时，其产生的偶极子也随外电场的变化而发生取向变化，即由外电场做功转化而来的“位能”，产生分子间的相对运动，带正电一端趋向负极，带负电一端趋向正极，从而在杂乱的运动中形成一个比较整齐有序的排列。偶极子随着外电场方向的交替变化而不断振荡，其振荡频率每秒近 50 亿次，外电场的变化频率越高，偶极子的运动也就越剧烈。由于分子不停地运动，克服分子间力而做功，以“热”的形式表现出来。

粮食、食品、植物与昆虫均属电介质。当它们同处于电场中时，都因本身的上述分子运动而迅速自身加热。害虫体内细胞的内容物和结构以及神经系统的胆固醇，可因迅速加热和剧烈振荡而破坏，最后导致死亡。一般介质含水量越大，害虫死亡越快。植物、种子和食品也会因过热导致死亡或质量的变化。其方法主要优点是升温快，介质内部的温度往往较外表高，灭菌速度快、操作方便、无公害、无残留，适合口岸小量植物种子灭菌和新鲜水果处理，尤其适用于旅检的杀虫灭菌检疫处理。主要缺点是介质的内容物的组成不一样和磁场不均匀，导致介质的升温不均匀，处理介质表层温度低，灭菌效果较差，不够稳定。

高频加热和微波加热虽然都是介质加热，其作用相同，但两者仍有所区别。高频加热振荡源采用三极管，加热时将被加热介质夹在两块平行电极之间，工作频率在 1～150 MHz，波长 2～300 m，微波加热振荡源低频段采用三极管，高端用微波管、磁控管、调速管或泊管等，加热时将被加热介质放在具有行波的传输线内，或放在具有微波的谐振腔中，或放在辐射器正前方工作频率在 300 MHz，波长在 1 m 以下。高频加热属于平行电极板间的电荷，在介质中产生静态电场或准静态电场；微波加热电场属于辐射性，随时间和距离而变化。

如 GPb-J4 型高频加热器，振荡频率 40 MHz，振荡功率大于 6 kW。不同粮食种类和重量，是通过调节同轴馈线至极板间引线的长短来达到较佳工作状态。可处理小麦、大米、赤豆、绿豆、眉豆、黑豆、花生仁、花生果、芝麻、薯干等粮食，布袋、纸包、塑料等包装材料以及土壤。每次粮食的处理量为 0.5～7 kg。以 2 kg 左右粮食为例，一般处理 60～90 s，当粮食各部位（特别是表面）最低温度达到 60℃或略高于 60℃时，能 100％杀死四纹豆象（成虫、卵）、谷斑皮蠹（幼虫）、花斑皮蠹 *Trogoderma variabile* Ballion（成虫、卵、幼虫）、赤拟谷盗（成虫、幼虫）、玉米象（成虫）、米蛾 *Corcyra cephalonica* Stainton（卵）。如果处理量增加，可相应延长处理时间。当输出功率和时间的乘积为 2 100 左右时，处理的粮温在 62.6～65℃，杀虫效果为 100％。如用输出功率 3.8～4.8 kW 的一种箱式微波加热器，处理谷物、豆类、油料约 2 kg，处理时间 60～90 s，粮食各部位的温度不低于 65℃，能 100％杀死谷斑皮蠹、花斑皮蠹、四纹豆象、咖啡豆象、玉米象、烟草甲、药材甲 *Stegobium paniceum* (Linnaeus)、拟谷盗、露尾甲、白腹皮蠹 *Dermestes maculatus* Degeer、黑菌虫 *Alphitobius diaperinus*(Panzer)等储藏物害虫。

由于高频和微波加热时电磁场的能量分布还不够均匀，因此被处理物各部位的温度有差异，甚至差异很大，一般为 8～25℃。保证被处理物各部位温度达到害虫的致死温度，是保证杀虫效果的重要环节。因此，对量大的被处理物可进行分批处理，并尽量保持被处理物的平坦均匀，高频加热时更不能使处理物在极板间高低过于悬殊，以避免局部过热现象。布质、纸质、木质、人造纤维、有机玻璃等包装物可进行处理，但不能带有金属物。如系开口容器，应在上面盖一块棉布，效果较好。

不同粮种升温速度不同，一般为豆类＞谷物＞油料，应据此相应增减处理时间。同时要根据室温和粮食处理前温度的不同，相应增减处理时间。处理时间应随粮食重量的多少而相应增减。

经高频和微波处理后粮食可能会影响其发芽率，有时甚至失去种用价值。例如：以高频加热处理 60 s，粮温 66～67℃时，赤小豆的发芽率降低 23.3％～52.7％。以微波加热，处理后粮温平均为 64℃时，绿豆的发芽率降低 5％、黑豆发芽率降低 39%；粮温平均 70℃时，绿豆的发芽率降低 29%、黑豆的发芽率降低 52%。因此，处理种用粮时应慎重。

蒋小龙(2002)报道，在微波炉内处理 50 s，能杀死南瓜内的实蝇幼虫，但对品质有轻度影响。美国和澳大利亚针对用药物及其他方法较难处理的芒果核象甲，用微波处理，效果满意。北京首都机场(1988)用此法处理芒果核象甲，温度升至 65～75℃，100%杀灭害虫，对品质有一定影响。

第四节　低温处理技术

低温处理主要用于检疫害虫，对病菌处理只能抑制，不能杀灭。根据处理温度，低温处理可分为速冻处理和冷冻处理。

“速冻”是指货物一开始即处于零度或零下温度的处理。任何等效的冷冻方法，如低温冻结、冷冻包装、冷包装等都包括在速冻范畴。速冻可有效地杀死除病原微生物外的大部分有害生物。此方法常用于因害虫原因而不批准进口的产品。大部分水果、蔬菜的处理均可采用此方法，尤其是用于加工的进口水果、蔬菜。速冻处理开始即在－17℃或低于－17℃的温度下急速冰冻被处理的农产品。随后的储存和运输最好也在－17℃的环境中。然而，为使处理完全有效，在到达目的地前物品温度必须保持在－6℃以下。速冻处理需具备满足上述温度处理的冷冻仓和储藏仓，在冷冻仓内必须设置自动温度记录仪，记录速冻过程中温度的变化动态。

冷冻处理是指应用持续的不低于冰点的低温作为控制害虫的一种处理方法。这种方法对处理携带实蝇的热带水果有效，并已在实践中应用。处理的时间常取决于冷藏的温度。冷冻处理通常是在冷藏库内(包括陆地冷藏库和船舱冷藏库)进行。处理的要求包括严格控制处理的温度和处理的时间。这是冷处理有效性的根本条件。冷冻处理包括冷藏库处理和集装箱冷处理。

陆地冷藏库和船舱冷藏库必须符合如下条件：制冷设备能力应符合处理温度的要求并保证温度的稳定性；冷藏库应配备足够数量的温度记录传感器，每 300 立方米的堆垛应配备 3 个传感器，一个用于检测空气温度，两个用于监测堆垛内水果或蔬菜的温度；使用的温度自动记录仪应精密准确，需获得检疫官员认可；冷藏库内应有空气循环系统，使库内各部温度一致。

具备制冷设备并能自动控制箱内温度的集装箱，可以在运载过程对某些检疫物进行冷处理。为监测处理的有效性，在进行低温处理时，在水果或蔬菜间放置温度自动记录仪，记录运输期间集装箱内水果或蔬菜的温度动态，长 12.2 m 集装箱放置 3 个温度记录仪，6.1 m 集装箱放置 2 个温度记录仪。集装箱运抵口岸时，由检疫官员开启温度记录仪的铅封，检查处理时间和处理温度是否符合规定的要求。

蔬菜、水果等大多适于冷库储藏。冷库的温度和储存时间则视目的而变。一般以保鲜为目标的冷储不能杀死害虫。为杀灭害虫的冷储则有特定的要求。害虫、线虫和动物的活动受制于温度。在正常温度下，随着温度下降，活动能力也相应减低，并逐渐进入冷昏迷状态，代谢速度变慢，进而生理功能失调和新陈代谢遭到破坏。长期处于冷昏迷状态，在温度和时间的综合作用下，就会死亡。这是一种防治热带实蝇等一些害虫的有效处理方法。此方法已用于处理来自许多国家的多种水果。处理时间由处理期间的最高温度决定。

冷冻处理通常在冷藏库或冷藏室中进行。但我国北方（东北和西北等地）冬季的气温常在－20℃以下，可以将粮食及植物产品放在自然条件下冷冻，同样可取得杀虫效果。一般情况下，在－10～－4℃条件下，经过 20～30 d 的冷冻，害虫均可冻死。处理的必要条件包括严格遵循规定的温度和时限，这是处理成功所不可少的。

在果实或植物产品上的病原菌，其活动与为害受温度的影响很大。为减少病菌活动所造成的损失，通常采取低温储藏的方法。但低温处理通常不能杀死病菌，这是必须注意的。

梁广勤（1992）在实验室小型冷库和大规模砖藏车间，将感染了橘小实蝇的橙果实，置于 2℃（±0.1℃）下，至果心温度达到此温度时，然后储藏 14 d，感染在橙果实中的卵和各龄幼虫完全杀死。果实损伤试验表明，在此低温储藏条件下，对橙果实无损害，据此，低温可作为有效检疫害虫处理措施。实蝇、地中海实蝇在 0℃或 0℃以下 10～13 d 即死亡；梅锥象甲 *Conotrachelus nenuphar*（Herbst）则在 0℃以下需 14 d；在 1.7～1.9℃的低温下处理 12 d，接入芦柑的橘小实蝇的死亡率达 100％；巴西豆象 *Zabrotes subfasciatus*（Boheman）经－22℃处理 2 h，各虫态的校正死亡率达 100％；谷象各虫态对低温耐受力不同，成虫最强。

第五节　热冷与其他结合处理技术

热冷综合处理对昆虫的致死十分有效。Neven（1984）发现热处理和低温冷藏综合应用比任何单一处理更能增加苹果蠹蛾 5 龄虫的死亡率，对昆虫的致死率有累加作用。热冷综合处理对水果或花卉等鲜活植物材料的品质无重大影响。根据品种和收获前的情况，苹果和梨收获后 3～4 个月的冷藏是市场上的一种常规做法，严格的做法是尽可能快地给水果降温以确保品质。有研究表明，苹果冷藏前进行热处理能增强对低温的耐受力，并且能减少冷藏对水果的表面伤害。热冷综合处理对那些能耐受短时热力和较长时间低温的水果（苹果和梨）是十分有效的。梁广勤（1998）用蒸热和冷藏综合处理的方法，可杀死接入荔枝鲜果中的橘小实蝇的卵和幼虫。在蒸热果实中心温度升至 46.5℃，保持 10 min，然后再将果实移至 2℃处理 40 h，可将卵和幼虫全部杀死，对鲜果品质无影响。

低温结合熏蒸处理。在冷冻处理时间要求较短的情况下，可结合熏蒸进行，这样可缩短冷冻时间 4～11 d。经熏蒸后的水果在低温下保存可提高耐药能力和杀虫效果。在低温下熏蒸也比较安全。低温处理前，通风解吸 2 h，熏蒸结束和低温开始，彼此间隔不超过 24 h。有些水果品种熏蒸 3 h，会引起损害。

低温结合气调处理。梁广勤（1998）利用低温和气调对鲜荔枝作检疫杀虫试验，在 O_2 含量为 1%～5%，CO_2 含量为 5%～6%，2℃低温下处理 13 d，可完全杀死人工接种在荔枝鲜果中的橘小实蝇的卵和幼虫，既提高了防治效果，又不影响荔枝鲜果的品质。

第六节　木质包装材料的检疫热处理

近年来，随着世界各国对环境和生态保护的要求的不断提高，各国对从其他国家引进的木质包装检疫越来越严格，为防止有害生物随木质包装传入，国际上对进出境木质包装检疫及处理愈来愈重视。ISPM 15 标准要求所有进境木质包装必须进行检疫处理，包括溴甲烷熏蒸处理和热处理等，并加贴国际标志。

一、植物检疫措施国际标准中的热处理方法

热处理（heat treatment，HT）在国际标准组织规定的木质包装检疫处理标志

中简称 HT。热处理具有除害安全、杀虫且杀菌、处理快、环保性能好、不受天气影响等特点。但是热处理对工艺要求较高，在完成湿热除害处理程序后进入烘干阶段时掌握好热处理室的温、湿度，要求严格，升温过高、降湿过快会造成木质材料开裂或严重变形等。

(一)热处理的基本要求

木质包装热处理必须完全杀死木材中的害虫、线虫等有害生物；木材室内干燥处理后要符合干燥、不变形、不开裂的要求；出炉时保持干燥以免潮湿发霉。对于进出境木质包装进行检疫热处理时，必须保证木材中心温度至少达到 56℃，并持续 30 min 以上。窑内烘干(kiln-dried ,KD)、化学加压浸透(chemical pressure impregnation,CPI)或其他方法只要达到热处理要求，可以视为热处理。如化学加压浸透可通过蒸汽、热水或干热等方法达到热处理的技术指标要求。

(二)热处理设施

热处理库(室)应有良好的保温、密闭性能，配备有效的加热加温设备，能够调湿，具有有效的气体强制循环设备和排放系统。应配备木材中心温度检测仪或可靠的耐高温的干湿球温度检测仪和木材含水量监测系统及自动显示仪，具有仪表观察与电控操作室。供热装置的选址与建造应符合环保、劳动、消防、技术监督等部门的要求。热处理库外具备一定面积的水泥地面周转场地。

如 SK 式 IF 型木材干燥机使用燃油加热产生水蒸气，通过送风机将水蒸气传送到处理室内对木材进行热处理。整个处理过程由电脑控制，预先埋放在材心的 3 个温度探头记录 3 个材心温度，同时使用干球、湿球温度计记录室内的干湿温度。

(三)木材中心温度的确定

在木材热处理中应测定木材的温度，特别是木材中心的温度。一般用温度计直接测定，即钻孔至木材中心点，将温度计探头埋进木材中，并使探头与木材保持良好接触，然后用同一木材锯屑粉拌以绝热黏合剂将周围缝隙充填。但如此操作甚为麻烦，并且测得的温度依然存在较大的误差或技术缺陷。在木材干燥处理实践中，通常应用理论公式求算或根据经验数据确定木材中心温度。

高殷平和陈其生等(1999)关于木材中心温度确定介绍中，在理论计算中作如下假设：材料为无限大平板，热量传导只考虑厚度方向，不考虑侧边(方材则需考虑)和端面对于材料加热的影响；除预先规定热流方向为径向或弦向外，沿木板横断面的热传导可视木材为各向同性体；木材整个体积的最初温度认为相同；介质温度在整个材料表面及在时间上恒定不变；木材加热过程属于不稳定热交换。那么，当材料在饱和蒸汽中加热时，无因次温度 θ(数值由 0 到 1)的计算公式为：

$$\theta=\frac{(t_0-t)}{(t_C-t_0)}$$

式中：t_C 为介质温度；t_0 为物体最初温度；t 为物体中心的当时温度。物体中心面达到所求温度的加热时间 T 可由以下理论公式求得：

$$T=\frac{F_0R^2}{a}$$

式中：F_0 为傅立叶准数，可根据 θ 值从傅立叶准数与无因次温度关系图中查得(图 5-1)；R 为物体厚度的一半或半径；a 为导温系数，可根据导热系数 λ，比热 C 和容积重 r 求得。它与导热系数 λ 成正比与比热 C 和容积重 r 成反比，即 $a=\lambda/Cr$。

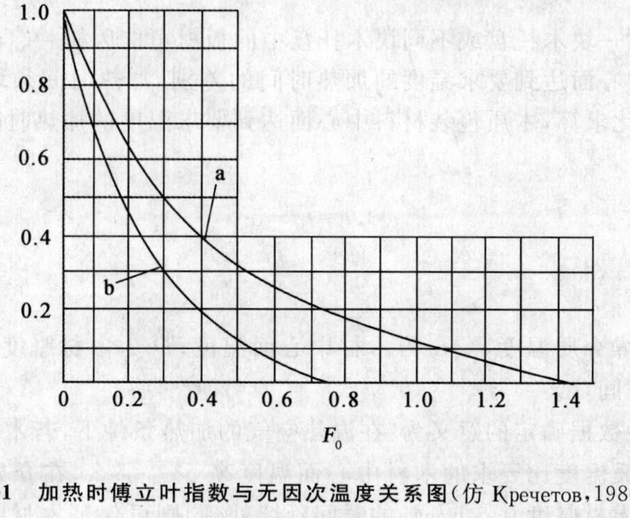

图 5-1 加热时傅立叶指数与无因次温度关系图(仿 Кречетов，1980)
a. 平板 b. 圆柱体

木材的导热系数、比热和容积重数值可根据木材的含水量、温度和密度从干材干燥技术参数图表或有关手册查得。木材的导热系数基本上决定于木材含水率、木材温度、纤维方向与容积重。木材的比热决定于温度与含水率，与树种关系不大。木材的容积重则决定于木材的密度和含水率。若木材的公定容积重为 0.6 g/cm³，加热前木材的温度为 10℃，假设加热介质温度为 70℃，木材的含水率在 15%～40%，则求得沿径向的导温系数 λ 在(5.5～6.1)×10^{-4} m²/h，通常取值为(5.0～6.0)×10^{-4} m²/h。

根据经验数据确定时，不同厚度的木材中心面达到要求温度的加热时间应用前述理论公式，分别对 3 组同一介质温度（t_C），不同木材最低温度（t_0）条件下的木材中心面达到要求温度（t）的加热时间进行求算，结果见表 5-5。

表 5-5 在不同温度条件下木材中心面达到要求温度的加热时间（陈其生等，1999） h

温度条件/℃			θ 值	F_0 值	木材厚度/cm									
					1	2	3	4	5	6	7	8	9	10
$t=61$	$t_C=66$	$t_0=16$	0.10	0.98	0.05	0.20	0.44	0.78	1.22	1.76	2.40	3.14	3.97	4.90
		$t_0=6$	0.08	1.02	0.05	0.20	0.46	0.82	1.27	1.83	2.50	3.26	4.13	5.10
$t=55$	$t_C=60$	$t_0=16$	0.11	0.95	0.05	0.19	0.43	0.76	1.19	1.71	2.33	3.04	3.85	4.75
		$t_0=6$	0.09	1.00	0.05	0.20	0.45	0.80	1.25	1.80	2.45	3.20	4.05	5.00
$t=61$	$t_C=66$	$t_0=16$	0.12	0.92	0.05	0.18	0.41	0.74	1.15	1.66	2.25	2.94	3.73	4.60
		$t_0=6$	0.10	0.98	0.05	0.20	0.44	0.78	1.22	1.76	2.40	3.14	3.97	4.90

注：在饱和空气中加热，导温系数 $a=0.000\ 5\ m^2/h$。

考虑到同一块木托盘或不同块木托盘中的板材可能因树种、含水量、热流方向不同等而其中心面达到要求温度的加热时间的差别，加热时间须取大值。结合实际经验，并简化求算，木质包装材料中心面达到要求温度的加热时间可根据以下数据确定。

$$t=t_C-5$$

$$T\leqslant\frac{D}{2}$$

式中：t_C 为干燥介质温度，℃；t 为木材中心面温度；D 为木材厚度（$D<10$ cm）；T 为材料加热时间，h。

根据经验数据确定的意义为：在温热空气的加热条件下，若木材厚度在 10 cm 以内，设定介质温度比要求的木材中心面温度高 5℃，那么，在介质温度达到设定温度后，按照木材厚度 0.5 h/cm 的时间延续处理，则可保证木材中心面达到比加热介质低 5℃的温度。例如，木材厚度 4 cm，热处理室干燥介质达到并保持 65℃，则 2 h 后木材中心温度可达到 60℃以上。

对于方材中心温度的确定时，因方材 6 个断面可同时受热，由于木材纵向热流方向系数常比径向或弦向的大 1 倍（如桦木、柞木等的倍数略低，表 5-6），即纵向热传导比经向成弦向的快 1 倍，那么，方材中心面达到要求温度的加热时间可比单独由径向或弦向传导的快 1 倍以上。因此，由前述理论公式求得或由经验公式得出的木材中心面达到要求温度的加热时间，对于方材而言，可减少一半。若方材为长＝宽＝高＝9 cm，介质温度达到并保持 66℃，则方材中心面温度达到 61℃的时间只需 2.5 h（$T=1/2\times D/2=1/2\times 1/2\times 9=2.5$）。

表 5-6　热流方向系数 K_x（仿 Шубин，1983）

树　种	热流方向		
	径向	弦向	纵向
松木、落叶松	1.0	1.06	2.2
云杉	1.0	0.95	2.2
桦木、山杨、梨木	1.0	1.0	2.0
柞木、水青冈、槭木	1.0	0.87	1.6

（四）木质包装热处理工艺流程

木质包装热处理一般工艺流程可简述为：热处理前测定木材含水量→合理摆放木材→加热处理→达到温湿度要求（干球温度 66～68℃，中心温度达到 60℃以上，室内相对湿度 82%以上）→保温处理（3～7 h）→停止加热→烘干→测含水量→出炉。

二、出境木质包装除害处理温度浓度实时检测系统简介

为了使出境木质包装检疫除害保证除害效果，和科学、经济地进行除害控制，国内的检疫机构研究开发了“出境木质包装除害处理温度浓度实时检测系统”。系统包括计算机主机一台、监测仪器、传感器、连接电缆 50 m 等。系统硬件中将传感器电路部分固定在热处理库外，在热处理库内侧墙壁的中部地面 1 m 的地方放置一个水槽，在湿球温度探头上绑一条纱布，纱布的另一端放在水里，探头距离水槽水面 3～5 cm。干球温度探头安装在湿球温度探头上方 10～20 cm 处，水槽里的水位应保持在湿球探头下 2～3 cm 的位置。系统在功能上可实时数据采集，上传至计算机。仪器工作状态、测量数据均由计算机显示，实时数据、历史数据采用曲线显示，可与计算机网络连接及实时上传监测数据。其主要操作点为：击“系统设置”，进入“应用程序设置”窗口。点击“应用程序设置”标签，输入企业法人编码、公司名称；“规则信息”温度下限，持续时间和药剂类型可根据用户情况自行修改填写。输入浓度值和检测时间点后点击“确定”，见图 5-2。

该系统可选择查看单个库情况。需要开始检测的时候点击开始。进度条上方会以黑色的小方块标记设置的检测点，当仪器运行到此处时开始测量溴甲烷的浓度，如果检测出来的浓度低于设置的规则数值，那么检测会停止并提示补充投药。可以看到温度、浓度的数值情况。正常为棕色，红色为温度过低，见图 5-3。

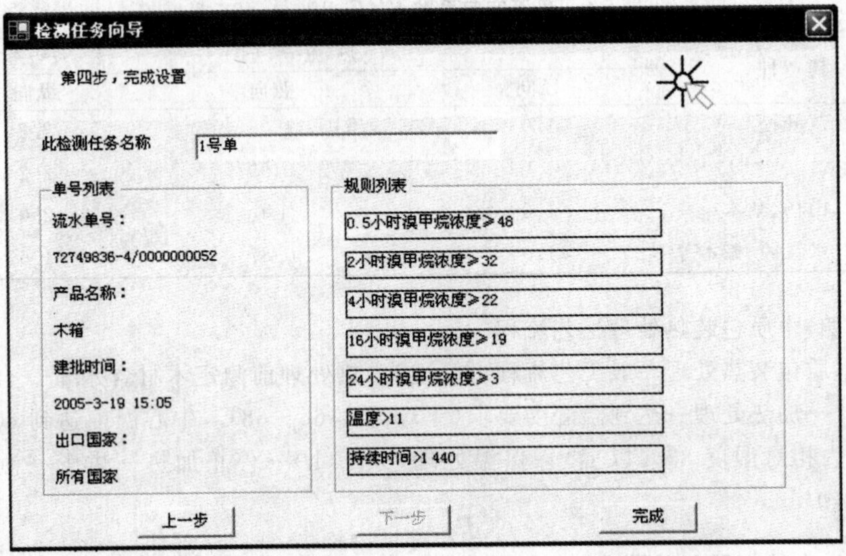

图 5-2 木质包装除害处理温度浓度实时检测系统设置界面

图 5-3 木质包装除害处理温度浓度实时检测系统温度显示界面

三、货物木质包装检疫热处理报告单证与标志

(一)木质包装检疫热处理报告单证

出境货物木质包装生产企业进行木质包装热处理结果报告单参见表 5-7。

表 5-7　出境货物木质包装热处理结果报告单

编号：

企业名称	
包装种类	数量/规格
处理日期	处理地点
出库日期	最大木材厚度
批次	编号
干球温度：	相对湿度：
湿球温度：	
开启升温时间：	处理前木材含水率：
干球温度到达　℃时间：	处理后木材含水率：
湿球温度到达　℃时间：	热处理后木质包装状况：
热处理起始时间：	
热处理结束时间：	
已按上述要求对本批木质包装实施热处理，请检验检疫机构予以审核。	
热处理技术操作人员(签名)：	
企业负责人(签名)：	年　月　日(盖章)
除害处理结果评定：	
该批木质包装热处理过程符合除害处理要求，准予加施标志。	
检验检疫人员(签名)：	年　月　日(盖章)
备注：	

注：①附检测打印记录。②本表一式二联，第一联交检验检疫机构，第二联生产企业留存。

经除害处理合格的木质包装，由标志加施企业加施标志，并出具合格凭证(表 5-8)。

(二)木质包装检疫处理标志

经过热处理或溴甲烷熏蒸处理的每件木质包装必须在明显的地方加以标志，最好在木质包装的两个相对面有清晰、永久的标志，证明该木质包装已经按要求进行了处理。标志必须包含 4 项内容：

表 5-8 出境货物木质包装除害处理合格凭证

编号：

标志加施企业名称(盖章)			
联系人		电　话	
使用企业名称			
联系人		电　话	
货物名称		拟输往国家/地区	
包装种类		数量/规格	
处理结果报告单编号			
备注			

注：本表一式三联，第一联交使用企业，第二联交检验检疫机构备查核销，第三联标志加施企业留存。

(1)唯一的图形符号。

(2)国际标准组织规定的两字母国家代码(木质包装生产国)。

(3)该国植物保护机构规定的木质包装生产商唯一编码。

(4)除害处理类型的缩写(例如 HT 表示热处理，MB 表示溴甲烷熏蒸)。

图 5-4 为国际标准组织规定的木质包装检疫处理戳章格式。图 5-5 为我国出境货物木质包装标志式样。

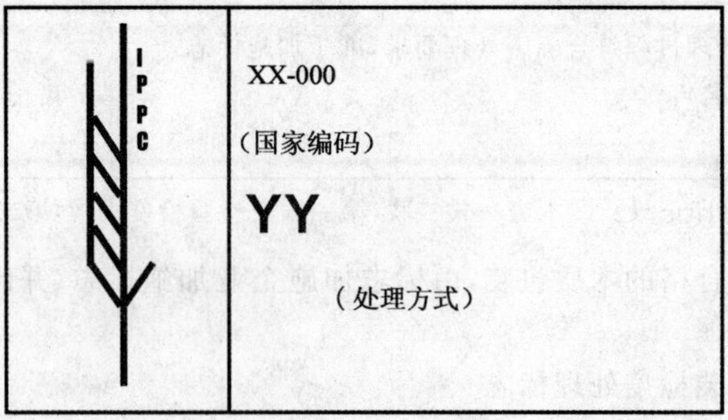

图 5-4 IPPC 规定的木质包装检疫处理戳章格式

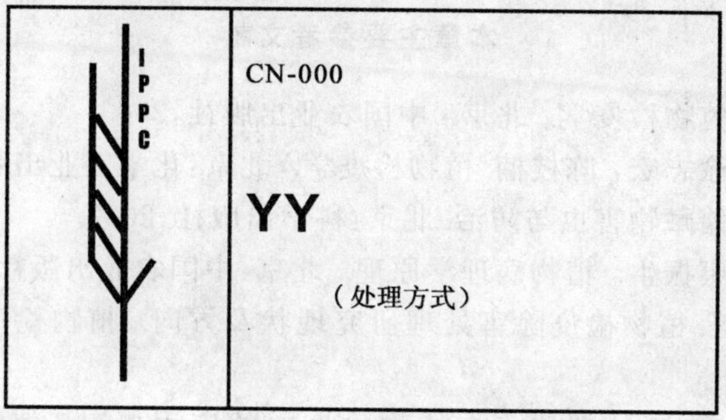

图 5-5　中国出境货物木质包装标志式样

其中：IPPC 为《国际植物保护公约》的英文缩写；CN 为国际标准化组织（ISO）规定的中国国家编号；000 为出境货物木质包装生产企业的 3 位数登记号，按直属检验检疫局分别编号；YY 为除害处理方法，溴甲烷熏蒸，MB；热处理，HT。

木质包装检疫处理标志除以上信息外，经检验检疫机构同意，输出国家或地区官方植物检疫机构或木质包装生产企业可根据需要增加其他必要的信息，如去除树皮以 DB 表示。标志颜色采用黑色，避免使用红色或橙色。标志规格有 3 种：3 cm×5.5 cm、6 cm×11 cm 及 12 cm×22 cm，生产企业可根据木质包装大小任选一种，特殊木质包装经检验检疫机构同意可参照标记式样比例确定。出境货物木质包装除害处理标志加施企业应使用黑色漆至少刷于每件木质包装两个相对面的显著位置，保证其永久性且清晰易辨。

思考题

1. 热处理具有哪些好处？干热处理和湿热处理各有什么特点？各自适用范围如何？

2. 说明不同温度区（范围）内害虫的生命存活特征。

3. 分别说明高温和低温致死有害生物的原理。

4. 高频和微波加热处理有什么主要的不同之处？

5. 冷冻处理有哪些常用形式？

6. 植物检疫措施国际标准中的热处理技术中对木质包装材料的处理是如何要求的？

本章主要参考文献

1. 许志刚. 植物检疫学. 北京. 中国农业出版社,2003.

2. 朱西儒，徐志宏，陈枝楠. 植物检疫学. 北京:化学工业出版社,2004.

3. 白旭光. 储藏物害虫与防治. 北京:科学出版社,2002.

4. 宗兆锋，康振生. 植物病理学原理. 北京:中国农业出版社,2002.

5. 李德山,等. 植物检疫除害处理研究现状及方向. 植物检疫，2003,17(5):289-292.

6. 徐海,等. 热冷处理技术在植物检疫中的应用概况. 植物检疫,1998,12(2):107-109.

7. 梁广勤,等. 低温处理橙果实中橘小实蝇作为检疫措施. 华南农业大学学报,1992,13(1):36-40.

8. 梁广勤,等. 荔枝蒸热和冷藏综合杀虫检疫处理试验. 动植物检疫,1998,27:70-78.

9. 梁广勤,等. 利用低温和气调对鲜荔枝作检疫杀虫处理试验. 动植物检疫,1998,27:67-69.

10. 蒋小龙,等. 橘小实蝇检疫处理技术研究. 西南农业大学学报,2002,24(4):303-306.

11. 叶炳元. 动植物检疫处理的现状和未来. 动植物检疫,1995,17:7-10.

12. Bebschoter C A. Low-temperature as a quarantine treatment for the Caribbean treatment for the Caribbean fruit fly (Diptera: Tephritidae)., In Florida Citrus. J. Econ. Ent. 1984,77:1234-1235.

13. Burditt A C,Balock J W. Refrigeration as a quarantine for fruits and vegetables infested with eggs and larvae of *Docus dorsalis* and *Docus cucurbitoe* (Diptera;Tephritidae). J. Econ. Ent. 1985,78:886-887.

第六章 辐照除害处理技术

本章提要

辐照处理及其特点

国内外辐照处理技术进展

辐照处理的生物学效应

辐照对被辐照物品的影响

辐射技术在检疫处理中的应用

影响辐照效果的因素

辐照技术在检疫中的发展前景

第一节 绪 论

一、辐照处理及其特点

检疫辐照处理就是利用离子化能照射有害生物，使之不能完成正常的生活史或不育，从而防止有害生物传播扩散或将其杀灭。常用的离子化能有伽马射线、射电线、无线电波、红外线、可见光和紫外线等。用于检疫方面的主要是伽马射线和X射线（周永淑和陈宏，1997），近来电子束在农产品保护和植物检疫上利用也在快速发展中。

辐照被认为是一种较为有效的检疫处理方法，它不受所处理样品温度的限制；辐照不会增加被处理物品自身的温度，也不会影响一些农产品的后熟；不必改变检疫物品的原包装，用于检疫处理的射线一般穿透力都较强，可直接对已包装的农副产品进行深部杀虫灭菌，并可防止再感染；生产性辐照装置具备传送机构，可实行装卸全部自动化和连续作业，而且适合口岸应急处理；通常的辐照处理剂量不会造成有害残留，无毒、无害、无污染，安全可靠，不会导致被处理物品产生放射性；以杀虫为目的的辐照检疫，剂量很低，不会伤害产品，小于1 000 Gy剂量辐射过的食品会对人体有害。美国联邦食品与药品管理局已批准使用小于或等于1 000 Gy的离子化能处理食品。辐照作为一种新鲜水果和蔬菜的广谱检疫处理方法的有效性已在1989年被北美植物保护组织(North American Plant Protection Organization,NAPPO)承认。辐照处理既能杀虫又能灭菌,是一种多功能的粮食除害处理方法。

二、国外辐照处理技术进展

辐照检疫处理是第二次世界大战后,和平利用原子能的标志,是继传统检疫处理方法之后发展起来的新技术(詹国辉等,2002)。

周永淑等(1997)曾对此辐照检疫处理进行综述,最早报道将辐射用于检疫处理的是使用X光作为水果和蔬菜的检疫处理。提出用^{60}Co-γ射线作检疫处理是在20世纪50年代,是针对实蝇处理,20世纪60年代又提出用^{60}Co产生的γ射线杀灭橘小实蝇。其间,美国进行了木瓜等热带水果果蝇的辐照效应的研究,后来又进行了苹果蠹蛾、加勒比果蝇等的辐照研究(李淑荣等,1998)。同期也有许多人提出用^{60}Co产生的γ射线分别用辐照处理昆士兰实蝇等。

1970年FAO和国际原子能机构(International Atomic Energy Agency,IAEA)两个国际组织在夏威夷召开了"利用辐照处理解决国际水果贸易中的检疫问题"研讨会。会议提出利用已有的辐照处理知识与技术解决国际水果贸易中存在的检疫问题,并对其应用前景做出了积极评价。会议确认辐照可作为水果检疫处理的手段以阻止各种实蝇和芒果象的传播,确定了水果检疫辐照处理的剂量,讨论了其检疫安全性的标准,并评价了辐照处理水果的有效性和辐照技术的完善性。会议敦促联合国粮农组织和国际原子能机构进一步开展辐照物品的健康性检测和植物敏感性试验,并制定统一的检疫辐照处理要求标准(周永淑等,1997)。尽管当时认为辐照是一种很有效的新鲜水果和蔬菜的检疫方法,但由于熏蒸剂特别是1,2-二溴乙烷的广泛应用,辐照检疫技术的应用当时在经济效益上还处于劣势。

在1984年美国禁用EDB以后,FAO、IAEA和WHO在1984年成立了国际食品辐照顾问小组(International Consultative Group on Food Irradiation,ICGFI),该小组的责任之一就是在食品辐照的全球发展方面向这三个国际组织及其成员国提供咨询。ICGFI召集辐照检疫处理特别工作组就现有的数据评价不同的实蝇和其他的节肢动物害虫的辐照敏感性,以及以此为目的的被处理商品的植物毒性研究。在这些数据的基础上,特别工作组推荐,对新鲜水果和蔬菜中的实蝇和其他实蝇科的害虫辐照检疫最低剂量为0.15 kGy,对芒果果肉象甲等其他节肢动物害虫的最低剂量为0.30 kGy(ICGFI,1986)(高美须译,1997)。1990年在美国召开的美洲国家辐照食品贸易协调会议和在上海召开的辐照食品商品化国际会议上都讨论了检疫辐照处理问题(周永淑等,1997)。

1986—1990 年进行的 FAO 和 IAEA 的合作研究计划，“辐照食品和农产品检疫处理的应用”，提供了有关几种实蝇、螨和其他昆虫的辐照敏感性方面更多的数据。在 1991 年由 ICGFI 召集的第二次辐照检疫处理特别工作组，对国际合作研究得到的数据和常规检疫处理的应用数据进行了评估。特别工作组认为有足够的数据表明一定剂量的辐照，可以满足不同商品上一些害虫的检疫要求。所要求的安全水平定义为没有可飞行能力的成虫羽化，或辐照的卵和幼虫不产生后代。在 1986 年以后的数据完全支持以前的发现，所以特别工作组再次肯定 1986 年的结果，即一般剂量的辐照作为新鲜水果和蔬菜的检疫方法是可以接受的。同时也表明辐照是一种有效的广谱检疫方法。可以对不同商品上的各种实蝇和其他昆虫害虫进行检疫处理(ICGFI，1991)(高美须译，1997)。1988 年由 IAEA、FAO、WHO 和联合国贸发会议(United Nations Conference on Trade and Development，UNCTAD)/关税贸易总协定(General Agreement on Tariffs and Trade，GAIT)的日内瓦国际贸易中心共同发起召开的“辐照食品的可接受性、控制和贸易大会”上，有 57 个国家和 14 个政府间组织与非政府间的约 250 名科学家、高级政府官员和消费者的代表参加，会上就辐照食品在各国主管部门严格控制下进行国际贸易的可接受性商定了一组原则。强调了“对某些食品来说，食品辐照也可作为一种有效的检疫手段使用，从而对国际贸易做出贡献”(王传耀等，1997)。

辐照作为一种新鲜水果和蔬菜的广谱检疫处理方法的有效性已在 1989 年被 NAPPO 承认，除 NAPPO 外，国际植物保护大会的其他地区植物保护组织包括欧洲和地中海地区植物保护组织(European and Mediterranean Plant Protection Organization，EPPO)，亚太地区植物保护委员会(Asia and Pacific Plant Protection Commission，APPPC)和国际区域植物保护和家畜卫生组织(Organism International Regional de Sanidad Agropecuaria，OIRSA)等 1992 年在 San Salvador 召开的地区植物保护组织技术咨询会上承认了辐照作为新鲜园艺产品的一种检疫处理方法(FAO，1992)。在 1994 年 NAPPO 的年会上，美国农业部(United States Department of Agriculture，USDA)主持了在 NAPPO 代表团(分别代表加拿大、墨西哥和美国国家植物保护组织)之间题为“辐照应用的植物安全性问题”的讨论。经过激烈的讨论，USDA 修改了它的文件，允许辐照作为新鲜水果和蔬菜上几种主要实蝇的一种检疫处理方法，而不限制新鲜水果和蔬菜的品种和国家来源(USDA，1995)。

1995 年美国进行了以检疫为目的的，有限制的商业化规模的辐照热带水果的市场实验。经美国农业部动植物卫生检验局(Animal and Plant Health Inspection Service，USDA/APHIS，APHIS)。特别允许，将可能被夏威夷本地几种实蝇侵染的水果密封包装后，由夏威夷运至芝加哥进行辐照处理。美国政府在 2000 年 5 月 USDA/APHIS 通过了“辐照作为新鲜水果蔬菜和园艺产品的检疫处理方法”的法规建议稿，允许辐照作为处理进口果蔬中 11 种主要果蝇和芒果象甲的检疫方法。在 2002 年 3 月 APHIS 又出了该法规的补充稿。

国际植物保护委员会（IPPC）植物卫生措施临时委员会（Interim Commission on Phytosanitary Measures，ICPM）已经在 2003 年 5 月 ICPM 第五次会议上正式通过了植物安全措施国际标准“辐照作为一种植物卫生方法”。该标准的通过将是 IPPC 第一次为一种检疫处理方法制定标准（高美须，2003）。食品辐照的商业化应用以商业为目的用辐照来加工食品的国家在不断地增加，现在已达到 29 个。近年来增加的主要为发展中国家，他们要么需要辐照为国内市场服务，或看到由此而提供的发展国际贸易的机会。香料、脱水蔬菜和调味品是 20 多个国家最主要商业化的辐照产品（高美须译，1997）。

三、国内辐照处理技术发展情况

用辐射的方法防治害虫的研究，已有近 50 年的历史。我国在这方面研究也已开展多年，但仅限于对仓储害虫的处理，在检疫处理中运用甚少（王桂江等，1998）。从 20 世纪 60 年代以来，我国开展了电磁波防治储粮害虫的研究。电磁波的频谱包括多种辐射，从 γ 射线到无线电波对防治储粮害虫的效果都做了大量工作。60 年代开始利用 γ 射线防治储粮害虫，包括研究防治几种主要储粮害虫的有效剂量，不同剂量率对防治效果的影响，辐射遗传不完全不育技术防治印度谷螟 *Plodia interpunctella*（Hubner）等。20 世纪 70 年代研究红外线防治储粮害虫、电离辐射防治储粮害虫和 ^{60}Co-γ 射线对储粮害虫辐射效应的研究。80 年代研究利用微波干燥粮食杀虫和激光防治储粮害虫。吕季璋等（1995）^{60}Co-γ 射线对主要储粮害虫锯谷盗、米象、谷蠹、赤拟谷盗等的辐照感应性及致死剂量进行了研究，试验表明，各种储粮害虫对辐照的感应性有差异，其中锯谷盗耐受性最差，其次为谷蠹、米象，赤拟谷盗的耐受性最强。用 0.5～0.3 kGy 辐照，锯谷盗成虫经 2 周全部死亡，米象和谷蠹经 3 周全部死亡，赤拟谷盗经 4 周全部死亡；虫卵经 0.1 kGy 辐照后不能孵化，成虫经 0.1 kGy 辐照后不能生育（海瑟，1993）。王殿轩、李淑荣等研究报道了电子束对一些主要储粮害虫的的作用效应，发现通常 300 Gy 以上的剂量可以致死一般的储粮害虫，稍低一些的剂量也能对害虫的繁殖力造成明显抑制。由于电磁波能在辐射源方面的局限性以及其直线传递的特性、穿透能力等物理特性，至今没有在实仓储粮中推广应用。

我国 1997 年颁布了以杀虫为目的的《辐照谷物豆类卫生标准》，2002 年又批准了《辐照豆类的工艺标准》。多年研究表明辐照也可以作为一种有效的检疫处理方法。研究数据较全面的果蔬中食蝇类害虫的辐照检疫，国际上已建立了有关的法规和初步的应用，但辐照作为其他害虫的检疫处理研究还需要进一步的加强（高美须等，2004）。1998 年，我国开展了进口水果 γ 射线辐照检疫处理的研究，以 300 Gy 剂量辐照进口菲律宾芒果，橘小实蝇和芒果实蝇幼虫的死亡率和蛹的不羽化率均达到死亡几率值为 9 的水平。1991 年深圳口岸在处理 20 t 进口芒果时进行的试探性应用取得了较好的效果。高美须（1999）等在柑橘大实蝇、橘小实蝇和栗象辐照处理上取得了成功（彭发青等，2001）。

第二节　辐照处理的生物学效应

一、辐射源

用于辐照处理的辐射源主要有伽马射线、X 光、射电线、无线电波、微波、红外线、可见光和紫外线。现有的检疫辐照处理基本上都是使用伽马射线，近期高能电子束作为辐照源的发展趋势较快。应用中的辐照源以包括 1.17～1.33 Mev 的 ^{60}Co 和 0.662 Mev 的 ^{137}Cs 产生的 γ 射线、小于或等于 10 Mev 电子加速器产生的高能电子束和从小于或等于 5 Mev X-光源产生的 X 光为主。

二、辐照处理的生物学效应

（一）辐照对害虫的生物效应

检疫辐照处理就是利用离子化能照射有害生物，使之不能完成正常的生活史或不育，或者直接杀死各个虫态的害虫或其他有害生物，从而防止有害生物传播扩散或将其杀灭。

昆虫经辐射处理后，正常的生理活动受到干扰，消化系统、生殖系统和循环系统等受到影响。能诱发 DNA、RNA 突变导致不育、畸形甚至死亡。还会引起体重减轻，胚胎不正常，产生不育、无生活力的卵和影响后代的性比等。至今已进行过辐射处理试验的害虫害螨涉及鞘翅目（13 科）、鳞翅目（15 科）、同翅目（7 科）、双翅目（4 科）、缨翅目（2 科）、等翅目（1 科）和蜱螨目（5 科）7 目 47 科 150 多种。从总体上看，鳞翅目的害虫对辐射具有较高的耐受性，一般 300～500 Gy 可使试虫不育。粉斑螟的雄成虫对辐射就具有极高的耐受性——1 000 Gy 才可使试虫不育。对其他 6 目害虫的辐射不育剂量一般在 100～500 Gy，其中，以芦笋蚜的 2 龄幼虫最为敏感，5 Gy 的剂量即导致死亡。对同一种试虫而言：雌虫比雄虫敏感；低剂量可导致畸形或不育或对后代产生影响，而高剂量直接导致试虫的死亡。就致死剂量而言，柑橘锈螨 *Phyllocoptes oleiverus* Ashmead 不同日龄的成螨对剂量的耐受性有明显的差异：450 Gy 剂量处理在处理后第 7 天，柑橘锈螨 1 日龄成螨可以完全死亡；2～3 日龄成螨对辐射的耐受性相对较高，要完全致死 2～3 日龄成螨为 500 Gy。较高剂量 350 Gy 处理后，柑橘锈螨 1 日龄成螨能产极少量的卵但所产卵不能正常发育为若螨，此外，400～500 Gy 处理柑橘锈螨的 1 日龄成螨不能产卵，导致其完全不育，由此得出：350 Gy 为 1 日龄成螨的不育剂量。2～3 日龄成螨 400～500 Gy 处理均有一定量的卵产生，并且 400～450 Gy 处理组有极少量的卵孵化成若螨，但 15 d 以后观察 400 Gy 和 450 Gy 处理无后代存活。由此可见 400 Gy 为 2～3 日龄成螨的不育剂量。辐射柑橘锈螨 1 日龄成螨能大大减少其产卵量，在较低的剂量 100～350 Gy 处理柑橘锈螨的 1 日龄成螨，即能使其产卵量大大降低，所产的卵有一部分可以发育成为若螨并可以发育为成螨，但在较高剂量 350 Gy 处理后，虽能产极少部分卵，但所产卵不能正常发育为若螨；而 400～500 Gy 处理柑橘锈螨的 1 日龄成螨不能产卵，导致其完全不育。而辐射处理柑橘锈螨的 2～3 日龄成螨时，其产卵量降低不如 1 日龄成螨。由此，可以推测柑橘锈螨的 1 日龄成螨的生殖器官发育还不是很完全，或其 1 日龄成螨的卵量还较少及对辐射的耐受性较低等原因导致了 1 日龄成螨与 2～3 日龄成螨之间产卵量的差异，此点还有待于进一步研究（周利娟等，2002）。

（二）辐照对微生物的生物效应

曾有人利用电子束（EB）射线、^{60}Co-γ 射线、X 射线对小麦矮腥黑穗病（学名）的麦穗、病瘿和孢子粉等样品进行辐照处理，试验证明：电离辐照对小麦矮腥黑穗病孢子的萌发有抑制和灭活效应。经 3.0～4.0 kGy 辐照，小麦矮腥黑穗病冬孢子的萌发率急剧下降或基本不萌发，孢子萌发形态出现异常，表现为发育畸形，很快停止发育，或出现自溶消解现象。说明 3～4 kGy 虽不是小麦矮腥黑穗病孢子完全致死的剂量，部分孢子仍显活性，但无法继续工常发育生长和完成小麦矮腥黑穗病孢子的侵染循环，这种萌发被视作无效萌发或视为死亡。同时证明，小麦矮腥黑穗病、小麦印度腥黑穗病与小麦网腥黑穗病 *Tilletia caries*（DC）等对辐射敏感度存在共性，在相同剂量下，可同时对小麦矮腥黑穗病、小麦网腥黑穗病、小麦印度腥黑穗病进行检疫处理。因为灭活小麦矮腥黑穗病孢子的剂量高于灭虫剂量，在灭活小麦矮腥黑穗病冬孢子剂量条件下，可 100% 杀灭粮食中的各类昆虫。辐照处理既能杀虫又能灭菌，是一种多功能的粮食除害处理方法。^{60}Co-γ 射线、电子束和 X 射线对小麦矮腥黑穗病孢子灭活效果和灭活规律基本相同（方雯霞等，2003）。

（三）对被辐照物品的影响

许多研究结果表明，检疫辐照处理所要求的剂量对新鲜果菜均无明显的不良影响。在剂量小于 1 000 Gy 时，对辐照处理有高耐性的果菜包括苹果、草莓、枣、番石榴、芒果、香瓜、油桃、木瓜、桃、樱桃和番茄等；中等耐性的包括杏、香蕉、葡萄柚、无花果、金橘、荔枝、橘、西番莲、梨、菠萝和梅等；低耐性的包括葡萄、柠檬、鳄梨、甘蓝、菜花、黄瓜、酸橙、橄榄、辣椒和叶菜类等(Kader，1986)。

用 300 Gy 或 500 Gy 处理梅、油桃和桃，其果色等略有变化，这可能是由于推迟了成熟期所至(Moy 等，1983，1985)。用 500 Gy 处理橘子，其芳香、味道、维生素 C 含量、总酸度和可溶物总量均无明显变化。用 150～250 Gy 处理芒果，可推迟成熟期，但果汁酸性和可滴定酸度随剂量而增加(Spalding 等，1988)。Hinesley 等(1993)的研究表明，在检疫中不能用辐照方法来处理作为圣诞树的针叶松只用 100 Gy 的剂量处理就可使其脱叶，此外还有叶色变化和累积性脱水现象。同时研究还认为，辐照食品只能用伽马射线或者是电子束，而不能用中子、氘和 α 粒子照射在食品上，因为其会对食品造成较大损害，同时还有诱发放射性的可能。

前苏联的研究结果认为剂量在 1 000 kGy 以下对小麦、大麦、玉米和高粱的品质没有不良影响。剂量在 200～2 000 kGy 时，对粮食的颜色和食味没有影响。剂量在 10 kGy 以上才使面粉的降落值和布拉班德黏度值有所降低，这可能和淀粉遭到破坏有关，但这对面粉品质没有不良的影响。前苏联的专家建议，在应用加速高能电子束时，电子能量在 0.8～10 MeV 为最好，如果超过 10 MeV，被辐照的粮食有可能被诱发出放射性。

我国曾应用低剂量率的小型试验设备进行了小麦和稻谷品质的辐照效应试验，经 945～4 366 Gy 伽马射线辐照过的稻谷和小麦，其水分、粗蛋白、淀粉、游离脂肪酸、还原糖、非还原糖等化学成分与对照均无明显差异；氨基酸组成及其含量没有明显变化；在 945 Gy 以下的辐照剂量时小麦面筋产量、质量变化不显著，蒸煮和烘焙品质未受明显影响，但布拉班德黏度值下降较多；过氧化物酶活性等生理活性受到一定影响，发芽率，成苗率下降以至丧失；淀粉分解敏感性增强，游离氮增加，淀粉、蛋白质分子受到一定损伤。辐照对粮食品质的影响主要取决于辐照剂量，剂量率影响不大，研究建议在实际应用中应选用高剂量率。

总的来看，用达到检疫安全性的害虫辐照剂量进行处理检疫商品，对其品质等各项指标没有什么不良的影响，在卫生安性上也未发现问题，从而进一步证明辐照技术是一种很有发展潜力的检疫技术。

第三节　辐射技术在检疫处理中的应用

王跃进(1998)曾报道，世界上已有 40 多个国家和地区批准了 100 多种辐照食品和上百种的辐照香料调味品上市。截至 1995 年，全世界已有 38 个国家批准了

224种辐照食品，我国批准了18种辐照食品。美国政府在2000年5月USDA/APHIS通过了“辐照作为新鲜水果蔬菜和园艺产品的检疫处理方法”的法规建议稿，允许辐照作为处理进口果蔬中11种主要果蝇和芒果象甲的检疫方法。中国已经有了相关的豆类和红枣的辐照加工工艺，制定有辐照处理食品的标准。美国和俄罗斯的科学家正在研究将辐照处理技术应用于木材的检疫处理，如果试验成功，该方法将应用于俄罗斯西伯利亚输往美国的木材的检疫处理。

一、辐照杀虫

(一)辐照杀虫效果

检疫辐照处理有效性的标准是以害虫不能羽化或不育为基础。美国制定的评价辐照处理检疫性实蝇和其他害虫的标准就是在9概率安全水平(即99.996 8%死亡率)上阻止水果内的幼虫发育和化蛹。Jona等(1979)提出虽然以要求的最低剂量处理就可达到检疫安全的需要，但用高至1 000 Gy的剂量处理，可降低幼虫的取食和提高死亡率，从而可防止害虫对物品的进一步危害(周永淑等，1997)。

相对于传统的检疫处理方法，辐照处理在防治害虫方面展示了其独特的优势。有时，它还是唯一有效可行的方法，如对芒果果核象甲的检疫处理。研究表明，即使对最具抗辐照能力的加利福尼亚玫瑰短喙象 *Pantomorus cervinus*(Boheman)老熟卵，辐照处理后卵的孵化亦可以被抑制。新西兰的辐照处理研究也表明，最抗辐照的瓜实蝇在最具抗性阶段，经过一定剂量辐照后，老熟幼虫完全死亡。澳大利亚辐照处理二斑叶螨取得理想结果，处理导致所有的成虫不育。辐照处理与低温处理(7℃)相结合，还可提高荔枝蒂蛀虫 *Conopomorpha sinensis* Bradley的死亡率。一些学者还对辐照杀虫的致死机理进行了研究。研究表明，昆虫受到辐照后体内发生一系列的生理生化变化，导致代谢紊乱，丧失生殖能力，最终死亡。如辐照处理亚洲玉米螟 *Ostrinia furnaralis*(Guenée)，处理后昆虫体内羧酸酯酶和酸性磷酸酯酶的活力都明显上升(詹国辉等，2002)。

(二)辐照处理防虫剂量的确定依据

采用辐照处理害虫所用的剂量主要应考虑以下几方面的依据：

(1)宿主的耐受性。宿主的耐受性即不致引起任何可见的或可测出的外部和内部损伤的情况下，产品所能耐受的最高剂量。

(2)最低有效剂量。最低有效剂量即使产品中的昆虫数目达到控制水平所要求的最低剂量，包括不育剂量、不羽化剂量和虫卵死亡率。

(3)最具抗辐照力的昆虫发育阶段。侵染产品的害虫往往是各个发育阶段相混杂的群体，应以抗性最强的发育阶段作为确定检疫处理最低有效剂量的对象。一般来说，不育所需的剂量较低，可以达到控制检疫害虫的目的。不羽化剂量就果蝇来说，可以达到几率值为 9 这一控制水平。达到虫卵 100% 死亡率所要求的剂量较高，一般是不育剂量的几倍，容易造成部分水果的损伤。昆虫不同的发育阶段对辐照的反应不同，一般来说，昆虫较年轻的蜕变阶段比较老的阶段对辐照更敏感，因此，卵、幼虫和年幼的蛹在处理适当时期后很容易被杀死，年老的蛹和成虫对辐射效应有较强的抗性。对辐照效应的反应雌性比雄性更为敏感。从检疫目的出发，不育剂量就能满足检疫的需求，但辐照处理剂量的确定在满足检疫目的的同时，还要兼顾产品的销售市场，以满足消费者的需要，因此，以不羽化剂量为检疫处理剂量更为合适，辐照一些检疫害虫的辐照参考剂量见表 6-1。

表 6-1　辐照处理至无成虫出现的参考剂量(李淑荣，1998)

昆虫种名	幼虫虫龄/d	寄主	剂量/Gy	供试昆虫数/头
墨西哥实蝇 *Anastrepha luclens*	老熟	葡萄柚	50	82
加勒比实蝇	虫龄混合	葡萄柚	25	1 258
Anastrepha suspensa	虫龄混合	葡萄柚	154	9 209
	虫龄混合	Floride 芒果	17.5	8 480
	虫龄混合	芒果	25	4 719
	虫龄混合	海地芒果	80	2 961
	虫龄混合	杨桃	50	6 423
	虫龄混合	葡萄柚	40	3 808
瓜实蝇 *Bactrocera cuctabitae*	虫龄混合	甜瓜	100	18 000
橘小实蝇 *Bactrocera dorsalis*	虫龄混合	芒果	150	197 041
吉维斯实蝇 *Bactrocera jarisi*	5 龄	芒果	101	153 814
昆士兰实蝇	1 龄	鳄梨	50	20 373
Bactrocera	1 龄	橙	50	9 915
	老熟	鳄梨	75	20 015
	老熟	橙	75	4 706
	5 龄	芒果	101	138 635
地中海实蝇 *Ceratitis capitata*	虫龄混合	番木瓜	25	19 000
樱桃细实蝇 *Rhagoletis intifferew*	虫龄混合	樱桃	97	84 369

（三）辐照杀虫应用剂量

辐照剂量是辐照检疫处理技术的关键性因子。剂量太低不足以杀虫灭菌，太高则可能对产品品质产生负面影响。国外对果蝇的检疫处理研究表明，影响剂量确定的因子包括寄主品系、测试虫龄、昆虫种类和所采用实验技术等。联合国粮农组织和国际原子能机构组织领导了检疫辐照处理的应用研究，目前已确定了辐照处理害虫的剂量。国际食品辐照咨询组织（ICGFI）的成员国在辐照剂量方面的主要研究成果为：如果处理的目的是为了抑制卵孵化、幼虫蜕皮、幼虫化蛹，那么，处理的剂量应在 1 000 Gy 以上；如果处理的目的是为了抑制卵或幼虫的发育致使其成虫不育，对于果蝇，采用的剂量值应在 150 Gy 以上（表 6-2）（詹国辉等，2002），对于其他害虫应在 300 Gy 以上（表 6-3）（詹国辉等，2002）。

表 6-2　抑制果蝇成虫出现辐照处理幼虫所需最低剂量值（詹国辉等，2002）

种　名	学　名	测试虫龄	寄主	剂量值/Gy
墨西哥按实蝇	*Anastrepha ludens*	老熟、3 龄幼虫	圆柚	50
		3 龄幼虫	芒果	100
西印度按实蝇	*Anastrepha obliqua*	3 龄幼虫	芒果	100
芒果按实蝇	*A. serpentina*	3 龄幼虫	芒果	100
加勒比按实蝇	*A. susnensa*	虫龄混合	圆柚	25
		虫龄混合	圆柚	154
		虫龄混合	芒果	17.5
		混合	芒果	25
		混合	芒果	80
		混合	阳桃	50
		混合	圆柚	40
地中海实蝇	*Certitis capitata*	混合	番木瓜	25～75
		3 龄幼虫	芒果	150
瓜实蝇	*Dacus cucurbitae*	3～4 龄幼虫	南瓜	150
东方果蝇	*D. dorsalis*	混合	鳄梨	100
		混合	混合	100
		5 龄幼虫	芒果	150
		5～6 龄幼虫	芒果	100
		5 龄幼虫	芒果	100
		3～4 龄幼虫	芒果	150

续表 6-2

种名	学名	测试虫龄	寄主	剂量值/Gy
	D. jarvisi	5 龄幼虫	芒果	75～101
昆士兰果蝇	*Bactrocera tryoni*	5 龄幼虫	芒果	75～101
		3 龄幼虫	苹果	75
昆士兰实蝇	*D. tryoni*	3 龄幼虫	马铃薯	50
		3 龄幼虫	樱桃	75
		3 龄幼虫	鳄梨	75
		2～7 龄幼虫	柑橘	75
梨果蝇	*D. zonatus*	3 龄幼虫	番石榴	50
		>4 龄幼虫	番石榴	55
西部樱桃果蝇	*Rhagoietis intiferens*	混合	樱桃	97

表 6-3　抑制非果蝇类成虫出现或繁殖辐照处理最低剂量值（詹国辉等，2002）

种名	学名	测试虫龄	寄主	剂量/Gy
玫瑰双斜卷蛾	*Clepsis spectranna*	5 龄幼虫	玫瑰	200
苹果蠹蛾	*Cydia pomonella*	老熟幼虫	苹果、樱桃	139～177
苹浅褐卷蛾	*Epiphyas pastivittana*	5 龄幼虫	苹果	199
玫瑰短喙象	*Asymonchachus cervinus*	成熟卵	柑橘	150
芒果果核象甲	*Stermochaetus mangiferue*	幼虫、蛹、成虫	芒果	300
天门冬小管蚜	*Brachycarynella asparagi*	成虫	天门冬	100
苹果笠圆盾蚧	*Quadraspidiotus nerniciosus*	成虫	苹果	300
美国间潜叶蝇	*Liriomyza trifolii*	幼虫	菊花、马铃薯	80
花蓟马	*Frankliniella pallida*	幼虫	花卉	100
葡萄短须螨	*Brevipalpus destructor*	幼螨、成螨	葡萄	300
二点叶螨	*Tetrunychus urticae*	幼螨	水果、花卉	300

对于辐照处理其他检疫害虫已有报道的剂量见表 6-4。

表 6-4　辐照检疫害虫的处理剂量（周永淑等，1997）

目	种	处理虫态	寄主	剂量/Gy	处理效果
鞘翅目	菜豆象 *Acanthoscelides obtectus*	卵和幼虫		90	不育
		卵和幼虫		260	不羽化

续表 6-4

目	种	处理虫态	寄主	剂量/Gy	处理效果
鞘翅目	豆象 *Callosobruchus* spp.	雄成虫	豆类	70	不育
	甘薯小象甲 *Cylas fomicarius*	卵		50	不羽化
		幼虫	甘薯	132	死亡
		蛹	甘薯	800	不羽化
		雌成虫	甘薯	300	不育
		雄成虫	甘薯	150	不育
	蔷薇象 *Pantonorus cervinus*	10～13 日龄卵		150	不孵化
		1～8 日龄卵		50	不孵化
		卵	柠檬	174.1	不孵化
	谷象 *Sitophilusgranarins*	雌成虫	小麦	140	不育
		雄成虫	小麦	110	不育
	米象 *S. oryzae*	卵和幼虫		60	不育
		卵和幼虫		80	不羽化
	芒果果象 *Sternochetus mangiferae*	幼虫和成虫		300	缩短寿命
		幼虫		500	不羽化
	谷斑皮蠹 *Trogoderma granarium*	雄成虫	豆类	250～300	不育
双翅目	墨西哥实蝇 *Anastrepha ludens*	老熟幼虫	葡萄	50	不羽化
		卵和低龄幼虫	葡萄	20	不化蛹
	加勒比实蝇 *A. suspensa*	幼虫	葡萄	25～154	不羽化
		幼虫	芒果	17.5～80	不羽化
	瓜实蝇 *Bactrocera cucurbitae*	幼虫	蔬菜	100	不羽化
	橘小实蝇 *B. dorsalis*	幼虫	芒果	150	不羽化
		幼虫	芒果	250	不羽化

续表 6-4

目	种	处理虫态	寄主	剂量/Gy	处理效果
双翅目	澳洲实蝇 *B. jarvisi*	5日龄幼虫	芒果	101	不羽化
	昆士兰实蝇 *B. tryoni*	蛹	水果	100	不羽化
		低龄幼虫	鳄梨或橘	25～50	不羽化
		老熟幼虫	鳄梨或橘	75	不羽化
		幼虫	香蕉	50	不羽化
		5日龄幼虫	芒果	101	不羽化
	桃实蝇 *B. zonata*	卵和幼虫	番石榴	45～55	不羽化
	地中海实蝇 *Ceratitis capitata*	幼虫	木瓜	25	不羽化
		卵和幼虫	橘	400～600	不孵化和不化蛹
	欧洲樱桃实蝇 *Rhagoletis cerasi*	幼虫	樱桃	100	不羽化
	西部樱桃实蝇 *Rhagoletis indifferens*	幼虫	樱桃	97	不羽化
同翅目	芦笋蚜 *Brachycorynella asparagi*	2龄幼虫	芦笋	5	死亡
		4龄幼虫	芦笋	80	不羽化和不育
	桃蚜 *Myzuspersicae*		切花	100	不育
	圆蚧 *Quadraspidiotus perniciosus*		苹果	600	缩短寿命
鳞翅目	潜叶蛾 *Clepsisspectrana*	幼虫	切花	200	不羽化
	苹果蠹蛾 *Cydiapomonella*	幼虫	核桃	177	成虫变异
		1～3龄幼虫	苹果	372	不化蛹
		非老熟幼虫	苹果	153	不羽化

续表 6-4

目	种	处理虫态	寄主	剂量/Gy	处理效果
鳞翅目	苹果蠹蛾 *Cydia pomonella*	0～1 日龄卵		100	不孵化
		3～4 日龄卵		400	不孵化
		5～6 日龄卵		1 400	不孵化
		5～6 日龄卵		400	1 龄幼虫死亡
		5～6 日龄卵		200	不化蛹
	苹淡褐卷蛾 *Epiphyas postvittana*	幼虫		199	不羽化
缨翅目	蓟马 *Franklinilla pallida*	幼虫	切花	100	不羽化
蜱螨目	棉叶螨 *Tetranychus urticae*		切花	350	不育
		幼虫	切花	300	不育
	腐食酪螨 *Tyrophagus putrescentiae*			260	不育
	刺足螨 *Rhyizoglyphus*			300	不育

研究证明，不同类别害虫对辐照的耐受性不同。用辐射的方法处理鞘翅目害虫主要集中在象虫科。Johnson 等(1990)曾实验，辐射松苗甲 *Asymonychus godmani* Ciotch 产在柠檬内 10～13 日龄卵经 150 Gy 的辐射后不能孵化，50 Gy 剂量的辐射对 1～3 日龄和 6～8 日龄的幼虫也能达到很好的处理效果。使谷斑皮蠹雄虫绝育的剂量是 250～300 Gy。对豆象科的雄虫，仅仅需要 70 Gy 就能使它们绝育。Ignatowicz 等(1990)报道，把菜豆象 *Acanthoscelides obtectus*(Say)和米象的幼虫及卵暴露在 60～90 Gy 的 γ 射线下辐射，这些卵和幼虫即使能够发育成成虫，但已失去繁殖能力。如把剂量加大至 200 Gy 便没有卵和幼虫能发育到成虫。Seo 等(1974)的研究表明，300 Gy 的剂量可以使芒果象甲幼虫及成虫的寿命大大缩短，500 Gy 处理以后没有幼虫能够发育到成虫。

研究表明，20℃下 80 Gy 处理同翅目昆虫文竹蚜可以使 4 日龄的若虫不能蜕皮。对成虫来说这个剂量足以使它们失去繁殖能力。Angerilli 等发现 100 Gy 可以使绿桃蚜 *Myzus persicae*(Sulzer)失去繁殖能力。在冷藏情况下用 600 Gy 处理苹果后，梨笠圆盾蚧 *Quadraspidiotus perniciosus*(Comstock)的寿命会大大缩短。

王桂江等(1997)综述报道,用 200 Gy 的辐射剂量处理卷叶螟 *Clepsis spectrana*(Treitschke)5 日龄幼虫,这些幼虫便不能发育到成虫:139～177 Gy 处理苹果蠹娥,其幼虫不能发育到成虫。对于樱翅目害虫,为害切花的蓟马 *Frankliniella pallida* Uzelz 经 100 Gy 处理后,便没有若虫能发育到成虫阶段。对于蛛形纲的螨类,二斑叶螨 Tetranychus urticae Koch 经 350 Gy 处理后便失去了生殖能力。用 300 Gy 处理切花,几乎所有感染切花的氓类发育到成虫后均无繁殖能力。

20 世纪 60 年代以来,辐射不同害虫研究大部分集中在实蝇科,研究出当幼虫和卵经过射线处理后无成虫出现的剂量标准(表 6-5)(彭发青等,2001)。如使用更低一些的剂量处理,成虫可能会出现,但或者是非正常成虫,或者是无繁殖能力的成虫。在美国和其他一些国家评估实蝇科和其他害虫的除害标准是概率 9(死亡率 99.996 8%)。

表 6-5　辐射水果检疫害虫的处理剂量(彭发青等,2001)

	害虫种类	处理虫态	寄主	有效剂量/Gy
鳞翅目	苹果蠹蛾 *Cydia pomonella*	各龄幼虫	苹果、胡桃	139～187
	苹淡褐卷蛾 *Epiphyas postvittana*	5 龄幼虫	苹果	199
	橙实卷蛾 *Gymnandrosoma aurantisnum*	幼虫	橙	400
	荔枝蒂蛀虫 *Conopomorpha sinensis*	幼虫	荔枝	250
鞘翅目	芒果果核象甲 *Sternochaet usmangiferae*	幼虫、蛹、成虫	芒果	300
	松苗象 *Asynonchus cervinus*	成熟卵	柑橘	174
	栗象 *Curculio davidi*	幼虫	板栗	500
双翅目	墨西哥橘实蝇 *Anast repha ludeus*	老熟幼虫	葡萄柚	50
	西印度实蝇 *Alobliqua*	3 龄幼虫	芒果	100
	暗色实蝇 *Alserpentina*	3 龄幼虫	芒果	100
	加勒比实蝇 *Alsuspensa*	多龄幼虫混合	阳桃	50
	欧洲樱桃实蝇 *Rhagoletis cerasi*	幼虫	樱桃	100 不羽化
	西部樱桃实蝇 *Rllndifferens*	幼虫	樱桃	97 不羽化
	地中海实蝇 *Ceratitis capitata*	多龄混合	木瓜	25～75
	瓜实蝇 *Bact rocera cucurbitae*	3～4 龄虫	芒果	150
	吉维斯实蝇 *Blcucurbitae*	幼虫	芒果	101

续表 6-5

	害虫种类	处理虫态	寄主	有效剂量/Gy
双翅目	橘小实蝇 *Bldorsalis*	多龄混合	鳄梨	100
		3～6 龄虫	芒果	100～150
	昆士兰实蝇 *Bltryoni*	3 龄幼虫	鳄梨	75
		2～7 龄虫	橙	75
	澳洲果实蝇 *Bljarvisi*	5 龄幼虫	芒果	75～101
	桃实蝇 *Blzonalus*	1～4 龄虫	番石榴	50～55
	柑橘大实蝇 *Blminax*	幼虫	柑橘	90
蜱螨目	短须螨 *Brevipalpus destructor*	若虫、成虫	葡萄	300
	二点叶螨 *Tetranychus urticae*	若虫	水果	300

二、影响辐照效果的因素

(一)环境因素

如将实蝇的幼虫放在水中,或处理含水量较高的水果,或处理环境中含氧量较低,都会影响辐射处理的效果。

(二)虫龄

实蝇幼虫随虫龄的增加对辐射的忍受能力渐渐增强,处理橙携带的昆士兰实蝇刚孵化的幼虫只需用 50 Gy 的剂量便可以使所有的幼虫不能生长发育到成虫,而处理老熟幼虫达到同样的效果则需要 75 Gy。随着卵龄的增加,卵对辐射的忍受能力急剧增加。Fesus 等(1981)发现,用 10 Gy 的剂量处理桃携带的地中海实蝇的低龄卵可以使卵的孵化率降低 95%,而处理高龄的卵,要达到同样的效果则需要 600 Gy。

(三)辐射强度

在 58～98 Gy 剂量下处理苹果蠹蛾幼虫在 1 Gy/min 处理下成虫出现的比例远比 204 Gy/min 处理下成虫出现的比例要高(王桂江等,1998)。

(四)辐照的剂量率

同样剂量下不同的剂量率也会明显影响到辐照效果,如 Burditt 等(1989)报道,在一定的剂量下,将 $^{60}Co\text{-}\gamma$ 射线的剂量率从 1 Gy/min 增加到 200 Gy/min,被处理的苹果蠹蛾老熟幼虫的羽化率明显减少。

（五）处理剂量

应用^{60}Co-γ射线对小麦矮腥黑穗病的冬孢子进行了辐照灭活试验。试验进行3个批次，辐照的剂量从2 000～20 000 Gy，分了10个档次，每档递进2 000 Gy。第一、二批次做3次萌发试验。第三批次做2次萌发试验。3批辐照处理的冬孢子萌发结果为：经4 000～60 000 Gy处理，仅有个别孢子能进行不正常的萌发；经10 kGy处理，所有孢子完全不能萌发。表明用^{60}Co-γ射线处理小麦矮腥黑穗病冬孢子，随处理剂量增加，孢子萌发数量降低，萌发形态不正常，终止生长，直到完全不萌发，表示孢子逐渐死亡。经辐照，孢子不萌发，表示孢子本身死亡；有的孢子虽然能萌发，但萌发物自溶消解，表示孢子本身虽未死亡，却不能继续生长，这种生命亦无意义，可以视为死亡（《国际电离辐射防护和辐射源安全基本安全标准》简介，1994）。

另外还有科学试验表明，辐照效果还会受到水果的品种和昆虫的类别等因素的影响。因此，在进行商业化处理前，应先确定水果的品种及水果的最抗辐照的虫种及虫态，选择合适的剂量，保证目标害虫处理的有效性和水果的安全（高美须等，2004）。

第四节　辐照技术在检疫中的发展前景

经过长期的研究，特别是对杀虫剂量，杀虫效果，辐照物质品质和卫生安全等项的研究，在研究过程中曾发现过异常结果，但在其后的进一步研究证明，这些异常并不是由于辐射所造成的，而是由于实验室中的其他因素（如微生物等）干扰所致。正鉴于此，联合国粮农组织、国际原子能机构和世界卫生组织的食品卫生指标专家小组建议应用这项技术。联合国粮农组织和世界卫生组织的食品法规委员会于1980年颁布了辐照食品国际标准。目前，包括美国、巴西、澳大利亚、菲律宾、新西兰、德国、泰国在内的近40个国家已进行的大量的研究证实，低剂量辐照处理是进出口果蔬检疫处理措施中最有前途的新方法。美国联邦食品与药品管理局已批准使用不超过1 000 Gy的辐照处理食品。我国也已批准对土豆、稻谷、花生、苹果、大蒜、香肠等8种食品可以进行辐照处理，此外还有几十种食品正在进行辐照处理的研究。已有超过49个国家接受辐照食品，35个国家进行了商业化食品辐照加工。

电子加速器类辐射装置，因为它可以根据需要进行开关，在需要时接通电源进行辐照，在不需要时关闭电源，这样可以节省电能，提高射线利用率，降低成本。伽马射线辐照源无论何时都在放出射线。但伽马射线穿透力强，可照射较厚物质，因而它的产量高。

辐射杀虫法的缺点是它的成本较高，缺乏同现行的杀虫技术的竞争力。一般来说，辐射杀虫法的成本是化学药剂法的2～4倍，而且一次性投资也较大(建造辐照工厂)。其次是辐照工厂的建造受一定条件的约束，流动量太大的仓库与港口库和流动量太小的仓库都不适合建造辐照工厂，因为在这样的仓库建厂，不是不能满足要求就是吃不饱。还有，辐照杀虫是一次性的杀虫，需要采取措施防止再感染。

就辐照检疫处理目前的应用现状，与其广泛应用的潜力相比还有较大的差距。为此，国际上也日益要求国与国之间在相近病虫害的辐照处理上加强合作，以避免重复工作，同时又可以得到有关国家的进口许可。国际食品辐照咨询组织已向联合国粮农组织(FAO)建议，在国际范围内推广标准化、协同一致的辐照处理措施。2000年4月，植物检疫措施临时委员会(ICPM)召开了关于辐照用于检疫处理的国际标准的会议，在会议上讨论和修改了有关辐照检疫处理的国际标准。我国也应加强在这一技术领域的研究力度，积极参与国际合作，尽早参与到辐照检疫处理国际标准的制定之中(王传耀等，1997)。

思　考　题

1. 辐照处理有害生物有何特点？
2. 说明辐照处理的对害虫和其他有害生物的生物学效应。
3. 说明辐射技术在检疫处理中的应用概况。
4. 影响辐照效果的因素有哪些？

本章主要参考文献

1. 李德山，段刚，赵汗青. 植物检疫除害处理研究现状及方向. 植物检疫，2003(5)：289-292.

2. 詹国辉，樊新华，孙威，等. 辐照处理在检疫除害中的应用. 四川林业科技，2002，23(4)：37-41.

3. 周永淑，陈宏. 检疫害虫的辐照处理概述. 植物检疫，1997(1)：51-56.

4. 李淑荣，王传耀，高美须. 辐照技术在农产品检疫上的应用. 植物检疫，1998(5)：302-304.

5. 王传耀，高美须，李淑荣. 农产品的辐照检疫技术. 食品研究与开发，1997(6)，18(2)：7-9.

6. 周利娟，胡美英，黄继光，等. γ-射线辐射处理对柑橘锈螨成螨的影响. 华中农业大学学报，2002(8)：347-351.

7. 王桂江，唐小平．辐射对几类害虫的处理效果分析．中国进出境动植检疫，1998(3)：45-46.

8. 高美须译．辐照技术对促进热带水果贸易的作用．植物检疫，1997(6)：354-358.

9. 方雯霞，姚文国．粮食检疫与辐照技术的应用．粮油食品科技，2003，11(2)：40-41.

10. 高美须．辐照检疫保护美国果农的利益．植物检疫，2003，17(6)：379.

11. 河北邯郸地区农科所植保室．利用红外线防治米象的初步试验．四川粮油科技，1976(2)：27-28.

12. 天津南开大学生物系昆虫教研组，天津市粮油科研所．天津市四种储粮害虫辐射效果小结．天津粮油科技，1978(4)：10-19.

13. 天津市粮油科研所．电离辐射防治储粮害虫．天津粮油科技，1979(5)：7-10.

14. 孙宝根．钴^{60} γ射线对储粮害虫辐射效应的研究．商业部四川粮食储藏科研所科研报告论文集，1980，47-51.

15. 陈丽珍，孙宝根．辐射遗传不完全不育性技术防治印度谷蛾的研究．商业部四川粮食储藏科研所科研报告论文集，1981：52-54.

16. 四川省平昌县粮食局．应用微波干燥粮食杀虫试验初探．粮食储藏，1980(2)：53-55.

17. 蒋心廉．激光杀虫试验初步报告．粮食储藏，1981(4)：33-36.

18. 蒋心廉．YAG激光杀虫试验报告．中国激光杂志，1988(1)：59-60.

19. 吕季璋，钟丽玉．放射线辐照防治储粮害虫的研究．粮食储藏，1995(5)：86-88.

20. 姜武峰，付文忠，等．应用KW种子仓储杀虫活化处理机防治储粮害虫生产试验报告．粮食储藏，2003(1)：16-18.

21. 彭发青，赵艳丽，胡加彬，等．水果的除害处理技术及其发展前景．植物检疫，2001(6)：363-367.

22. 高美须，王传耀，李淑荣，等．辐照作为豆类中绿豆象的检疫处理方法．植物检疫，2004，18(1)：11-14.

23. 国家粮食储备局储运管理司．中国粮食储藏大全．重庆：重庆大学出版社，1994：617-624.

24. 王跃进．溴甲烷及其替代技术(二)．植物检疫，1998，12(3)：184-187.

25. 吴品珊，王圆，陈克．小麦矮腥黑穗病菌和普通腥黑穗病菌在几种灭活处理中的相关性分析. 植物检疫,2000,14(1):11-13.

26. 刘新春,陈艺. 进口小麦中矮腥黑穗病的检疫和灭菌处理. 粮食储藏,1998,27(3):9-14.

27. 李国春,谢庚发,林建辉,等. 出境船舶货舱害虫的快速处理方法. 天津农林科技,2000(3):15-16.

28. 王桂江. 进口水果几种检疫处理方法简介. 植物检疫,1998(4):218-221.

29. 胡美英,姚振威,侯任昭,等. γ-射线对荔枝蒂蛀虫幼虫检疫处理的研究. 仲恺农业技术学院学报,1998,11(2):56-61.

30. 彭发青,赵艳丽,胡加彬,等. 水果的除害处理技术及其发展前景. 植物检疫,2001(6):363-367.

31. 詹开瑞. 几种常用熏蒸剂的特点及使用方法. 福建农业,1996(3):12-13.

32. 林奇力,黄德聪. 卫生除害处理熏蒸剂残留对感光材料光敏性的影响. 检验检疫科学,2002,12(3):35-37.

33. 王跃进. 溴甲烷及其替代技术(二). 植物检疫,1998 ,12(3):184-187.

34. 余道坚,邓琼,王伍. 荔枝主要病虫害及储运保鲜处理技术. 植物检疫,2000(5):276-278.

35. N. W. 海瑟. 辐射作为除果实蝇外其他昆虫的一项检疫措施. 国外农学——植物保护,1993,6(3):20.

36. 高美须. 辐照检疫保护美国果农的利益. 植物检疫,2003,17(6):379.

37. 高美须,王传耀,李淑荣,等. 辐照作为豆类中绿豆象的检疫处理方法. 植物检疫,2004,18(1):11-14.

38. 刘新春,陈艺. 进口小麦中矮腥黑穗病的检疫和灭菌处理. 粮食储藏,1998,27(3):9-14.

39. 吴品珊,王圆,陈克. 小麦矮腥黑穗病菌和普通腥黑穗病菌在几种灭活处理中的相关性分析. 植物检疫,2000,14(1):11-13.

40. A. K. 伯迪特. 辐射作为检疫措施对不同果实蝇种类的效果. 国外农学——植物保护,1993, 6(3):20.

41. 国家粮食储备局储运管理司. 中国粮食储藏大全. 重庆:重庆大学出版社,1994:617-624.

42.《国际电离辐射防护和辐射源安全基本安全标准》简介. 辐射防护通讯,1994,14(5):55-60.

第七章　物理机械与管理除害处理

本章提要

物理机械除害处理

法规管理

替代控制

仓储管理

利用物理因素或机械作用对有害生物传播、蔓延、生长、发育、繁殖等的阻止和干扰，防止禁止入境的危险性有害生物的方法统称物理机械除害处理。物理因素包括光、电、声、温、微波、超声波、红外线、辐射等；机械作用包括人工处理、使用简单的手段或器具器械装置，以及使用较为复杂的机械装置设备等；也包括将物理器具或人工与物理因素的结合应用，如捕杀（直接利用人力或简单工具）及诱杀（灯光、潜所、饵木等）等。

管理除害处理则是通过法规的管理与规定，对于疫情进行禁运、退回或销毁等管理层面的处理。《中华人民共和国进出境动植物检疫法》第十七条规定："输入植物、植物产品和其他检疫物，经检疫发现有植物危险性病、虫、杂草的，由口岸动植物检疫机关签发检疫处理通知单，通知货主或者代理人作除害、退回或销毁处理。"其第二十一条规定："输出动植物、动植物产品和其他检疫物，由口岸动植物检疫机关实施检疫，经检疫合格或者经除害处理合格的，准予出境；……检疫不合格又无有效办法作除害处理的，不准出境。"其第二十六条规定："对过境植物、动植物产品和其他检疫物，口岸动植物检查机关检查运输工具或者包装，经检疫合格的，准予过境，发现有本法第十八条规定的名录所列的病虫害的，作除害处理或者不准出境"。可见，在管理除害处理中重在加强管理和法规的实施，至于有害生物的处理则还要依靠具体的技术操作来实现。

第一节　物理机械除害处理

一、剪除网幕

许多害虫尤其是蛾类幼虫在一定时期会在发生场所或寄主上吐丝结网，害虫在其结成的网幕下进行取食为害，剪除网幕即将害虫结成的网幕及其内部害虫进行清除以达到除害处理的目的。

如美国白蛾的蛹主要集中在树干的老皮下及树干洞穴内、树周围的表土内或砖土瓦块下。若发生在居民区，相当数量的幼虫群集在建筑物的缝隙内化蛹。幼虫孵化后则营群居生活，吐丝结网，开始一个群体缀叶一片。随着幼虫生长越来越多的叶被包进网幕内，幼虫在网幕内群居的时间约占整个幼虫期大部分，1～4 龄幼虫多结网危害，5 龄后的幼虫开始脱离网幕，分散危害。在美国白蛾幼虫 3 龄前，仔细查找一遍美国白蛾幼虫网幕。发现网幕将网幕连同小枝一起剪下集中烧毁或深埋，散落在地上的幼虫也要立即处死。剪网时要特别注意不要造成破网，以免幼虫漏出。

二、诱集除害

对于有些检疫害虫可以利用其自身的生物学习性和对某些特殊物质的正向行为反应将其诱集到一起。再集中进行杀灭，以清除或减轻其发生和危害的处理方式可称之为诱集除害。

有许多害虫喜在主干翘皮、草丛、落叶中越冬，针对这些特性，在果树主干距地面一定高度处绑缚一圈松散的草圈等诱集场所，可诱集到大量害虫，冬季落叶后结合清园将草圈解下烧掉。在进行此种处理时，应注意尽量保护诱集物中的天敌。对于高大树木在发生美国白蛾且防治困难时，在其老熟幼虫化蛹前，在树干距地面 1～1.5 m 处用谷草、稻草把或草帘围绑起来，诱集幼虫化蛹，围绑时注意应上松下紧，以利于诱集效果的提高。在其化蛹期间每间隔 1 周左右的时间换一次草把，解下的草把要集中烧毁或深埋。

对于一些林业害虫可以采用饵木诱杀的除害措施。如对于双条杉天牛，在 3 月份在树冠下堆放柏树枝及柏树皮，引诱成虫在此产卵，于 4 月中旬以后移走堆放物，集中烧毁，消灭虫卵；在松墨天牛羽化盛期，将中等大小的活松木锯成段，搭成三角架，在一定范围内设若干堆，等天牛产卵结束后取回饵木集中烧毁（付贵友等，2005），松饵木堆可取用砍倒的活松树，处理时将松树主干锯成 2 m 左右长的木段，每 3 段扎成一支架，架下放置带松针的新鲜松枝（梁细弟等，2000）；对于杨树上的天牛可用诱饵树诱集，采用诱饵树与造林树种可进行株间混交或行间混交栽种，诱饵树要均匀分散种植在林木中。经验表明，诱饵树与造林树种采取株间混交方式更为理想，诱饵树的数量应占到种植总株数的 5%～10%。对于诱饵树要注意监测管理，及时掌握诱饵树上的天牛发生动态，适时防治以控制天牛虫口密度。防治措施可采取插毒签、人工砸卵或药剂防治等。待天牛虫口密度高，危害严重时，应及时伐除诱饵树或进行截干处理等。

利用害虫对化学物质的正趋性将化学引诱剂用于除害处理可以起到检测、诱集及处理的效果。化学引诱剂诱杀具有效果好、操作方便、安全、适用性强等特点，但不同化学引诱剂应用效果有所不同。如广东省森林病虫害防治检疫站对松墨天牛 PE 引诱剂和浙江省森林病虫害防治检疫站、中国林业科学院亚热带林业研究所共同研制的 M99 引诱剂进行了效果对比试验，PE 型诱捕天牛效率比 M99 高 25.5%，但从综合比较分析来说，在林间大面积防治时以 M99 引诱剂较为经济、实用。FJMA02 引诱剂也曾被福建省林业科学院试验用于松墨天牛。

害虫能够寻找到寄主植物是与植物本身散发的挥发性物质相关的，发自松树的挥发性物质在空间的弥散对于松墨天牛成虫寄主搜索、补充营养和产卵等行为的生境定位中起着重要作用。松树的挥发性物质主要成分为单萜烯和厌气性发酵生成物质的混合物。王玉嬿等曾利用单萜烯与乙醇按一定比例混合制成松墨天牛引诱剂诱捕成虫取得一定效果。其初筛选出的对松墨天牛成虫具较强引诱活性的引诱剂（M98-9 引诱剂），其主要成分为单萜烯、乙醛和丙酮。引诱剂虽然能有效诱杀相当数量的松墨天牛成虫，却不能完全遏制松材线虫通过松墨天牛成虫扩散蔓延，但能大大降低松材线虫传播的数量和减轻其危害程度（赵锦年等，2002）。诱集松墨天牛的诱捕器可采用锌铁皮制作，由伞形盖、漏斗和诱芯等制作（陈沐荣，2002）。

不同的害虫生物学习性不一样，引诱的效果也会因虫种而异，在诱集害虫时要根据害虫的生物习性适时进行处理。如小蠹虫类生活隐蔽，防治其幼虫难度很大，较好的防治时期是在成虫扬飞期，即成虫扩散侵染新的林木时期，由于小蠹虫主要靠成虫向周围林分扩散，控制好成虫扩散传播，可以达到保护森林不受小蠹虫危害的目的。

在对害虫的诱集中，诱捕器位置对于诱虫数量影响很大，这可能与害虫在林间的分布规律有关（高宝嘉等，2002）。因此，仔细研究林间被害树木的分布以及地形和小气候，如风向、风速等因素对害虫飞行、感染和生活习性的影响，对于在林间应用诱捕器时如何设置、如何达到良好效果等具有重要意义（温秀军等，2003）。可以利用美国白蛾性信息素在轻度发生区诱杀成虫期的雄性成虫。美洲斑潜蝇对黄色有趋性，在其发生高峰期，在田间设置黄色诱板，诱杀成虫。

三、灯光诱杀

利用昆虫的趋光性进行诱集除害虫方法。趋光性是昆虫对环境条件的适应性，是物种在长期的适应过程中形成的本能，对光源的光能量的一种直接反应。光的本质是一种电磁波，因为波长不同，显示各种不同的性质。人的可见光波长范围在 390～750 nm，而不同于对昆虫来说可见的光波长。实际上，可以引起昆虫生物效应的光，远比人类肉眼能见的光要广得多。昆虫能见的光在 250～700 nm，昆虫不能看到红光，却可以看到人眼看不到的紫外光，其中 300～390 nm 为近紫外光，亦称为黑光灯；750 nm 以上的波长为红外光，其中 750～1 000 nm 为远红外光。众多的研究表明，波长 320～400 nm 的近紫外线是诱集许多昆虫效果较好的作用光源，丁岩钦（1974）对棉铃虫蛾进行了 13 种单色光的行为选择实验最高峰在 333 nm，侯无危等（1994）对桃小食心虫的趋光性研究发现其对 333 nm 以上的单色光均有趋光反应。国内外已有一些使用不同光源的诱虫灯诱集或诱杀害虫的研究与应用，如黑光灯、频振灯、诱虫双波灯等。利用灯光诱杀害虫目前主要应用在农田害虫、森林害虫以及卫生害虫等。双波灯是在双光源诱虫灯的基础上不断改进创新而成。历经 20 世纪 70 年代中期的起始诱虫灯 200 W 白炽灯并联 20 W 直管形黑光灯及 20 W 日光灯并联试验后，80 年代初又经田间多种不同光色诱虫灯的筛选。创制了发出一半白光一半黑光的 20 W 黑白双光诱虫灯。近年来，又陆续有报道高压汞灯（450 W）、双波灯（450 W 高压汞灯＋20 W 白炽灯）、诱捕电击灭蛾灯（1 000 W）和频振灯（30 W 黑光灯）对棉铃虫 *Helicoverpa armigera*（Hubner）、美国白蛾、油菜斜纹夜蛾 *Prodenia litura*（Fabricius）及其他园林去虫的诱集和控制效果明显。

采用光诱杀害虫要了解害虫的发生情况和掌握好适当的处理时机，如对于美国白蛾应在成虫羽化期利用诱虫灯诱杀成虫。诱虫灯使用中设在上一年美国白蛾发生比较严重，四周空旷的地块，防治效果较为明显，喷药毒杀在光源 50～100 m 的范围内；美洲斑潜蝇的成虫趋光性较强，成虫吸取植株叶片汁液，在叶片上形成近圆形刻点状凹陷，卵产于叶片上下表皮之间的叶肉中，初孵幼虫潜食叶片上下表皮之间的叶肉，并形成隧道，隧道端部略膨大，老龄幼虫咬破隧道的上表皮爬出道外化蛹。依据美洲斑潜蝇的趋黄习性，利用黄板诱杀；稻水象甲成虫具趋光性，尤其是第一代稻水象甲成虫具有强趋光性，可利用黑光灯或日光灯诱杀技术减少感染虫源。特别是气温 20℃以上无风或微风天气，日落后在稻田附近架设诱集灯集而杀之。

有的害虫对灯光并不敏感，对此不宜采用光诱集的方法。如松墨天牛属弱趋光性昆虫，灯光对其有一定的诱杀作用，但诱杀能力不是很强，不宜提倡。利用灯光诱杀松墨天牛。

四、人工处理

根据一些有害生物的发生情况采用人工除害虫的方式。如光肩星天牛成虫在树干上咬椭圆形刻槽并产卵其中。初孵幼虫,先取食树皮下韧皮部,2 龄开始取食树皮和木质部,3 龄后蛀入木质部危害,钻蛀成不规则虫道。防治光肩星天牛时,有的地方可采用如人工捕捉天牛成虫、人工锤击或刮砸虫卵或插毒签等。捕捉成虫宜在其在树外活动期,锤击应在害虫蛀入木质部前,刮砸虫卵也要根据其生活规律及时采取措施。对于松墨天牛可及时处理林区内的弱树、枯木和伐倒的树材,在冬季至翌年 4 月,对衰弱、濒死松木进行伐除,及时清除林内虫害木、枯立木等衰弱木,以免松树生长衰弱而招引松墨天牛的入侵。对于高于 10 cm 的伐桩进行土埋或进行剥皮处理,以破坏松墨天牛繁殖场所。

对于刚刚传入、定居,还没有大面积扩散的入侵物种,人工防除可在短时间内迅速清除之,依靠人力捕捉外来害虫或拔除外来植物也是可行的。但对于已沉入水里和土壤的植物种子和一些有害动物则无能为力。适应能力强、繁殖力大的有害植物则容易生长蔓延,防治难度很大,需要年年防治。人工防治有害动植物后要注意不妥善处理动植物残(体,如卵)株,以免其成为新的传播源,在处理中对于动植物残(体,如卵)株要集中进行完全的除害处理。在防治松材线虫时,对于新发现的感病松林,要立即采取封锁扑灭措施。小块的林地要砍除全部松树;集中连片的松林,要将病树全部伐除,同时刨出伐根,连同病树的枝、干一起运出林外,进行熏蒸或烧毁处理(梁承丰,2003)。对那些刚刚传入、定居、未大面积扩散的蛀干害虫如椰心叶甲或那些树龄长、受害已久、通过多次药物处理难以救活的棕榈科植物,可以采用人工机械防除处理(李德伟等,2008)。

五、高压电击

利用高压和电流对生物组织、细胞的破坏作用以及通电所产生的热量使木材中的害虫死亡或停止取食的除害方法。用高压电击来进行木材检疫害虫防治的机理在于根据湿木材的导电性能。木材本身不导电,但生长中的树木和新伐木材含有大量的水分,使木材具有一定的导电性能,为高压电击提供了实施可行性。

北京出入境检验检疫局试验用的高压电击仪(功率 1 500 W,最大输出电压 3 000 V,最大输出电流 0.2 A)。对黄斑星天牛虫害木(毛白杨)施以高压电击的实验表明,高压电击对防治杨树活立木及新伐杨木中黄斑星天牛 1～3 龄幼虫效果明显,对于大龄幼虫作用甚微。从不同龄期幼虫的致死电流可以看出,3 龄以后幼虫的致死电流大幅度提高,亦即抗逆性显著增强。另外,3 龄以后幼虫蛀入木质部后，也给电击带来较大困难。因此用电击法防治天牛时，要根据人牛的生物学特性选择好防治期。

六、微波处理

微波频率从 300 MHz 到 300 kMHz，波长从 1 mm 到 1 m，微波的频率直接与分子旋转的频率相关联。微波处理不仅加热速度快，而且效率高。微波辐射技术被开发应用仅仅 50 余年，20 世纪 50 年代利用微波加热食品在美国取得了第一个专利权。利用微波可对食品进行膨化、烘干、脱腥和保鲜处理。目前已用于糕点、牛肉干、土豆片、鱼片干、盐水鸭、腰果、花生米、瓜子、大豆等方面的生产中。用微波处理食品、药品、烟草、木材等，可在较低温度（70～80℃）下对之进行灭菌杀虫。近年来，各国非常重视对外来有去生物传入的控制，特别是可能携带天牛、松材线虫等的木包装，检疫措施更为严格，检疫处理手段在检疫中的运用日益频繁。

微波是一种非离子化辐射能，微波加热处理与常规加热处理害虫不同，它是在微波电磁场作用下，介质分子振荡（频率每秒近 50 万次）时发生离子迁移和偶极子转动，引起分子运动相互摩擦而产生大量的热，在不影响介质质量的前提下，杀死害虫。水的微波吸收性特别强，而一般活体的昆虫或线虫都有很强的富集水的能力，特别是昆虫在幼虫阶段（钻蛀性阶段）和线虫在繁殖阶段，其体内水分远大于其生存环境。因此，微波处理商品如木材时，首先吸收能量的是昆虫和线虫。此外，微波杀虫的过程也是一个快速脱水的过程，该过程中活体昆虫或线虫的脱水速度明显高于介质木材的脱水速度。微波可对木材均匀、快速烘干，对 1～6 cm 厚的木板进干燥只需十几分钟，且不开裂、变形小，同时杀死木材内部的卵虫和幼虫。实验发现，当昆虫体温达到 65℃时，含水量 12％的介质木材表而温度只有 38℃。虫体死亡的另一个因素可能是微波加热后虫体周围小环境中产生的高温蒸汽致死害虫。

在利用微波进行除害处理时，除微波本身的强度外，还与被处理物的性状和环境条件有关（表 7-1 和表 7-2）。又如对长度小于 25 cm 的木材试验说明，木材长度和处理效果呈负相关，长度大的木材中的有害生物越难被杀死。木材含水率和处理效果的负相关关系，即含水率高的木材中线虫不易被杀死。原因可能是含水率高的木材中，水同时吸收了大量的微波，因而作用到生物体上的微波量相应减少。温度及处理时间与处理效果成明显的正相关关系。处理的温度过高会导致木材材心碳化、松木容易产生松脂溢出。当木材表而温度达到 70℃、处理 10 min 时，松木表而开始出现松脂溢出现象，此时木材材心未出现明显变化；当木材表而温度达到 75℃，12 min 时，材心明显有碳化现象出现。就松木而言，微波处理的温度和时间不宜超过 75℃,处理的时间也不宜过长。再如对不同规格和含水量的杨树木块进行微波处理试验表明:频率为 2 450 MHz 的微波能够穿透厚度为 10 cm 的杨树木材。当微波功率为 900 W 时,规格为 10 cm×10 cm×10 cm 和 10 cm×10 cm×2.5 cm 的新木块中黄斑星天牛幼虫完全死亡所需时间分别为 5 min 和 2 min,而干木块中则仅需 3 min 和 30 s。

表 7-1　15 kW,900 MHz 微波脉冲辐射对木材中天牛幼虫的处理效果(沈培根等,2004)　%

木材长	2 min 处理天牛存活情况					4 min 处理天牛存活情况					6 min 处理天牛存活情况				
度/cm	40℃	45℃	50℃	55℃	60℃	40℃	45℃	50℃	55℃	60℃	40℃	45℃	50℃	55℃	60℃
4	0	0	0	0	0	0	0	0	0	0	0	0	0	0	0
6	1	0	0	0	0	1	0	0	0	0	0	0	0	0	0
8	1	0	0	0	0	1	0	0	0	0	0	0	0	0	0
10	1	1	1	0	0	1	0	0	0	0	1	0	0	0	0
15	1	1	1	0	0	1	1	0	0	0	1	0	0	0	0

表 7-2　15 kW,900 MHz 微波脉冲辐射对木材中松材线虫处理效果(沈培根等,2004)　%

木材长	2 min 处理松材线虫存活率					2 min 处理松材线虫存活率					2 min 处理松材线虫存活率				
度/cm	35℃	40℃	45℃	50℃	55℃	35℃	40℃	45℃	50℃	55℃	35℃	40℃	45℃	50℃	55℃
4	25.9	19.4	0	0	0	13	12	0	0	0	0	0	0	0	0
6	28.9	13	0	0	0	26	25.9	0	0	0	0	0	0	0	0
8	38	23.4	0	0	0	33.3	9	0	0	0	0	0	0	0	0
10	71.5	36.4	13	0	0	53	25	12	0	0	10	0	0	0	0
15	83	72.2	74.5	11	0	75	23.4	13	0	0	12	0	0	0	0

微波处理害虫的效果还受处理温度和持续处理时间的影响。温度高、时间长除虫效果好而快。但在进行杀虫处理时,在一定情况下也要考虑对商品的影响。另外,娄巍等(1997)报道,处理前商品温度和处理中商品的温度梯度对杀虫效果也有影响,温度梯度越大杀虫效果越好;商品尤其是种子的含水率不同时效果显著有差异,种子含水率越高,则升温越慢,而且虫体可能从种子内得到自身失去的水分,而保存自身或延缓其死亡时间。

七、水浸处理

在水浸处理原木的过程中,其杀虫的机理可能为在一定的气温条件下,原木有机质氧化,耗除了虫孔及水中溶解氧,同时产生大量硫化氢、二氧化硫、一氧化碳等有毒气体渗入木材组织、虫孔中导致了天牛幼虫、松材线虫及小蠹虫等有害生物死亡。如安榆林等(2002)的模拟实验表明,水浸处理松树和柳树 35 d 后,水中含氧量明显降低,木段浸泡试验表明在高温季节浸泡,随着气温增高,木材中有机质氧化不断加速(水变臭),消耗了大量氧气,水中含氧量逐渐减少(表 7-3),松墨天牛幼虫及松材线虫死亡率急剧增加。使用气体检测仪检测水浸处理原木产生的有毒气体,结果为浸泡原木木片产生的气体主要有 H_2S、CO、SO_2 等。

表 7-3 水浸处理原木水中含氧量变化(模拟试验,安榆林等,2002)

日期(月-日)	松树		柳树	
	$Na_2S_4O_6$ 消耗量/mL	含氧量/(mg/L)	$Na_2S_4O_6$ 消耗量/mL	含氧量/(mg/L)
08-25 起	1.10	1.599	0.90	1.309
08-31	1.00	1.455	0.60	0.873
09-05	0.85	1.236	0.50	0.723
09-12	0.40	0.582	0.40	0.582
09-19	0.25	0.360	0	0
09-26	0.10	0.145	0	0
10-08	0	0	0	0

有的国家已将进口木材水浸处理作为进口木材检疫处理的措施之一,如日本在全国建有 30 个水浸处理场,要求进口木材在进行为期 30 d 的水浸处理;美国将水浸处理作为进口西伯利亚木材的检疫处理措施之一。通过对水浸处理原木杀灭木材中的松墨天牛、横坑切梢小蠹 *Tomicus minor* Hartig、材小蠹 *Xyleborus* spp. 及病害松材线虫的研究结果表明,天牛成虫、蛹及小蠹虫较易死亡,而天牛幼虫和松材线虫抗逆性强,需长时间浸泡,水浸处理原木需 1 年时间或在高温季节处理 3 个月才能达到检疫杀虫的目的。在平均气温 20℃条件下水浸处理原木 3 个月可达到 100%杀天牛幼虫的目的。

周茂建等(1999)介绍水浸处理携带日本松干蚧 *Matsucoccus matsumurae* Kuwana 的木材时,在有水源的地方把疫材放在水中浸泡半个月,即可达到检疫除去处理的目的。日本松干蚧卵和初孵若虫抗水浸的能力很差,在水中浸泡 4 h 即全部被杀死。但有的卵和初孵若虫可以潜伏于卵囊中而漂浮于水面,这可能为其提供传播的机会,因而作为水浸除去处理不应在卵囊期进行,而应该在固定若虫期进行。

在水浸处理中加入化学药剂也会影响处理效果。如在 20℃水温条件下,自来水处理 21 d,20 头天牛幼虫全部死亡;0.01%硫酸铜溶液浸泡天牛幼虫 32 d 全部死亡;0.01%高锰酸钾溶液浸泡天牛幼虫31 d全部死亡;加油膜覆盖水浸处理天牛幼虫裸虫3 d全部死亡。可能是硫酸铜溶液、高锰酸钾溶液阻止了耗养菌的繁殖,使天牛死亡时间反而增加;油膜覆盖阻止了空气中氧气的溶入,加上水中细菌大量繁殖,使水变臭,水中氧气含量急剧减少,加速了天牛死亡(安榆林等,2004)。

水浸处理原木杀虫效果不稳定,低温季节有利于天牛幼虫滞育,虫孔中的氧气不易挥发,使得天牛死亡率极低;夏季高温季节天牛原木中有机质加速氧化,耗除了木材组织及虫孔中的氧气,加上氧化产生的大量毒气加剧了害虫死亡。天牛、小蠹等害虫成虫和蛹滞育不深、呼吸作用强,加上寿命短暂,水浸后很快即可杀死。松材线虫有亲水性,在死树中能存活1年,但在高温季节,经水浸的木材有机质氧化后产生的有害气体对松材线虫毒杀作用明显,可在1～2个月杀死松材线虫,但在冬季低温下,松材线虫可存活很长时间(安榆林等,2004)。水浸处理原木可有效杀灭木材中的天牛、线虫等有害生物。处理应在日平均气温20℃左右条件下水浸3个月以上。对进口原木进行防疫处理时,应对上层原木采取喷药等辅助处理措施,以保证处理效果。

八、过筛处理

曼陀罗 *Dature stramonium* L. 籽绝大部分长、宽都在2～5 mm以内,厚约1.5 mm。实验证明,用直径5 mm的圆孔筛过筛能保证所有曼陀罗籽进入筛下物中,用直径2 mm的圆孔筛过筛能保证所有曼陀罗籽都留在筛上物中。在豆加工工艺中已有内径5 mm的方格振动筛的基础上增加2 mm内径的方格振动筛,可以有效地去除大豆中携带超标曼陀罗籽。此方法尽管过筛处理不能筛除所有的曼陀罗籽,但是在基本不降低大豆加工速度并且不需对加工设备进行大的改造并对加工速度没有大影响的前提下能够有效去除大豆中携带的曼陀罗籽,可以作为一项对进口大豆携带过量曼陀罗籽的常规检疫处理方法(蒋志强等,2008)。

第二节　管理除害处理

检疫处理的目的是防止有害生物从疫区向保护区传播,即防止有害生物的入侵。Elton(1958)就提出生物入侵(biological invasion)的概念:生物入侵是指某种生物从原来的分布区域扩展到一个新的(通常也是遥远的)地区,在新的区域里其后代可以繁殖、扩散并维持下去(范丽仙等,2005)。外来生物入侵是一个复杂过程,一般认为外来种的传入扩散过程分为引入(import)和逃逸(escape)期、种群建立(establish)期、停滞(lag phase)期或潜伏(latency)期和扩散期。但有人对此进行了更为细致的划分，如传入期、归化期、促进期、停滞期、扩张期、与本地生物互动期和稳定期等（Williamson，1996；Cook，1998；Edward 等，1998）。其中，停滞期是指外来物种经过一定时间对当地气候、环境的适应，开始有一定的种群数量，但是通常并不会马上大面积扩散，而是表现为"停滞"状态。虽然很多人承认入侵过程中存在有"停滞期"，但有关停滞期出现在哪一个阶段，也有不同的认识。有人认为在传入和定植之间有"停滞"现象，而更多的人认为在定植和扩散之间存在停滞期。事实上，停滞期持续的时间长短因物种和当时的地理和生态条件而有很大的不同，每一种入侵种生物都有其自身的入侵特性，扩散过程也不尽一致，难以有统一的模式准确阐明每一个入侵过程。

外来生物因种种原因或途径刚刚传入新的地区或生态环境，开始适应传入地的气候和环境，依靠有性或无性繁殖形成新的种群，但尚未建立起足够定植的种群的时期可称为传入期。这个时期通常较短，但此时如马上采取人工或机械控制往往能够根除外来种，是防止外来种危害的最佳时期。

外来生物经过一定时间对本地气候、环境的适应和一定的种群数量的扩增积累，已经适应本地气候和环境，开始归化为当地种定居下来，谓之定植期。在这个时期虽然难以根除这种外来种，但仍然可通过人工、机械或化学及生态的方法控制外来种的蔓延，也是控制的理想时期。

很多外来种定植后并没有马上大面积扩散、入侵，而是表现为"停滞"状态，可称之为停滞期。例如薇甘菊在 20 世纪 80 年代初传入广东，但直到近两三年它才开始造成危害（黄忠良等，2000）。在停滞期内，外来种虽然在一定的时间、一定的区域，能维持一定的种群数量，但并没有形成"暴发"的态势。这与外来种自身的繁殖特性和气候特性有关。如果植物产生大量种子需要的时间较长，有性繁殖周期较长，适应于种子发芽的气候周期年数较多，则停滞期就较长。一般来说，草本植物停滞期短于木本植物。停滞期是外来种是否会带来危害的中间过渡阶段，在停滞期开展有效的防治工作，仍可避免外来种带来大的危害；但如果错过了停滞期进入扩散期则危害将不可避免。

由于外来种形成了适宜于本地气候和环境的繁殖机制和强大的与本地物种的竞争机制，种群扩张不可避免。由于大量种子进入成熟阶段，很容易借助一些外在的扩散条件，从而大肆传播蔓延，形成"生态"暴发，此情况可称为扩散期。在这个时期，采取任何防治措施都难以在短时间内取得理想效果，而且，如措施不当（如指导不当的人工防治），反而会进一步促进其扩散，只能树立长期控制目标，采取以生物防治为主、恢复天敌自然控制作用，同时辅以化学、机械和替代控制的综合治理措施（解焱，2005）。

一、法规管理

《植物检疫条例》第八条规定：按照本条例第七条的规定必须检疫的植物和植物产品，经检疫未发现植物检疫对象的，发给检疫证书。发现有植物检疫对象，但能彻底消毒处理的，托运人应按照植物检疫机关的要求，在指定地点做消毒处理，经检查合格后发给植物检疫证书；无法消毒处理的，应停止调运。《植物检疫条例实施细则（林业部分）》第十七条规定："调运检疫时，森检机关应按照《国内森林植物检疫技术规程》的规定受理报检和实施检疫，……对检疫合格的，发给《植物检疫证书》；对发现森检对象、补充森检对象或者危险性森林病、虫的，发给《检疫处理通知单》责令托运人在指定地点进行除害处理，合格后发给《植物检疫证书》；对无法进行除害处理的，应当停止调运，责令改变用途、控制使用或者就地销毁。"

销毁病树，拔除并销毁田间病株、病草。停运、退货、销毁是3项法规性的除害处理措施，是在目前无其他有效除害处理办法时的时候使用之。

停运、退货、销毁措施的实施，不可避免地要给货主造成一些经济损失，但为了防止危险性森林病虫的传播，必须牺牲局部的经济利益。

如为了防止检疫性杂草的传播，禁止从疫区引种，引种禁止带土以免含有栎枯萎病菌、马铃薯金线虫、玉米霜霉病等。对检疫性杂草除害处理方法有：①严禁带有检疫性杂草的植物、植物产品作种用；②必须集中在城市里加工，对其下脚料应在城市集中粉碎后使用；③对含有毒性的杂草如毒麦的种子，作粮食用时，对含量较高的批次要采取选种机汰除、稀释等方法降低含量，或用作工业加工原料。又如松材线虫病又称松枯萎病，是一种毁灭性病害，它是通过松墨天牛等媒介昆虫传播松材线虫于松树体内引发的松树病害。该病的近距离传播主要靠天牛携带传播，远距离主要靠人为调运带疫（带松材线虫的天牛）的苗木、松材、松木包装箱及松木制品等进行传播。人工伐除病死树等起到了明显的控灾效果（新华网，2001）。

再如，对于毒麦 *Lolium temulentum* Linn. 防治，要严格执行检疫制度，防止毒麦传播蔓延。首先严格产地检疫，进行调查，澄清有无和发生程度，不在毒麦地区调种，禁止进口原粮下乡，应集中在较大的面粉加工，对下脚料、残渣妥善处理，防止毒麦流入农田。对种子实施调运检疫，发现混有毒麦的种子坚决不能作为种用。在毒麦已发生的地区采取防除措施，发动群众于收获前拔除烧毁，逐步压低和消灭。调用没有毒麦混杂的种子作为播种材料，麦收前田间穗选麦收后场地穗选等都可以收到良好的效果。选出的种子要单打、单收、单藏。

二、替代控制

替代控制主要针对外来植物，其核心是根据植物群落演替的自身规律用有经济或生态价值的本地植物取代外来入侵植物。其主要优点在于：①替代控制植物一旦定植可长期控制入侵植物；②替代植物能保持水土，改良土壤，涵养水源，提高环境质量。

替代控制的不足在于对环境的要求较高，很多生境并不适宜人工种植植物，如陡峭的山地、水域等，同时人工种植本地植物恢复自然生态环境涉及的生态学因素很多，实际操作起来有一定的难度。研究利用替代植物控制外来有害植物，应充分研究本地土生植物的生物生态学特性，如它们与入侵植物的竞争力、他感作用等，掌握繁殖、栽培这些植物的技术要点，并探讨本地植物的经济特性，市场潜力等。如辽宁省于1989年和1990年在沈大和沈桃高速公路两侧建立了200 hm^2 的豚草 *Ambrosia artemisiifolia* L. 替代控制示范区，所选取的替代植物包括紫穗槐、沙棘、草地早熟禾、小冠花和菊芋等具有经济价值的植物，示范区建成后三裂叶豚草的生物量由每平方米30 kg降到0.2 kg，这些替代植物还在饲料、绿肥、食品、医药、编筐条材、能源和化工原料等方面带来了巨大的经济效益（关广清等，1993）；为防止和隔断松材线虫病害传入黄山风景区，一项以保护黄山松为目的的黄山松材线虫病预防体系生物控制带工程得到实施。宽4 km，内围边界长67 km，外围边界长100 km的黄山生物控制带的建成，目的在于阻隔松材线虫病传入黄山风景区（黄讯，2001）。

农业防治中的某些措施也具有很好的替代控制作用。农业防治法是根据农业生态系统中害虫（益虫）、作物、环境条件三者之间的关系，结合农作物整个生产过程中一系列耕作栽培管理技术措施，有目的地改变害虫生活条件和环境条件，使之不利于害虫的发生发展而有利于农作物的生长发育，或是直接对害虫虫源数量起到经常的抑制作用。如实行水旱轮作或嗜好作物与非寄主作物轮作，杜绝嗜好作物的间作、套种或连片种植，可控制美洲斑潜蝇的发生和为害，可把斑潜蝇嗜好的瓜类、茄果类、豆类与辣椒、葱蒜和部分叶菜轮换作；发生过毒麦的麦茬地与其他作物经过2年以上的轮作可以防除毒麦；马铃薯金线虫引种后在严密检疫设施下连续隔离种植2个生长季节方可放行。

三、仓储管理

（一）入库前管理

商品入库前准备是入库工作的第一个环节，要做好仓房和货位的清理、检查、整修、空仓杀虫、灭菌等工作。一般地，每次库存货物出完后都应该把剩余的零星物品和尘杂从仓房中清扫干净。如仓房的地面、墙壁、仓顶、墙角、窗台、仓门、通风口、通风道等；仓体的底部、仓壁、进出通道、输送带槽内残留的物品、有机尘杂等都要进行认真清理，清除隐藏其中的害虫，防止对后期商品的感染。

（二）接收管理

严格检验是把住商品入库质量的关键。因此，必须严格按照规定的检验标准及操作规程，对接收入库的商品质量进行认真检查验质，验质时可采用感官检验与仪器检验相结合的办法进行。实践证明，如破碎率、虫蚀率、杂质和尘埃含量低的粮食，仓库害虫就不易侵入粮粒，加之水分含量低，其粮堆生态体系不利于仓虫滋生繁殖。对质量差的货源，入库前应进行相应处理（如过筛除杂、降水等），达到标准后再进仓储存。原则上应当做到无虫粮入仓，对于有虫粮要分别处理，及时杀虫。

（三）仓储中的管理

1.防止外界感染

通过对仓房门窗隔离防止外界害虫感染到仓内，一般要采用防虫网防止飞虫入仓，通过防虫线防止爬虫入仓。减少进仓次数和门窗打开时间，避免和减少外界高温影响与虫害感染。采用防护剂拌粮防虫等。

2.控制环境条件

利用季节温差在不同时期采取和制定不同防范措施。冬春季节以通风降温为主，抓住低温干燥、外界虫源少的时机，及时降低粮温；夏秋季应以关闭、保温为主，有效保持粮堆低温。

3.及时检查

检查害虫范围一般应包括商品、仓房、加工车间、仓储器材及储存环境等。由于虫种和季节的不同，导致了它们生活习性和活动规律也不相同，因此设点取样部位可采取定点与易发生害虫部位相结合的办法灵活掌握。在粮食储藏过程中也可以通过检查储粮温度间接检查害虫发生情况。

4.适时杀虫

当商品中一般害虫发生到一定水平，要适时地进行了杀虫处理。

（四）仓储场所的清洁卫生

仓储场的清洁卫生是防治工作的重要环节，要求做到平整、坚实、干燥、清洁。如粮油仓库必须建立清洁卫生制度，各种仓房和一切储粮场所，都要求做到“仓内面面光，仓外三不留（杂草、垃圾、污水）”，经常保持仓房及环境的清洁卫生。对使用过的空仓，要彻底清扫，必要时要用化学药剂进行杀虫，然后密闭备用。对于加工厂主要是经常维持厂房、机具的清洁，使害虫不适于生存。在机器检修时，应清除积存在各个部位的原粮、成品、副成品和尘杂、害虫等，必要时可用药剂杀虫。对于仓储器材、装具和粮仓机械，必须保持清洁无虫。仓房的改造工作是保证储粮安全的一个重要措施。要求做到上不漏下不潮，既能通风，又能密闭，保持仓内低温、干燥、清洁，不利于害虫生长繁殖，并消灭一切洞、孔、缝隙，使害虫和鼠类无藏身、栖息之处。包括地坪、仓墙、仓顶等方面的改选，使之在仓房隔热保温、熏蒸气密、害虫防治等方面功能加强和提升。

（五）隔离保护

对于农产品储存场所，为了防止害虫、鼠类感染危害，巩固以往的防治效果，还要做好隔离工作。如储粮要求做到“五分开”，即有虫粮与无虫粮分开、有虫与无虫商品或器材分开、高水分粮与干粮分开、新粮与陈粮分开、原粮与成品粮及副产品分开，均应严格分开储存。

仓房（囤、垛）四周要定期喷布防虫线，门窗、通风口和进出粮洞口要安装防虫网、防鼠板、防雀帘或防雀网等。检查储存情况时，应先查无虫害。出入仓要随手关门，并严防害虫随人身、工具传播感染。

思 考 题

1. 一般的物理机械除害处理方法有哪些？
2. 植物检疫法规管理的主要规定有哪些？
3. 替代控制的主要特点是什么？
4. 如何在仓储环节做好检疫处理？

本章主要参考文献

1. 安榆林，陈建东，刘署雯，等. 水浸处理原木杀虫效果的研究. 植物检疫，2001，15(5)：262-265.

2. 程义美，崔良刚. 大豆疫病的发生与防治. 农村天地，2002(3)：1.

3. 黄街，胡美英，官珊. 检疫害虫稻水象甲的控制技术研究进展. 昆虫天敌，2004，26(2)：86-91.

4. 黄照岗，郑建国，谢寅升，等. M-99 引诱剂有效引诱范围及余杭区松墨天牛成虫发生规律. 中国森林病虫，2005，24(1)：4-7.

5. 蒋志强，杨占臣. 进境曼陀罗超标大豆过筛处理的方法. 植物检疫，2008，22(6)：363-365.

6. 靖湘峰，罗峰，朱芬，等. 不同光源和暗适应时间对棉铃虫蛾趋光行为的影响. 应用生态学报,2005,16(3):586-588.

7.李德伟,于冬梅,朱斌良,等. 椰心叶甲及其检疫防治研究进展. 植物检疫,2008,22(5):321-324.

8.梁细弟,朱建国,周关校,等.几种诱杀松墨天牛方法的效果比较及评价.林业科学研究,2000,13(4):366-369.

9.刘立春,朱白平,徐炜民,等.高效节能双波诱虫灯田间试验及应用效果.昆虫知识,2002,42(2):202-206.

10.沈培垠,何丹军,叶西.微波技术处理木材中天牛和线虫的研究.检验检疫科学,2004,14(1):12-17.

11.温秀军,赵志新,高宝嘉,等. 红脂大小蠹高效引诱剂林间引诱试验结果初报.河北林业科技,2003(3):1-3.

12.夏云梅.毒麦的发生及防治.云南农业,2002(6):16.

13.张德芳.美洲斑潜蝇的发生与防治.河南科技,2002,18:20.

14.赵汗青,刘铭汤,浏寿安,等.高压电击法防治黄斑星天牛的研究.植物检疫,2004,18(1):5-8.

15.周茂建,邱立新,郭民牛.水浸处理日本松干蚧的试验.植物检疫,1999,13(1):23-24.

16.赵锦年,蒋平,吴沧松,等.松墨天牛引诱剂及引诱作用研究.林业科学研究,2000,13(3): 263-268.

第八章　气调除害处理技术

本章提要

气调基质

气调处理对目标昆虫的生物学效应

影响气调处理的环境因素

气调在检疫处理中的应用

第一节　气调技术概述

随着我国加入世界贸易组织，国际间和国内各地区贸易不断发展，世界各国植物检疫事业也得到蓬勃发展，寻求有效的植物检疫处理方法已是检疫人员面临的一大课题。长期以来，害虫检疫处理以溴甲烷等化学药物熏蒸处理占据主导地位。随着人们对溴甲烷等熏蒸剂造成环境负面影响认识的逐渐加深，寻求一种对人类及动物等非目标生物无毒且符合环保要求的替代措施已越来越受到人们重视。作为应运而生的一种检疫处理方法，气调（controlled atmosphere，CA）检疫处理对人及动物等非目标生物无毒害，对处理的商品货物无残留，且不会污染环境，符合环保要求，是化学熏蒸处理较理想的替代措施，在检疫处理中具有广阔的应用前景。它通过调节处理容器中的气体成分，给有害生物一种不适宜其生存的气体环境而达到检疫处理的目的。

气调技术实际上是起源于对储藏产品的保护，它在农产品储藏保鲜方面的应用可追溯到明朝时期。早在明朝《荔枝谱》中就有记载，利用竹子封泥保存荔枝。长期以来，气调技术主要用于储藏谷物的害虫防治。储藏谷物中的气调处理是指通过改变处理环境中的气体成分以达到防治害虫（螨）、霉菌和延缓品质劣变的一种处理保鲜技术。自 19 世纪初 Frabkin 和 Gyril 首先阐明气调处理技术原理以来，气调技术便迅速被推广到世界各地。近 10 多年来，澳大利亚 Cooperative Bulk Handing Limited 公司有 68%（490 万 t）的粮食采用气调措施处理；美国的第一个商业性低氧气发生系统已在美国食品总公司产后谷物部运行。另外，加拿大、菲律宾、印度、阿尔及利亚等国家也有相当规模的气调处理储粮系统。在中国，气调储粮技术也在越来越多地用于中央储备粮的储藏中。

随着检疫处理的需要，作为一种除灭害虫害螨的检疫措施，气调已被广泛地用来处理包括实蝇科害虫等在内的各种检疫性害虫。近年来世界各地利用气调技术防除实蝇、苹果蠹蛾等水果害虫，都取得了良好的效果。利用气调技术对寄生在园艺产品中的各类害虫进行处理也逐渐被应用开来。据报道，新西兰应用气调技术对规定的一些检疫性害虫进行处理，其防治的对象有新西兰麦长蝽 *Nysius huttoni* Say、淡褐苹果蛾 *Epiphyas postvittana*（Walker）、粉蚧等。

第二节　气调基质与生物效应

气调处理效果受气体组分、温度、相对湿度等因素的影响，且因目标害虫的种类、虫态及农产品对象而异，因此，在实践中要根据实际情况进行气调设计，选用既能达到杀虫目的，又不影响所处理货物品质的气调条件进行处理以达到检疫处理目的。随着科学的不断发展，人们对过去气调技术发展史上许多难以解释的现象，有了新的认识。特别是 20 世纪 60 年代以来，由于气体分析技术的进步，在气调处理的理论研究方面有了很大的进展。

一、气调基质

正常空气中，氧气和二氧化碳的浓度分别为 21％和 0.03％，其余为以氮气为主的其他气体成分。气调处理中所涉及的气体主要是二氧化碳、氧气及氮气，其中氮气的作用是控制氧气的含量。对昆虫而言，呼吸作用是由开放式气管系统完成的，位于体壁上的气门开口负责控制气体的出入。检疫害虫在低氧气、高二氧化碳气调环境中，一是呼吸作用的过程被扰乱：高二氧化碳首先刺激气门肌肉的神经系统，使闭肌松弛，迫使害虫气门开启，因对氧的需求而被动吸入过多的二氧化碳，造成神经麻痹；二是气门的被动开启改变了通风速率，导致体内水分过多散失而引致快速干瘪而死亡（Leong 和 Ho，1995）。二者共同作用是气调控制检疫害虫的重要外在机制。

（一）二氧化碳

巴西农业部下属 Embrapa 的玉米高粱研究中心发现，二氧化碳气调对玉米中玉米象、小麦中谷蠹以及豆类中巴西豆象的大发生都有很好的控制作用。当二氧化碳含量为 20％、30％、40％、50％和 60％时，各龄虫态都表现出递增死亡率，而且随着处理时间的延长，各龄虫态死亡率逐渐上升（Santos 等，1999）。

当二氧化碳浓度从 0％提高到 16％时，腐食酪螨的耗氧量有一显著上升，但是二氧化碳浓度继续提高到32%和64%时,其耗氧量则会显著下降。随着二氧化碳浓度的提高和处理时间的延长,成虫死亡率逐渐上升。二氧化碳浓度为64%,处理时间为12 h时,腐食酪螨的死亡率为77.06%,而同一浓度下,处理时间延长至24 h时,死亡率则达100%(Jian,1999)。

二氧化碳高压(20 bar)对印度谷螟,锯谷盗和米象也表现出很强的致死作用。高压处理5 min后,印度谷螟幼虫和成虫均完全死亡,处理10 min后,卵死亡率达99.4%;而处理30 min后,锯谷盗各龄幼虫和成虫全部死亡,其卵死亡率则达98.6%;对米象而言,二氧化碳高压处理15 min后,成虫全部死亡,30 min后,幼虫和蛹死亡率均达99%,而45 min后,各龄虫态全部死亡(Locatelli 等,1999)。

不同二氧化碳浓度(15%、20%、25%、30%、35%、40%、45%)处理粮仓害虫的效果表明:当二氧化碳浓度低于60%时,对连续控制粮仓害虫是有效的;二氧化碳浓度达15%时,对害虫有明显的防治效果,且随处理(密闭)时间的延长,死亡率相应提高;对不同虫种和虫期的综合防治,二氧化碳的抑制最低有效浓度应高于45%,暴露时间应达到153.4 h。随二氧化碳浓度的提高,各虫种的LT_{50}和$LT_{99.5}$都相应减少,不同虫种对二氧化碳的忍耐力大小排序为:杂拟谷盗 > 赤拟谷盗 > 玉米象 > 米象 > 谷蠹(表8-1);同一虫种的不同虫态对二氧化碳的忍耐力顺序为:成虫期 > 幼虫期 > 蛹期 > 卵期。二氧化碳对不同虫种总的最低有效致死剂量为:杂拟谷盗45%(暴露时间> 930.4 h),赤拟谷盗45%(153.4 h),玉米象40%(251.9 h),米象40%(219.6 h),谷蠹40%(193.6 h)。低浓度二氧化碳对不同虫种的发育期有明显的抑制作用,使其发育期滞后7~15 d(李前泰等,1997)。

诸多例子表明,气调杀虫效果随二氧化碳的含量及暴露于其中的时间变化而变化,但这种变化是渐进的。在对加勒比实蝇处理中发现,在处理时间为7~10 d范围内,每增加20% 二氧化碳只能缩短1 d的处理时间。但由于二氧化碳对商品货物的负面影响与其含量并非成比例变化。因此,在相对低含量的二氧化碳条件下,延长处理时间更具实际意义。

许多报告也指出,一定的二氧化碳可以抑制一些真菌孢子的生长。一般情况下,二氧化碳浓度要达到20%~50%对真菌才有明显的抑制作用,而有些农产品(例如果蔬)则不能忍受这样高的浓度。许多果蔬在二氧化碳浓度达到或超过15%时,风味就会丧失以及二氧化碳中毒症状出现。早在19世纪60年代,即气调处理农产品的早期研究阶段,有关学者就发现了果实二氧化碳中毒的现象,不过,当时人们还不能够正确地理解和解释这一现象。所以,在气调处理农产品的实际应用中,人们总是十分谨慎地使用二氧化碳,以避免担风险。当然,对于一些能够忍受高浓度二氧化碳的果蔬,有时也进行短时间的高浓度二氧化碳处理,例如,用

25%～35%二氧化碳处理脱粒菜豆，对品质无不良影响，而且也可以减少运输中的腐烂损失。

表 8-1　不同浓度二氧化碳气调防治害虫成虫的 LT_{50} 和 $LT_{99.5}$（李前泰等，1997）　h

虫种		二氧化碳浓度/%				
		15.5	24.6	34.4	39.4	45.5
米象	LT_{50}	568.9	172.9	65.1	58.9	54.4
	置信限	531.0～606.8	162.8～183.0	63.3～66.9	57.5～60.3	52.9～55.9
	$LT_{99.5}$	1 050.4	404.6	108.3	92.0	89.6
玉米象	LT_{50}	584.5	184.2	57.5	56.4	48.1
	置信限	525.1～634.9	141.1～165.1	56.0～59.0	55.0～57.8	47.0～49.8
	$LT_{99.5}$	1 100.7	464.0	89.8	80.0	77.1
杂拟谷盗	LT_{50}	3 174.9	1 820.3	448.5	286.6	88.0
	置信限			357.3～539.7	272.8～300.4	86.0～90.0
	$LT_{99.5}$	6 588.7	3 908.9	1 079.1	567.7	156.9
赤拟谷盗	LT_{50}	3 618.6	694.4	95.5	97.1	89.7
	置信限				95.1～99.1	87.7～91.7
	$LT_{99.5}$	7 743.6	1 500.5	159.5	185.5	156.0
谷蠹	LT_{50}	110.7	104.9	40.0	33.8	29.2
	置信限	107.2～114.2	100.9～108.9	38.6～41.4	32.4～35.2	27.8～30.6
	$LT_{99.5}$	252.6	269.4	76.1	72.5	67.4

注：试验温度 28℃，$RH=71\%$。

（二）氧气

由 60%～80%的二氧化碳和空气构成的气体组合在气调处理中常常比单纯的二氧化碳毒力更高，因此氧气的存在增加了二氧化碳的毒性。

在 CO_2 含量固定的条件下，用两组不同的气体组合（45% 二氧化碳＋11.5% 氧气（43.5%氮气）；45% 二氧化碳＋0.5% 氧气（54.5%氮气））对葡萄上 3 种检疫害虫，小卷蛾、苜蓿蓟马 *Frankliniella occidentalis*（Pergande）和叶螨，气调处理结果表明，以上两种气调组合对 3 种供试的检疫性害虫均有显著的杀虫效果，而且以组合 45%二氧化碳＋11.5%氧气的气调效果为佳，但两个处理之间并没有显著性差异（Mitcham 等，1997）。研究发现，在 20℃时，利用 40%二氧化碳和 21%氧气混合气体处理荷兰石竹小卷蛾 *Platynota stultana* Walsingham 的蛹，3 h 后死亡率达 40%，而且还造成蛹的体液很快渗漏。

此外,二氧化碳和氧气的气体混合物(90%二氧化碳+10%氧气;98%二氧化碳+2%氧气)对杂拟谷盗成虫的致死力试验表明,两种配比的气体组合对杂拟谷盗的致死效果相同。而气体组合80%二氧化碳+20%氧气对玉米象和米象成虫的毒力与含80%二氧化碳的空气相差无几,且这两种气体都比单纯的二氧化碳气体的毒性高很多。

由此可见,高含量二氧化碳的气体至少与在低含量氧气条件下的高浓度二氧化碳具有同等的气调效果,这一发现具有很大的应用前景。因为与低氧气含量下的气调相比,高浓度二氧化碳条件下的气调无论是在实验条件下还是在大规模的应用实践中都比较容易满足。

对果蔬品而言,氧气浓度高于正常空气中的含量并不一定会促进果蔬后熟,然而,低含量氧气则肯定有抑制后熟的作用。许多研究认为,只有当氧气浓度从空气中的21%降至7%时,呼吸过程才会受到明显的抑制作用。此外,国内外许多研究指出:引起大多数果蔬无氧呼吸的氧气临界浓度为2%～2.5%。对高峰型果实,低氧气可推迟呼吸高峰的出现,降低呼吸高峰的峰值。低浓度的氧气对果蔬品大致有以下几方面的作用:降低呼吸强度和底物的氧化消耗;延迟成熟和衰老;延缓叶绿素的降解;减少乙烯的产量;增加维生素C的保存率;改变不饱和脂肪酸的比率;延缓原果胶的降解过程。

低含量的氧气与高含量的二氧化碳一样对目标害虫有致死作用。然而,用低含量的氧气来除灭水果中的实蝇类等害虫几乎是行不通的。原因在于,对于多数果蔬品害虫,氧气含量必须低于2%才可达致死水平,例如加勒比实蝇可忍受低浓度的氧气至少10 d;而另一方面,氧气含量若低于10%,处理的柑橘类水果会变味,从而影响其品质,这是在低氧环境下果实厌氧呼吸的结果。此外,在低氧的条件下,果汁中乙醚的含量明显增加,从而也对水果的品质产生影响。所以,合理利用不同组合的气调处理就显得尤为重要。例如,在氧气含量为1%～5%、二氧化碳5%～6%和在2℃低温下处理13 d的气调和低温综合处理技术,可完全杀死人工接种在荔枝鲜果中的橘小实蝇的卵和幼虫不影响荔枝鲜果的品质。

(三)氮气

氮气为正常空气中的主要组分,本身不具有杀虫活性。在储藏环境中增加氮气含量,主要目的是置换和取代氧气,当氧气浓度降低到一定水平时害虫并保持一定时间,可以对害虫生存形成抑制或导致害虫。如当环境中的氧气浓度降低到12%时,对大多数害虫的危害便有明显的抑制作用;当氧气浓度降低到8%时,多数害虫的生长发育和繁殖将受到抑制;当氧气浓度降低到4%时,害虫在2周内便会死亡;氧气浓度降低到2%以下时,害虫在数天内便会死亡。实验证明,氧气浓度越低,害虫致死的时间就越短。因此,利用充氮或富氮进行气调防治,害虫死亡的原因也是缺氧而窒息死亡。关于气调条件下害虫死亡的直接原因还不完全清楚。有人认为其毒理影响归因于脱水和作为能量代谢底物甘油三酯的缺乏(Donahaye,1991)。细胞水平的酸化(acidification)也可能导致生理作用的破坏,并可能与毒理作用有关。人们发现,当把一些昆虫暴露在纯氮或缺氧的环境中一段时间后,虫体内的乳酸水平显著提高。如将粉斑螟的蛹暴露在10%的氧气、20%~89%的二氧化碳、其余为氮气的环境中,结果发现,24 h后血淋巴中的乳酸含量随着二氧化碳浓度的增加而增加。在氮气环境中,当氧气的浓度降至3%以下时,发现乳酸水平迅速提高。

其他一些惰性气体,如氩气和氦气也被应用于储藏物害虫的气调防治,并证明有相似的杀虫效果。但是,由于这些气体价格较昂贵,实际的商业应用受到限制。

二、气调处理对目标昆虫的生物学效应

当今世界上采用的气调处理可分为两类。第一类是充气性的气调处理,包括二氧化碳处理、氮气处理、减压处理等。第二类是自然降氧气调处理,采用塑料薄膜覆盖处理对象,依靠农产品、昆虫和微生物的呼吸降低氧气浓度,提高二氧化碳浓度。在实际应用中主要是利用二氧化碳或氮气来调节气体比例,人为造成一个低氧气、高二氧化碳的环境。昆虫从环境中所摄取的能量,除一部分是物理能(光、热等)外,大部分是农产品中储存的化学能。这些化学能通过呼吸作用,以特定形式有效地释放,为生命活动提供所需能量。而气调的作用常常是通过影响呼吸的效果,进而影响昆虫对能量的需求。因而气调的效果很大程度上取决于昆虫的生理活动,如呼吸速率、关闭呼吸系统的能力,以及气调处理前农产品的质量及数量等。

不同目标害虫种类对影响气调杀虫效果的因子反应不同,这与害虫的生物学等因素有关。书虱是国内外谷物储藏中常见的一类次级害虫。国内王进军等近年来开展了一系列气调对书虱控制作用的研究。研究结果表明,对于同一虫种来说,嗜卷书虱 *Liposcelis bostrychophila* Badonnel 各虫态或虫龄对气调的敏感程度不尽相同。其敏感程度由低到高依次为:卵→ 4 龄若虫→ 成虫产卵前期→ 成虫卵期→ 3 龄若虫→ 2 龄若虫→ 1 龄若虫。因此,同样的气调处理条件对书虱的致死作用将随着虫态、龄期的变化而变化。在实际应用中,针对某种特定的农产品检疫处理,需要考虑的不止一种害虫或一个虫态时,原则上应针对该处理耐力最强的虫

态进行合理的气调处理方法设计。

对葡萄而言，在前述3种检疫害虫的各个虫态中，太平洋叶螨的若虫忍耐力最强。数据分析表明，为了达到概率为9的死亡率，需要对其若虫进行9～11 d的处理。由于处理时间越短，葡萄质量越有保障，因而商业上一般采用12 d的处理期。

(一)气调处理昆虫的生物化学机制

1. 水分与能量代谢机制

气调作用下，昆虫体内的水分和能量代谢过程发生了重大变化。以嗜卷书虱为试虫对象进行的研究表明，在气调环境中，随着处理时间的延长，嗜卷书虱组织内甘油三酯含量明显下降。昆虫体内的能量是以甘油三酯的形式储存的，甘油三酯的含量是昆虫能量代谢的一个重要指标，其含量下降表明能量储存量下降。同样的研究还表明昆虫组织内的总糖含量在气调处理下也呈下降趋势。这说明在气调胁迫下，嗜卷书虱不仅要消耗体内储存的甘油三酯，同时也要消耗组织内储存的糖类以维持生命。由于神经组织等主要利用糖类作为能源物质，而气调对气门肌肉神经等组织具有刺激作用，又不得不消耗体内储存的能源物质来维持生命，气调的连续处理，最终导致昆虫的能源物质耗尽而死亡；另一方面，由于能量因子减少，在神经活动过程中(突触传递)，胆碱在ATP存在的情况下重新乙酰化转化为乙酰胆碱。因此有关学者认为，高浓度二氧化碳对乙酰胆碱生成的影响容易引起神经毒害，进而会加速害虫的死亡。

2. 代谢产热率和呼吸速率的变化

当氧气浓度在昆虫呼吸必需的极限值以上时，昆虫可以通过增大呼吸速率来调节自身的代谢接近于通常水平。当氧气降低到极限值以下和致死浓度以上时，由于不能供给组织以足够的氧气，ATP生成量减少；当氧气浓度降低到致死浓度以下时，昆虫不得不启动无氧代谢，无氧代谢的有毒产物和很低的新陈代谢将导致昆虫的死亡。同样的研究发现，高浓度的二氧化碳阻止了昆虫利用氧气，高二氧化碳和低氧气都能降低氧化磷酸化，但二者的作用靶标位点却不相同；低氧气限制了呼吸代谢中利用氧气的水平，而高二氧化碳却钝化了呼吸酶，如琥珀酸脱氢酶。

荷兰石竹小卷蛾蛹的代谢产热率随氧气浓度的降低而降低，在20℃当氧气降到8%以下时，则迅速降低。而二氧化碳浓度在0～20%时，即表现出较快的降低速度，在20℃20%二氧化碳浓度条件下，其代谢产热率降低60%。同样研究表明，该虫的呼吸商(一定时间内机体呼出二氧化碳量与吸入的氧气量的比值，respiratory quotient，RQ)在21%～4%的氧气之间没有多大变化，其值在0.65～0.80，然而，当氧气浓度降至2%和1%时，*RQ*增加到1.3左右。而在20℃20%二氧化碳浓度条件下,呼吸商却比正常情况降低了 62%。

3. 生物化学反应机制

高二氧化碳能够造成昆虫组织内 ATP 量和能量电荷的降低。而荷兰石竹小卷蛾的蛹在高浓度二氧化碳下,整体代谢也会下降。在气调处理下,昆虫可能减少或停止大多数与生长相关的生物合成活动,同时限制它们用于生存(如维持膜电位)所需的能量。

Navarro 等曾证实二氧化碳能抑制害虫的有氧代谢,并进一步指出二氧化碳对粉斑螟蛹体内产生还原辅酶Ⅱ(NAD2PH)和谷胱甘肽的生物合成有抑制作用,因而二氧化碳可以抑制害虫体内所有需要 NADPH 的反应过程。例如,多功能氧化酶(MFO)在 NADPH 和分子氧存在的情况下,能够催化各种各样的内源和外源化合物氧化,如甾体激素、脂肪酸、药剂、杀虫剂及各种污染物等,而 NADPH 在这种解毒代谢中起到传递 H^+ 的作用。因此,如果 NADPH 的产生受到抑制,必将阻碍解毒代谢,而且影响脂类合成,造成能源物质减少。在低氧环境中,昆虫肌体启动无氧代谢-糖酵解反应,在这一过程中将积累有毒物质,如果毒物不能得到及时处理,最终将导致昆虫死亡。以谷象为试虫进行的研究表明,缺氧 24 h 内谷象蛹体内能够快速产生大量乳酸。乳酸积累过多将会引起中毒。能源物质的耗尽和有毒物质的积累将共同导致害虫的最终死亡。

Wang 等(1999)报道了嗜卷书虱抗气调品系的一些生物化学特性。害虫抗气性的生化反应特性可以从侧面反映出气体胁迫下害虫体内的一些生化反应的变化。分析表明,抗性选育过程中离体羧酸脂酶(CarE)和超氧化物歧化酶(SOD)活力均随选育代数的增多而显著增强。羧酸脂酶是昆虫体内极为重要的一种解毒酶,特别是在对外源化合物的解毒代谢和杀虫剂的抗性机制中起着重要作用。CarE 活力在抗性选育过程中增强,说明在气调胁迫下,昆虫体内代谢产生的毒性物质增多。超氧化物歧化酶的功能是清除超氧物离子(O_2^-)形成 H_2 氧气,H_2 氧气能与氧气-形成毒性更强的 HO°。由于生物细胞中还有过氧化氢酶和过氧化物酶能分解 H_2 氧气,因此正常情况下,生物细胞内自由基维持在低水平,不会对生物体产生毒害作用。在气调环境中,SOD 等保护酶活性增强表明害虫体内产生的毒性自由基增多,从而会对害虫产生伤害作用。当有毒物质和自由基积累到一定量,就会引致害虫中毒。

(二)昆虫对气调处理的行为反应

昆虫在气调环境中的行为反应,从理论上讲是身体内部的生理生化活动因为二氧化碳的过多吸入而发生了重大变化所引起的。昆虫在气调环境中,呼吸代谢被扰乱，在行为上表现出一些适应性反应，主要有以下几方面：

1.趋氧行为

研究发现，经气调处理过的粮仓，开启后检查发现在墙壁、门板和地面的缝隙处会残存没有致死的害虫种群，这表明这些害虫有趋氧性。在低氧气、高二氧化碳的气调环境中，虫体可能因为承受不住二氧化碳的胁迫而逃向通风漏气的缝隙处，形成一种害虫适应气调的逃避行为。这种行为加大了利用气调技术的难度，要求粮仓必须密封严格、毫不漏气，否则留下未死的虫种，会逐渐提高其对气调的抗性。有关这方面的研究至今未见报道，有待进一步进行系统性探讨(程伟霞等，2001)。

2.麻醉行为

气调胁迫下，害虫会因为吸入过多的二氧化碳而引起神经麻醉，程度较轻时，表现为肢体因兴奋而颤抖，若持续时间较长或二氧化碳浓度过大时，这种兴奋就会过度而表现出深度麻醉，若气调的胁迫继续保持，最终将导致昆虫不能苏醒而死亡。

3.发育繁殖行为

气调作用下，害虫会表现出交配次数减少、产卵量下降、产卵历期缩短、发育历期延长以及后代发生畸变(如产生巨型幼虫)等情况。研究表明，气调(10%二氧化碳，5%氧气)对嗜卷书虱各虫态的发育历期和存活率抑制作用(用抑制系数 IC 表示)均随温度的上升呈加强趋势。在 20℃和 25℃时，对整个发育世代而言，对发育历期的抑制系数分别为 0.163 5 和 0.256 4，对存活率的抑制系数分别为 −0.605 5 和 −0.576 3(王进军等，1994)。

目前关于气调对昆虫作用机制的研究大多还处于起步阶段，对于引起昆虫死亡的最主要的因子还没有一个比较明确的结论。有关气调胁迫下昆虫体内生理生化反应已有一些研究但还很不系统，而且自 Bond 和 Buckland 最早发现粮仓中害虫能够获得二氧化碳气调抗性以来，近年来有关昆虫对气调抗性的研究已陆续有所报道。研究表明，嗜卷书虱在低氧、高二氧化碳的气调环境下处理 30 代后获得了 5.6 倍的抗性(Wang 等，1999)。这种情况是很危险的，因为抗气性每增加 1 倍，就意味着气调处理的时间要增加 1 倍。关于气调对昆虫作用机制的分子生物学方面的研究还比较少，许多方面都有待进一步的系统研究。

(三)气调对农产品的影响

气调处理对农产品品质的影响一直是人们所关注的焦点。对小麦气调处理 10 个月的试验表明，无论二氧化碳气调还是常规处理均表现为容重增加，黏度升高，面筋吸水量增加，品尝评分值增加。总之，两者的品质都得到改善。为从理论和实践上确认二氧化碳气调技术对粮食品质的实际效果，完善技术参数，罗建伟

(2003)等针对不同粮种在不同二氧化碳气体含量、不同粮食水分、不同处理温度条件下粮食真菌区系演替情况，尤其在粮食水分较高、处理温度较高条件下二氧化碳对粮食真菌的抑制效果进行了实验室室内研究，并对二氧化碳气调库粮食霉菌的区系变化情况进行了实仓处理研究。结果表明，在15～35℃的温度范围内，二氧化碳气调处理方法对水分在15%以内的各种粮食上着生的粮食真菌在较长时间内具有很好的抑制作用，因而可以用于低水分粮的长期处理；对于水分在15%～16%的高水分粮而言，在15～25℃温度范围内，高浓度的二氧化碳(60%)气调处理在短时间(品质较差的粮食15 d、品质较好的粮食140 d左右)内有较好的防霉作用，但产品感官品质有所下降，而35%以下浓度的二氧化碳对于高水分粮在15～35℃温度范围内均不能较好地抑制粮食真菌的生长，粮食储藏一段时间后就发生霉变；因而二氧化碳不适宜于高水分粮在常温下的长期储藏，即使是60%以上浓度的二氧化碳也不能很好地抑制高水分粮上着生的引起粮食霉变的各类真菌。

所有的水果和蔬菜都有自身的生理代谢，也就是说，每一种有生命的水果不论在生长期间，还是采摘后都要消耗氧气，呼出二氧化碳。呼吸的过程也就是水果的细胞组织内的糖、酸等碳水化合物的分解、氧化过程。这一过程产生了热量、二氧化碳、水汽和一些芳香化合物。采后的新鲜果蔬进行着正常的以呼吸作用为主导的新陈代谢活动。适当降低氧气浓度或增加二氧化碳浓度，就改变了环境中气体成分的组成。在该环境下，新鲜果蔬的呼吸作用就会受到抑制，降低其呼吸强度，推迟呼吸高峰出现的时间，延缓新陈代谢的速度，减少营养成分和其他物质的降低和消耗，从而推迟了成熟衰老，为保持新鲜果蔬的质量奠定了生理基础。同时，较低的氧气浓度和较高的二氧化碳浓度能抑制乙烯的生物合成，削弱乙烯刺激生理作用的能力，有利于新鲜果蔬保存寿命的延长。此外，适宜的低氧气和高二氧化碳浓度具有抑制某些生理性病害和病理性病害发生发展的作用，减少产品储藏过程中的腐烂损失。因此，气调储藏能更好地保持产品原有的色、香、味、质地等特性以及营养价值，有效地延长新鲜果蔬产品的储藏期和货架寿命。

与不同种类的目标害虫一样，不同农产品对气体的忍受程度各异。正如以上所述，当二氧化碳含量超过55%时，新鲜葡萄品质将受到一定程度地影响。因此，在实际应用中，应根据不同类型的商品货物来设计气调处理。在新鲜荔枝方面，荔枝果实有受橘小实蝇感染的可能，在贸易中常受到植物检疫法规的限制，需经检疫杀虫处理后才能出口。应用气调和低温综合处理技术，结合荔枝果实的保鲜进行的研究表明，在2℃低温下，应用氧气含量为1%～5%、二氧化碳含量为5%～6%的气调组合处理13 d，可完全杀死人工接种在荔枝鲜果中的橘小实蝇卵及幼虫，而且不影响荔枝鲜果的品质(梁广勤等,1998)。这已被誉为"绿色"杀虫保鲜技术,在中国荔枝出口美国和加拿大的市场中得到广泛应用。

(四)环境因素的综合影响

气调处理环境的各因素,彼此间有着相互联系和制约的关系,从而对气调处理效果产生联动或拮抗的综合影响,这主要表现在以下两个方面:第一,一种不良因素会加重另一种不良因素的有害作用,反之,一种有利因素的效应可因另一有利因素而得到强化。例如,对果蔬品而言,高二氧化碳引起的中毒,在温度太低的情况下愈加严重;低氧气对呼吸和后熟过程有抑制作用,当有适当的二氧化碳存在时,则效果更明显。第二,一种有利因素的作用可被另一不利因素所削弱,反之,一种不利因素的危害可被另一有利因素所缓和。例如,果实开始成熟时,组织内部的乙烯必须达到或超过其活性浓度(阈值),即使乙烯达到必要的浓度,但在低氧气、低温等情况下,成熟过程仍被推迟,甚至不能启动。在常温下,10%二氧化碳可以抵消 100 mL/m^3 乙烯的作用。

影响气调处理的环境参数主要有以下几点:

1. 温度

长期以来,温度被认为是影响气调杀虫效果的重要因素。一般认为,处理温度提高,可促进气调杀虫效果;当温度高于 10℃时其杀虫效果比在温度低于 10℃时杀虫效果好。文献报道也普遍认为,温度下降减少了气调对储藏品害虫的致死作用。

最近研究表明,随温度的变化气调杀虫效果经历以下两个阶段:即先是随温度的降低,气调杀虫效果下降;而当温度接近 0℃时,气调杀虫效果又增加。

在 4 种不同温度(0℃、5℃、15℃和 25℃)条件下,对苹果小卷蛾卵进行气调处理的结果表明:95%的苹果小卷蛾卵致死所需时间(LT_{95})从低到高的顺序分别是:25℃(1~2 d)、0℃(3~4 d)、15℃(5~7 d)及 5℃(9~14 d)。从以上结果可以看出,在 0℃下,气调杀虫效果虽没有 25℃条件下气调处理的效果快,但却比 5℃下的杀虫效果快得多。

对印度谷螟的研究发现,在其他处理条件一致的前提下,随着温度的逐渐提高(15.6~26.7℃),气调处理对印度谷螟的效应相应提高,表现为 LT_{95} 不断下降(图 8-1),对另外的一种储藏物害虫也表现出相同的气调处理效应(Soderstrom 等,1986)。

Mitcham 等(1997)在两组低温下(0℃和 5℃)对 3 种检疫害虫的气调杀虫处理研究结果也表明,在 0℃下,气调杀虫效果比在 5℃下的杀虫效果好。这一结果与前人的研究结果一致。

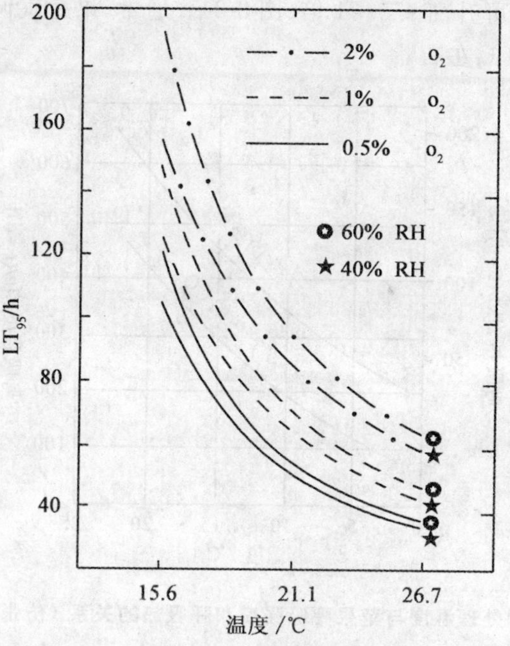

图 8-1　各种气调组合与不同相对湿度下，印度谷螟 *P. interpunctella*(Hübner) 随温度变化的致死力曲线图

如果气调(二氧化碳)杀虫效果受昆虫新陈代谢速率影响，即在昆虫处于高速率的新陈代谢下，其气调杀虫效果明显；那么，在接近 0℃时气调效果增加可用称之为 Synthesizing cryoprotectants 假说加以解释，即昆虫在温度接近 0℃的环境下，会出现抗冰冻现象而加速新陈代谢。在对昆虫的生物学研究过程中，发现许多昆虫具有以上现象。

然而，并非所有昆虫都具有以上现象。据报道，太平洋叶螨卵则是在 5℃下比在 0℃下对气调反应较敏感(Mitcham 等，1997)。相同的研究结果也表明，其越冬卵用低含量氧气处理在 0～7.5℃范围内，随温度的升高死亡率增加。

对果蔬品而言，延缓呼吸、延长保存寿命作用最大的因素是降低温度，这一点是其他因素所不能代替的。温度根据需要气调处理的果蔬种类和品种来定，并同时考虑其他因素，确定果蔬可忍受的最低温度。原则上，应在保证果蔬的正常代谢不受干扰破坏的前提下，尽量降低温度，并力求保持稳定。特别是在接近 0℃的范围，温度稍微变动也会对果蔬的呼吸产生刺激作用。据有关研究资料显示，处理温度每降低 10℃，水果的呼吸强度可减弱 1～2 倍，而处理温度由 0℃升高到 3～4℃

时,水果的呼吸强度可升高0.5～1倍(图8-2)。通常,果蔬气调处理库的温度一般比冷藏库的温度高1℃左右。

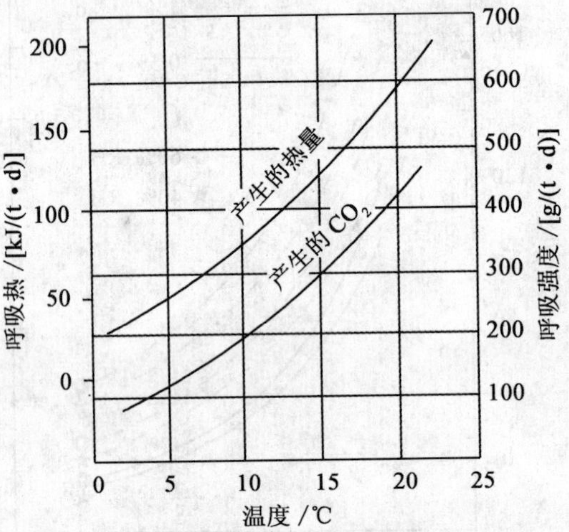

图8-2 气调处理温度与苹果呼吸强度和呼吸热的关系(仿张祉祐等,1994)

2.相对湿度

害虫的存活与其所处环境中的相对湿度关系密切。低湿度的环境,将导致害虫水分散失或其他生理失控。害虫的水分散失存在一定的临界限度,超出临界限度将导致死亡。

在气调处理下,与温度一样,目标害虫在不同湿度下也会表现出不同的致死力。相关研究表明,同一温度下(32℃和28℃),同浓度二氧化碳的作用效应随湿度的降低,不同虫种及虫期的LT_{50}、$LT_{99.5}$都相应减小,例如,在32℃和二氧化碳含量为45%的气调处理下,与71%相对湿度的处理效应相比,米象的LT_{50}和$LT_{99.5}$在51%相对湿度处理下分别由先前的54.4 h和89.6 h减少到24.7 h和42.4 h;而相同气调处理下赤拟谷盗的LT_{50}和$LT_{99.5}$分别由89.7 h和156.0 h下降到32.3 h和108.4 h(李前泰等,1997)。

然而,低湿度环境的气调处理对新鲜果蔬并没有实际意义,因为较低的相对湿度将会导致新鲜果蔬水分的散失从而影响其品质,所以气调库的相对湿度是影响处理效果的一个重要因素。维持较高的相对湿度,可以降低果实与周围空气之间的蒸汽压差,从而减少果实的水分损失。气调处理果蔬条件下的相对湿度要求比一般的冷藏处理要高。是否需要加湿装置与制冷装置的设计有关,由普通冷库改建的气调处理库大多满足不了气调所要求的湿度,这是因为制冷剂的蒸发温度较低和蒸发面积较小的缘故。如果充分地增大制冷剂的蒸发面积，则可保持气调处理库房中较高的相对湿度，这也是解决气调加湿问题的途径。对于大多数种类的果蔬而言，在低温处理时，应保持较高湿度，一般要求在相对湿度 90%～95%（例如新鲜荔枝、葡萄等）范围内进行气调处理。在常温或处理适温较高的果蔬，为了降低处理中的腐烂损失，湿度可适当低一些，保持相对湿度 85%～90%较为有利。有少数种类的果蔬如洋葱、大蒜、西瓜、哈密瓜、冬瓜等则要求较低的湿度，其中洋葱、大蒜要求湿度最低，为相对湿度 65%～75%，瓜类为相对湿度 70%～85%。

第三节　气调在检疫处理中的应用

正如前面所述，气调检疫处理对人及动物等非目标生物无毒害，对处理的商品货物无残留，且不会污染环境，符合环保要求，因而是化学熏蒸处理较理想的替代措施。目前，气调技术在检疫处理中已经逐渐显示出它的独特优势。随着检疫处理的需要，作为一种除灭害虫害螨的检疫措施，气调已被广泛地用来处理包括实蝇科害虫等在内的各种检疫性害虫。

一、气调处理的单独应用

实蝇类是世界上水果和蔬菜的重要检疫性害虫类群之一。早在 1981 年 Benschoter 就研究发现，当环境气体中二氧化碳的含量超过 40%时，气调处理对加勒比实蝇卵及幼虫均有毒杀作用。后来的研究也发现，含氮量为 100%与 40%、60%、80%、100%浓度的二氧化碳的混合气体，可杀死加勒比实蝇的卵和幼虫。用双膜包裹芒果的方法包裹的芒果经 3 d 处理后，加勒比实蝇卵和幼虫的死亡率可达 98.67%（Gould 和 Sharp，1990）。应用特制的腊衣包裹感染加勒比实蝇的番石榴，也会降低实蝇的生存率（Hallman 等，1995）。研究表明，将苹果实蝇的卵和幼虫置于含氮量 100%和 20℃的温度气体条件下，经 7～8 d 的处理期，二者的死亡率都可达到 100%。

在卷蛾科 Tortricidae 昆虫中，也有许多是具检疫重要性的。苹果蠹蛾是重要的有害种类。将苹果蠹蛾 5 龄幼虫置于 95%二氧化碳的环境中 48 h 后，不管其滞育与否都会死亡。将苹果置于含氧量和二氧化碳浓度均为 3%的气调状态下，苹果蠹蛾的卵和 0～13 d 幼虫经 30 d 便全部死亡，淡褐苹果蛾的 1 龄、3 龄和 5 龄幼虫经 32 d 死亡，淡褐苹果蛾、绿头卷叶蛾 *Planototrix xexcessana* 和褐头卷叶蛾 *Ctenopseustis obliquana* 的 2～3 龄幼虫则要处理 90 d 才会全部死亡；在浓度为 0.8%～1.6%的二氧化碳及 2.2%～3%含氧量的气调组合下，苹果蠹蛾的滞育幼虫要经过133 d才死亡(Sharp和Hattman,1994)。在大规模试验中,非滞育苹果蠹蛾的幼虫在1.5%～2%氧和<1%二氧化碳的气调条件下,经91 d可完全死亡。将苹果蠹蛾的5龄幼虫置于95%二氧化碳的环境中48 h后,包括滞育的所有虫态均死亡。用二氧化碳含量大于45%～55%的气调对葡萄上荷兰石竹小卷蛾、苜蓿蓟马及太平洋叶螨等3种检疫性害虫进行处理,也取得了很好的杀虫效果(Mitcham等,1997)。

在对盾蚧科的研究中发现,梨笠圆盾蚧在含量为2%～3%的二氧化碳和含氧量3%的气调条件下,处理20 d后全部死亡。在22℃的温度条件下,感染在苹果上的此虫,用95%的二氧化碳气调处理1～2 d后死亡,而12℃下需要处理3 d才死亡;然而,在另一次试验中,同样的22℃条件下,96%的二氧化碳和低于1%含氧量的气调环境中,梨笠圆盾蚧仅经1 d时间就完全死亡。利用气调处理技术防治象甲科昆虫的研究表明,在8%氧和40%二氧化碳以及30℃的气调条件下,甘薯小象甲 *Cylas formicarium* (Fabricius)成虫经8 d死亡;在4%氧和40%二氧化碳、2%氧和40%二氧化碳以及2%氧和60%二氧化碳(75%相对湿度)等不同气调组合下,感染在薯块中的甘薯小象甲幼虫都会死亡;经对苹果锈螨 *Aculus schlechtendali* Nal.、欧洲红螨 *Panonychus ulmi* (Koch)研究发现,在1%氧的环境下,欧洲红螨的卵便可被致死。迈叶螨 *Tetranychus mcdanieli* McGregor在100%二氧化碳中只可生存7 d。

将药材放置在密闭的塑料帐内,抽出空气再充入二氧化碳,使塑料帐内或库内的氧气含量降到5%以下,较短的时间处理便可使药材内的害虫缺氧窒息而亡,同时含氧量控制在8%以下还可以防止药材霉变(李莹,2005)。

二、气调与其他处理技术的综合应用

随着科技的不断进步,学科的细化和交叉为检疫处理工作提供了新的思路。在检疫处理中,将气调处理和其他的各种处理技术结合使用往往能够收到良好的效果,如气调结合低温、高温、高压、熏蒸等不同的处理措施。

(一)低温气调

新西兰麦长蝽在0.5℃、3%二氧化碳和3%氧环境下可完全死亡。蓟马和蚜虫在8%二氧化碳和7%氧以及0℃条件下,经12～21 d可完全死亡(Sharp和Hattman,1994)。将草莓暴露于90%二氧化碳(2.5℃)气调中,经2 d处理后,其上的蓟马死亡率可达100%(Aharoni等,1981)。在0℃下,用含量为60%的二氧化碳气调处理芦笋,可将其上的花蓟马和桃蚜完全控制,而且芦笋的品质没有受到影响。

在新鲜荔枝方面，梁广勤等(1997)应用气调和低温综合处理技术，结合对荔枝果实的保鲜进行了研究，结果表明，应用氧气含量为1%～5%、二氧化碳含量为5%～6%，在2℃低温下处理13 d，便可完全杀死人工接种在荔枝鲜果中的橘小实蝇卵及幼虫，而且不影响荔枝鲜果的品质。

(二)高温气调

在40℃、2%氧气、5%二氧化碳气体中处理危害新西兰苹果中的斜纹卷蛾，可使其全部死亡。同样在40℃，0.4 kPa 氧气、5 kPa 二氧化碳的气调组合处理4.2 h，可使苹浅褐卷蛾全部死亡。但该技术对气体条件要求较为苛刻，而且对某些水果的品质也会有一定的影响，处理时间相对较长。

(三)高压气调

鉴于采用气调法防治粮仓害虫所需时间比熏蒸处理的时间要长，Nakatita 等在已有报道的基础上开发了高压二氧化碳(30 bar，15 min)处理与突然降压相结合的办法，使昆虫内部组织遭到破坏而死亡。试验证明，高压二氧化碳(30 bar，15 min)处理与突然降压相结合的办法对常见害虫的各个发育阶段都有效，包括玉米象和谷蠹的卵，但在防治谷斑皮蠹时，则应与施用小剂量的熏蒸剂相结合。为提高该方法的效率，需要采用回转阀以便可连续处理大批量粮食。所设计的这种商品化的回转阀杀虫装置，每小时可处理6 t粮食(最多每小时可处理40 t)(梁权，2003)。

(四)熏蒸结合气调处理

一定浓度的二氧化碳能起杀虫的增效作用，据广东省粮科所试验认为，PH_3的增效作用，以二氧化碳含量4%～8%时为最显著，8%～20%虽也能提高，但不如前者显著。有关专家认为，这可能是因为二氧化碳直接作用于昆虫气门器官使它开启，这样反而有助于熏蒸剂的扩散，加之低呼吸又降低了昆虫的解毒能力，这两方面一起导致昆虫的敏感性增强。

在密封条件下，粮堆中的氧含量减少，二氧化碳含量增多，如氧浓度低至12%～14%，二氧化碳浓度上升至4%～8%时对磷化氢杀虫有明显增效作用，这也是“双低”处理的基本原理。在综合因素影响下，由于粮食生命活动和微生物受抑制，害虫被杀死，因而粮堆处于稳定保存状态。由于密闭程度好，外界水气不易侵入，内部水分不易散发，因而水分变化不大，从而保持粮食保存的稳定性。同时，“双低”处理对低水分稻谷等粮食，能不同程度地保持粮种发芽率。如12%左右早籼稻，经1年左右气调熏蒸处理，发芽率仍可高达95%。不过，对于高水分粮来说，不宜采用此法处理。

在检疫处理中，Leesch 等人采用臭氧结合真空充二氧化碳处理出口的柑橘，结果发现二氧化碳对臭氧有增效作用,该方法还能杀死柑橘脐内的隐蔽害虫,而且对打了蜡的水果没有损害作用。

综上所述,由于气调杀虫效果受气体组分、温度、相对湿度等因素的影响,且因目标害虫的种类及虫态而异,因此,在实践中要根据实际情况进行气调设计,选用既能达到杀虫目的,又不影响所处理货物品质的气调条件进行处理以达到检疫处理目的。

气调检疫处理对人及动物等非目标生物无毒害,对处理的商品货物无残留,且不会污染环境,符合环保要求,是化学熏蒸处理较理想的替代措施,因而在检疫处理中必将具有广阔的应用前景。

思 考 题

1. 简要说明气调杀虫的机制。
2. 氮气、二氧化碳和氧气这三种气调基质分别在什么情况下可导致害虫死亡?
3. 试分析影响气调杀虫的因素有哪些。
4. 气调处理杀虫的技术关键是什么?

本章主要参考文献

1. Aharoni Y, Stewart J K, Gaudagni D G. Modified atmospheres to control western flower th rips on harvested strawberries. J Econ Entomol, 1981, 74:338-340.

2. Gould W P, Sharp J L. Caribbean fruit fly(Diptera Tephritidae) mortality induced by shrink-wrapping infested mangoes. J Econ Entomol, 1990, 83: 2324-2326.

3. Hallman G J, McGuire R G, Baldwin E A, et al. Mortality of feral caribbean fruit fly(Diptera: Tephritidae) immatures in coated guavas. J Econ Entomol, 1995, 88:1353-1355.

4. Jian Fuji. The effects of carbon dioxideonon on the respiration and mortality of *Tyrophagus putrescentiae*(Schrank) adults. Proceedings of the 7th International Working Conference on Stored-product Protection. Stored Product Protection Volume 1. 1999:94-97.

5. Locatelli D P, Süss L, Frati M. The use of high pressure carbon dioxide (20 bar) to control some insects of foodstuff. Proceedings of the 7th International Working Conference on Stored-product Protection. Stored Product Protection

Volume 1. 1999,671-675.

6. Mitcham E J,Zhou S J,Bikoba V. Controlled atmospheres for quarantine control of three pests of table grape. J Econ Entomol,1997,90(5):1360-1370.

7. Rippetal B E. Controlled Atmosphere and Fumigation in Grain Storages. Elsevier Science Publishers Company INC,Amsterdam,1984.

8. Santos J P,Santos D S,Goncalves R A,et al. Controlled atmosphere for stored grain pest control in Brazil:present status and perspectives. Proceedings of the 7th International Working Conference on Stored-product Protection. Stored Product Protection Volume 1. 1999:665-670.

9. Sharp J L,Hattman G J. Quarantine treatments for pests of food plants. Oxford & IBH publishing Co. Pvt. Ltd. 1994,171-188.

10. Soderstrom E L,Maekey B E,Brandl D G. Interactive effects of low-oxygen atmospheres,relative humidity,and temperature on mortality of two stored product moths(Lepidoptera:Pyralidae). J Econ Entomol,1986,79:1303-1306.

11. Wang J J,Zhao Z M,Li L S. Some biochemical aspects of resistance to controlled atmosphere in *Liposcelis bostrychophila* Badonnel(Psocoptera:Liposcelididae). Entomologia Sinica,1999,6(2):178-186.

12. 程伟霞,丁伟,赵志模. 气调(CA)对储藏物害虫的作用机制. 昆虫知识,2001,38(5):330-333.

13. 杜玉宽,杨德兴. 水果 蔬菜 花卉 气调储藏及采后技术. 北京:中国农业出版社,2000.

14. 郭道林,蒲玮,严晓平,等. 国外储藏物气调与熏蒸研究进展——第八届国际储藏物气调与熏蒸大会国外报告综述. 粮食储藏,2004(6):44-52.

15. 李前泰,宋永成,王新华,等. 二氧化碳气调防治储量害虫的研究(Ⅰ). 粮食储藏,1997,5:3-10.

16. 李效静,张瑞宇,陈秀伟. 果品蔬菜储藏运销学. 重庆:重庆出版社,1990.

17. 李莹. 中药的储藏. 中华医学实践杂志,2005,4(7):700-701.

18. 梁广勤,杨国海,梁帆,等. 气调技术在检疫处理中的应用. 中国进出境动植检,1998,3:43-44.

19. 梁权. 第6次国际储藏产品气调与熏蒸会议论文选读和感想. 粮食储藏,2003,32(5):43-49.

20. 刘兴华,陈维信. 果品蔬菜运销学. 北京:中国农业出版社,2002.

21. 罗建伟,李荣涛,陈兰,等. 二氧化碳气调储粮技术对粮食真菌的抑制效果研究.粮食储藏,2003,6:34-41.

22.任志杰,关延生.中国粮食储藏大全.重庆:重庆大学出版社,1994.

23.吴佳教,杨国海,梁广勤,等.气调检疫处理研究进展.植物检疫,1999,13(1):36-39.

24.王进军,赵志模,吴仕源,等.西南农业学报,1994,7(1):70-74.

25.杨长举,张宏宇.植物害虫检疫学.北京:科学出版社,2005.

26.张祉祐.气调储藏和气调库.北京:机械工业出版社,1994.

27.郑厚芬.果蔬气调保鲜技术.北京:中国商业出版社,1990.

名词英汉对照

A

安全间隔期 safety timeinterval

安全距离 safe distance

B

病原体 pathogen

C

擦抹施药法 herbicide erasion

超低量喷雾法 ultra low volume spray；ULV spraying

残留 residue

残留卫生标准 maximum residue limits，MRL

常压熏蒸 fumigation

除草剂 herbicide

触杀剂 contact chemical

出证放行 pass through

穿透性 penetration

纯度 purity

D

冻堵 freeze-blockage

毒饵法 poison bait

毒力 toxicity

毒性 toxicity

短暂暴露阈限值 threshold limit value-short term exposure limit，TLV-STEL

F

发育起点温度 developmental threshold temperature

非管制性有害生物 non-regulated pest

飞机施药法 aerial application

辐照处理 irradiation
复压真空熏蒸 vacuum fumigation in press get ting back

G

干热处理 heat treament
隔离检疫 Isolation quarantine
高频加热 high-frequency Induction-heating
高压电击 high voltage electric shock
管制性有害生物 regulated pest
管制的非检疫性有害生物 regulated non-quarantine pest
挂网施药法 hanged net socked with insecticide

H

黑死病 Black death
呼吸商 respiratory quotient ,*RQ*
化学加压浸透 chemical pressure impregnation
化学吸着 chemical sorption
黄热病 Yellow fever
环流熏蒸 recirculation fumigation
挥发度 degree of volatility
挥发性 volatility
霍乱 cholera

J

机械喷雾法 machinery spry
剪除网幕 cocoon veil wiping out
检疫处理 quarantine treatment
检疫出证放行 quarantine pass
检疫性有害生物 quarantine pest
检疫申报 quarantine declaration
检疫许可 quarantine permit
接触性药剂 contact chemical

K

抗药性 resistance
昆虫病原微生物 Insect pathogenic microorganisms

昆虫病毒 insect virus
扩散性 diffusibility

L

冷冻处理 freezhing treatment
临界极限浓度 threshold limit value，TLV
砻糠载体法，chemical paddy bran Carrier

N

农产品 agricultural products
农产品保护 Agricultural product protection

Q

全部种群治理 total population management，TPM

P

喷雾法 spraying method
喷粉法 dusting method

Q

气调 controlled atmosphere，CA

R

热处理 heat treatment
热冷处理 heat and freezing treament
热水处理 hot water treament
热蒸汽处理 vapour treament

S

杀虫剂 insecticide
杀菌剂 bactericide
杀线虫剂 Nematicides
实验室检测 inspection in laboratory
水浸处理 water soaking treament
生物防治法 biological control
生物入侵 bBiological invasion
死亡率终点 end-point mortality rate
速冻处理 quick freezing treament

T

替代控制 substitution control

W

微波加热 micro-wave heating

微气流 micro-air flow

卫生检疫 health quarantine

物理吸着 adsorption

X

现场检验 on site inspection

吸附 attaching

吸收 absorbing

吸着 adsorption

吸着比率 ratio of adsorptio

熏蒸 fumigation

熏蒸剂 fumigant

Y

压力半衰期 half-life time of pressure

烟囱效应 stack effect

烟熏法 sootiness

窑内烘干 Kiln-dried,KD

药害 environmental damage caused by improper use of insecticides

药效 insecticide effect

有害生物 pests

有效成分 ncentrate containing

有效温区 suitable temperature range

诱集除害 attract control

阈限值 threshold limit value,TLV

乙酰胆碱受体 acetylcholine receptors,nAChRs

X

吸着 absorption

吸附 physical adsorption

吸收 chemical sorption
吸着比率 absorption rate

Z

帐幕熏蒸 fumigation in sealed tent
真空熏蒸 vaccum fumigation
蒸发潜热 latent heat
蒸气饱和度 saturation
蒸气压 vapor tension
植物检疫 plant 1uarantine
植物检疫法规 Plant quarantine regulations
植物检疫程序 plant quarantine procedure
植物检疫证书 Phytosanitary Certificate
高适温区 zone of most favorable temperature

英文缩写

ADI,每日允许摄入量(acceptable daily intake)

ACGIH,美国政府工业卫生学家会议(American Conference of Governmental Industrial Hygienists)

AchR,乙酰胆碱受体(acetylcholine receptor)

APHIS,动植物卫生检验局(Animal and Plant Health Inspection Service)

APPPC,亚洲和太平洋区域植物保护委员会(Asia and Pacific Plant Protection Commission)

AQIS,澳大利亚检验检疫局(Australia Quarantine Inspection Service)

ATP,三磷酸腺苷(Adenosine triphosphate)

EPPO,欧洲和地中海地区植物保护组织()

FAO,联合国粮食与农业组织(Food and Agriculture Organization of the United Nations)

GAIT,关税贸易总协定(General Agreement on Tariffs and Trade)

IAEA,国际原子能机构(International Atomic Energy Agency)

ICGFI,国际食品辐照顾问小组(International Consultative Group on Food Irradiation)

ICPM,植物卫生措施临时委员会(Interim Commission on Phytosanitary Measures)

IPPC,国际植物保护公约(International Plant Protection Convention)

ISPM,国际植物检疫措施标准(International Standards for Phytosantary Measures)

LD_{50},半数致死量(median lethal dose)

LDLo,最低致死剂量(Lethal Dose Low)

MAC,最高允许浓度(Maximum allowable concentration)

MRL,最高残留限量(maximum residue limit)

NAPPO 北美植物保护组织(North American Plant Protection Organization)

SPS 协定,《实施卫生和植物卫生措施的协定》(Agreement on the Application of

Sanitary and Phytosanitary Measures

TDLo,最低中毒剂量 Toxic dose low

TLV-TWA,时量平均阈限值(Threshold Limit Value-Time Weighted Average)

TLV-STEL,短暂暴露阈限值(Threshold Limit Value-Short Term Exposure Limit)

UNCTAD,联合国贸易及发展会议(United Nations Conference on Trade and Development)

USDA 美国农业部(*United States Department of Agriculture*)

WHO,世界卫生组织(World Health Organization)

WTO,世界贸易组织(World Trade Organization)

有害生物名称

B

巴西豆象 *Zabrotes subfasciatus*(Boheman),Mexican bean weevil

白腹皮蠹 *Dermestes maculatus* Degeer, Hide beetle.

柏肤小蠹 *Phloeosinus aubei* Perris,cypress bark beetle

白僵菌 *Beauveria bassiana*(Balsamo)Vuillemin,White muscardine fungus

C

菜豆象 *Acanthoscelides obtectus*(Say),bean weevil

赤拟谷盗 *Tribolium castaneum* Herbs,red flour beetle

赤松毛虫 *Dendrolimus spectabilis* Butler,pine moth

粗脚粉螨 *Acarus siro* L. ,flour mite

吹绵蚧 *Icerya purchasi* Maskell,cottony cushion scale

春尺蠖 *Apocheima cinerarius* Erschoff, measuring worm, looper、cankerworm, inchworm

D

大眼锯谷盗 *Oryzaephilus mercator*(Fauvel),merchant grain beetle

淡褐苹果蛾 Epiphyas postvittana(Walker),lightbrown apple moth

德国蜚蠊 Blattella germanica(Linnaeus),German cockroach

地中海实蝇 *Ceratitis capitata*(Wiedemann),Mediterranean fruit fly

毒麦 *Lolium temulentum* Linn. ,darnel

E

二斑叶螨 *Tetranychus urticae* Koch,twospotted spider mite

F

粉斑螟 *Ephestia cautella* Walker,almond moth

腐食酪螨 *Tyrophagus putrescentiae*(schrank),mould mite

G

柑橘小实蝇 *Bactrocera dorsalis* Hendel,oriental fruit fly

柑橘锈螨 *Phyllocoptes oleiverus* Ashmead, citrus rust mite
甘薯小象甲 *Cylas formicarium* (Fabricius), Sweet potato weevil
谷斑皮蠹 *Trogoderma granarium* Everts, khapra beetle
谷蠹 *Rhizopertha dominica* (Fabricius), lesser grain borer
谷象 *Sitophilus granarius* (L.), granary weevil
瓜实蝇 *Bactrocera cucurbitae* Coquillett, melon fly
光肩星天牛 *Anoplophora glabripennis* (Motschulsky), Asian long-horned beetle

H

荷兰石竹小卷蛾 *Platynota stultana* Walsingham, omnivorous leafroller
黑菌虫 *Alphitobius laevigatus* (Fabricius) black fungus beetle
黑毛皮蠹 *Attagenus unicolor japonicus* Reitter, Japanese black carpet beetle
横坑切梢小蠹 *Tomicus minor* Hartig, lesser pine shoot beetle
花斑皮蠹 *Trogoderma variabile* Ballion, warehouse beetle
花生根结线虫 *Meloidogyne arenaria* Neal, Peanut root-knot nematode
黄斑星天牛 *Anoplophora. nobilis* (Ganglbauer), Basicosta white-spotted longicorn beetle
黄粉虫 *Tenebrio molitor* Linnaeus, Mealworm beetle

J

橘小实蝇 *Bactrocera dorsalis* Hendel, oriental fruit fly
加勒比实蝇 *Anastrepha suspensa* (Loew), Caribbean fruit fly
锯谷盗 *Oryzaephilus surinamensis* (Linnaeus), sawtoothed beetle
卷叶螟 *Clepsis spectrana* (Treitschke), Leaf and fruit feeding moth

K

昆士兰实蝇 *Bactrocera tryoni* (Froggatt), Queensland fruit fly

L

梨笠圆盾蚧 *Quadraspidiotus perniciosus* (Comstock), California scale
梨木虱 *Psylla chinensis* Yang et Li, Chinese pear psyllid
梨圆介 *Diaspidiotus perniciosus* (Comstock), San Jose scale
荔枝蒂蛀虫 *Conopomorpha sinensis* Bradley, Litchi stem end borer
芦笋蚜 *Brachycorynella asparagi* (Mordvilko), Asparagus Aphid
绿僵菌 *Metarhizium anisopliae* Metschu, green muscardine fungus
绿桃蚜 *Myzus persicae* (Sulzer), green peach aphid

M

马铃薯甲虫 *Leptinotarsa decemlineata*(Say),false potato beetle

马铃薯金线虫 *Globodera rostochiensis*(Wollenweber),Yellow potato cyst nematode

马铃薯晚疫病菌 *Phytophthora infestans*(Mont.)de Bary,potato blight fungus

马尾松毛虫 *Dendrolimus punctatus*(Walker),masson pine moth

麦长蝽 *Nysius huttoni* Say,wheat bug

麦蛾 *Sitotroga cerealella*(Olivier),angoumois grain moth

迈叶螨 Tetranychus mcdanieli McGregor,McDaniel Spider Mite

曼陀罗 *Dature stramonium* L.

芒果果核象甲 *Sternochetus mangiferae* Fabricius,mango seed weevil

芒果果肉象甲 *Sternochetus frigidus*(F.),mango pulp weevil

玫瑰短喙象 *Pantomorus cervinus*(Boheman),Fuller rose beetle

美国白蛾 *Hlyphantria cunea*(Drury),American white moth

美洲斑潜蝇 *Liriomyza sativae*(Blanchard),vegetable leafminer

美洲大蠊 *Periplaneta americana* Linnaeus,*American* cockroach

梅锥象甲 *Conotrachelus nenuphar*(Herbst),Plum Curculio

米扁虫 *Ahasverus advena* Walteri,foreign grain beetle

米蛾 *Corcyra cephalonica* Stainton,rice moth

米象 *Sitophilus oryzae* Linne,rice weevil

棉红铃虫 *Pectinophora gassypiella*(Saunders),pink bollworm

棉蚜 *Aphis gossypii* Glover,melon aphid,cotton aphid

墨西哥实蝇 *Anastrepha ludens*(Loew),Mexican fruit fly

苜蓿蓟马 *Frankliniella occidentalis*(Pergande),western flower thrips

O

欧洲红螨 *Panonychus ulmi*(Koch),red spider mite

P

苹果蠹蛾 *Cydia pomonella*(L.),Codling moth

苹果实蝇 *Rhagoletis pomonella*(Walsh),apple maggot,apple maggot fly

苹果锈螨 *Aculus schlechtendali* Nal.,apple rust mite

葡萄根瘤蚜 *Viteus vitifoliae*(Fitch),Grapevine phylloxera,vine louse

Q

球孢白僵菌 *Beauveria bassiana*(Bals.)Vuill，white muscadine disease

R

日本松干蚧*Matsucoccus matsumurae* Kuwana，Japanese pine bast scale

S

三叶草斑潜蝇 *Liriomyza trifolii*(Burgess)，American serpentine leafminer
山楂叶螨 *Tetranychus viennensis* Zacher，Fruittree Spider Mite
伤寒杆菌 *Salmonella enterica serovar* Typhi，typhoid
嗜卷书虱 *Liposcelis bostrychophila* Badonnel，booklouse，
四纹豆象*Callosobruchus maculatus*(Fabricius)，cowpea weevil
松材线虫 *Bursaphelenchus xylophilus*(Steiner & Buhrer)，Pine wood nematode，pine wilt disease
松苗甲 *Asymonychus godmani* Ciotch，Fuller rose beetle
松墨天牛 *Monochamus alternatus* Hope
苏云金杆菌 *Bacillus thuringiensis* Berliner
双条杉天牛 *Semanotus bifasciatus* Motsch，Japanese juniperus bark

T

太平洋叶螨 *Tetranychus pacificus* McGregor，Pacific spider mite
豚草 Ambrosia artemisiifolia L. Common ragweed，Bitterweed，Blackweed，Hay-fever Weed

W

舞毒蛾 *Lymantria dispar*(Linnaeus)，Asian gypsy moth

X

小菜蛾*Plutella xyllostella*(Linnaeus)，Diamondback moth
小菌虫 *Alphitobius diaperinus*(Panzer)，lesser mealworm
小麦矮腥黑穗病 *Tilletia controversa* Kühn，Dwarf bunt of wheat
小麦秆锈病 *Puccinia striiformis* West，Dwarf bunt
小麦网腥黑穗病 *Tilletia caries*(DC)，*common* bunt of wheat
小麦印度腥黑穗 *Tilletia indica* Mitra，*common* bunt of wheat
小圆皮蠹 *Anthrenus verbasci*(Linnaeus)，variegated carpet beetle
锈赤扁谷盗 *Cryptolestes ferrugineus*(Stophens)，*Rust*-red grain beetle

锈色粒天牛 *Apriona swainsoni*(Hope), longhorned beetle

Y

亚洲玉米螟 *Ostrinia furnaralis*(Guenée), Asian corn borer
烟草粉螟 *Ephestia elutella* (Hübner), tobacco moth
烟草甲 *Lasioderma serricorne*(Fabricius), tobacco beetle
药材甲 *Stegobium paniceum*(Linnaeus), drugstore beetle
油菜斜纹夜蛾 *Prodenia litura*(Fabricius), Tropical Armyworm
玉米细菌性枯萎病 *Pantoea stewartii* ssp., Stewart's Wilt
玉米象 *Sitophilus zeamais* Motschulsky, maize weevil
云杉卷蛾

Z

杂拟谷盗 *Tribolium confusum* Jacquelin du Val, confused flour beetle
致病疫霉 *Phytophthora infestans*(Mont.), Downy mildew

药剂名称英汉对照

A

阿维菌素，Avermectins

B

苯并咪唑，benzimidazole

必速灭，dazomet

丙烯腈，Acrylonitrile

C

草甘膦，Glyphosate

川楝素，Toosendanin

D

代森锰，Mancozeb

代森锌，Zineb

滴滴涕，Dichlorodiphenyltrichloroethane，DDT

敌敌畏，dichlorvos，DDVP

氮气，nitrogen

多菌灵，carbendazim；carbendazol

E

二氧化硫，Sulfur dioxide、Sulphur dioxide

二氧化碳，carbon dioxide

二硫化碳，carbon disulfide

二氯乙烷，dichloroethane

二溴乙烷，Dibromoethane

F

番茄素，Lycopnc

福尔马林，formalin

G

高锰酸钾,Potassium permanganate
过氧乙酸,peracetic acid

H

环氧乙烷,Ethy1ene oxide

J

甲拌磷,Thimet;Phorate
甲基嘧啶硫磷,pirimiphos methyl
甲醛,Formaldehyde
甲酸甲酯,Methyl formate;Formic acid,methyl ester
甲酸乙酯,Ethyl formate

L

雷公藤碱,alkaloids from threewing nut
链霉素,streptomycin
硫酸铜,Copper sulfate;Cupric sulfate;Sulfuric acid,copper salt
硫酰氟,sulfuric oxyfluoride
磷化铝,Aluminium phosphide;Celphos;aluminum phosphide
磷化氢,phosphine
磷化锌,zinc phosphide
氯化苦,Trichloronitromethane

M

马拉硫磷,Malathion

Q

茄碱,Solanine
氢氰酸,Hydrocyanic acid

S

三唑酮,Triadimefon
三氯苯酚,Trichlorophenol
噻菌灵,2-(4-thiazolyl)benzimidazole
杀虫松,Fenitrothion
四氯化碳,carbon tetrachloride

W

威百亩,metam-sodium

五氯酚钠,PCP-Na;sodiumpentachlorphenate

X

溴甲烷,bromomethane;methyl bromide

溴氰菊酯,Deltamethrin

Y

烟碱,Nicotine

氧硫化碳,carbonyl sulphide,carbon oxysulphide

印楝素,Azadirachtin